工业和信息化“十三五”
高职高专人才培养规划教材

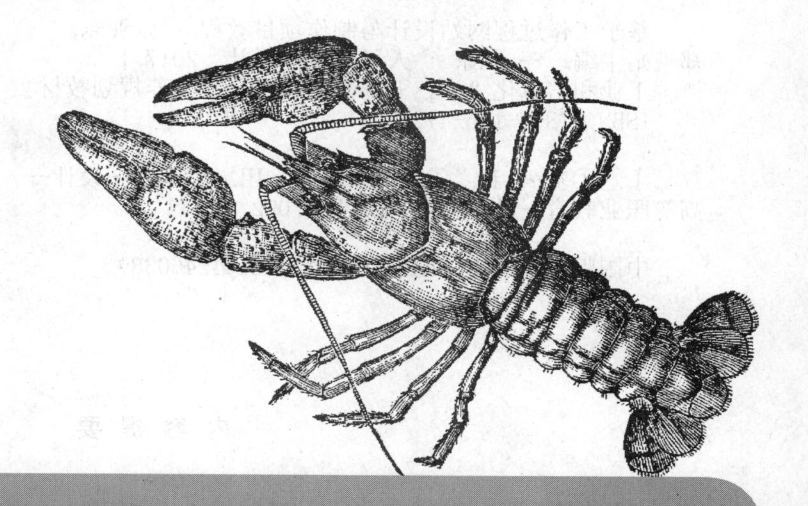

基于工作过程 网站设计与制作项目教程

Website Design and Building

张亚东 郑玉娟 ◎ 主编
刘洁晶 贺红岩 夏春梅 任焕海 ◎ 副主编

人 民 邮 电 出 版 社
北 京

图书在版编目（CIP）数据

基于工作过程网站设计与制作项目教程 / 张亚东，郑玉娟主编. -- 北京 : 人民邮电出版社, 2017.1
工业和信息化“十三五”高职高专人才培养规划教材
ISBN 978-7-115-41247-8

Ⅰ. ①基… Ⅱ. ①张… ②郑… Ⅲ. ①网站－设计－高等职业教育－教材 Ⅳ. ①TP393.092.2

中国版本图书馆CIP数据核字(2016)第246038号

内 容 提 要

本书将精心设计的一个工作项目分解为六个工作任务，全面阐述网站设计与制作的整个过程。全书秉承“学中做，做中学”的理念，通过跟着老师学习怎样做，然后再举一反三、学以致用，从而让读者理解、掌握网页设计与制作基础、网页中的色彩、网站设计、网站制作、特效的制作、动画的制作。

本书任务一阐述网页设计与制作的基础知识，让读者对网页有一个基本的认识；任务二讲解色彩的基本知识、色彩分析等。着重阐述色彩在网页中的应用；任务三讲解“盛和·景园”房产网站设计，着重阐述通过 Photoshop 软件进行网页界面设计；任务四讲解“盛和·景园”房产网站制作，着重阐述通过 Dreamweaver 软件完成站点的建立、网页页面的布局制作；任务五讲解实现“盛和·景园”网站中首页特效，着重阐述网页中特效的制作；任务六讲解“盛和·景园”网站中开场动画制作，着重阐述通过 Flash 软件进行网页中动画的制作。

本书可作为高等职业院校网站设计与制作的教材，也可作为软件开发人员的参考用书。

◆ 主　　编　张亚东　郑玉娟
副 主 编　刘洁晶　贺红岩　夏春梅　任焕海
责任编辑　马小霞
责任印制　焦志炜

◆ 人民邮电出版社出版发行　　北京市丰台区成寿寺路 11 号
邮编　100164　　电子邮件　315@ptpress.com.cn
网址　http://www.ptpress.com.cn
大厂聚鑫印刷有限责任公司印刷

◆ 开本：787×1092　1/16
印张：13.75　　2017 年 1 月第 1 版
字数：349 千字　　2017 年 1 月河北第 1 次印刷

定价：36.00 元

读者服务热线：(010)81055256　印装质量热线：(010)81055316
反盗版热线：(010)81055315

前 言 PREFACE

网站作为面向世界的窗口，成为人们日常获取信息的重要平台，网络已经成为人们生活中不可缺少的一部分，越来越多的企业、个人都有了自己的网站。网站的设计与制作是一个综合技术应用的过程，包含平面设计技术、动画制作技术、网页布局技术、JavaScript 技术等。本书以 Photoshop CS6、Dreamweaver CS6 和 Flash CS6 等为基本工具，详细介绍如何通过 Photoshop 进行网页界面设计；通过 Dreamweaver 编写代码进行网页布局、客户端程序的开发以及通过 Flash 制作网站的动画。

目前，高等职业院校作为高技能型人才的主要培养基地，大部分院校都开设了计算机类相关专业。随着互联网技术的不断发展、获取信息平台的多样化以及国家对互联网发展的大力支持，人们对网站访问越来越多，基于此，网站设计与制作人才需求旺盛，很多科技公司都不惜重金来聘请网站设计与制作人才。当前，市面上出现了不少网站设计与制作的参考书，但针对高职院校"职业工作过程"的却少之又少，特别是学完之后就能具备实际项目开发能力的实用技术类教材更少。基于以上考虑，作者特编写本书。

本书具有以下特点。

1. 项目式教程

本书紧跟当前高职高专院校教学改革的步伐，遵循工作中项目式开发过程教学思路而编写。采用"项目——任务——模块"模式，对精心设计的项目进行了任务分解，从网页设计基础、网站色彩搭配、界面布局设计到页面具体制作、网站开场动画的制作，对分解的任务模块做了具体分析并进行了详细的操作讲解，同时不忘举一反三。通过完成这些任务，最终完成大的综合项目。

2. 分步推进

按照"能力目标、任务目标、核心知识、操作过程、拓展实训"五大步骤推进。

【能力目标】简要概述了通过本任务的学习达到哪些能力目标。

【任务目标】明确本任务的知识点以及应达到的目标。

【核心知识】把任务中的核心知识点逐一讲解，让读者对知识点有一个基本了解，从而为后面知识的应用做一个铺垫。

【操作过程】详细讲解任务的完成过程，让读者对任务的完成有一个全面的了解，同时把任务中的注意事项给予说明。

【拓展实训】不仅要让读者学会教材中所讲的任务，同时要让读者学以致用，对学习到的知识、技能做到举一反三。

3. 提供课程实训

在本书的后面提供了本课程的实训任务。通过实训任务的给出，让学生掌握网站实际项目的开发流程：项目的提出、需求分析的建立、网站开发的实施、网站的发布以及网站的维护。

4. 让教学与技能竞赛相互促进

现在各类大赛在各省、全国如火如荼地开展，而且大赛非常注重企业的参与，有的甚至就是企业的实际项目。通过参加大赛，可以更好地检验学生在校学习情况，给学校和企业一个交流的平台，从而更好地促进我国职业教育的发展。因而在本书的最后给出了一套技能大赛的试题，希望借此引导技能竞赛与教学的相互促进。

另外，本书还提供了丰富的课程资源，包括教学项目内容、课程中用到的相关软件、实训参考案例、竞赛试题答案等，读者可以到人邮教育社区（http://www.ryjiaoyu.com）免费下载使用。

本书参考学时为90学时，其中各项目（任务）的学时分配推荐如下。

	项目（任务）	推荐学时
1	网页设计与制作基础	4
2	网页中的色彩	10
3	“盛和·景园”房产网站设计	25
4	“盛和·景园”房产网站的制作	25
5	制作“盛和·景园”网站中首页的特效	6
6	“盛和·景园”网站中开场动画的制作	20

本书由山东华宇工学院张亚东、郑玉娟担任主编，刘洁晶、贺红岩、夏春梅、任焕海担任副主编。参加本书编写的都是教学一线工作的教师，具有很强的实践能力及丰富的教学经验。其中任务一由刘媛、孙德纲编写，任务二由刘洁晶编写，任务三由张亚东编写，任务四由郑玉娟编写，任务五由任焕海编写，任务六由夏春梅、贺红岩编写。

本书在编写过程中，还得到了曹金静、王学梅、刘秀丽、李艳杰、刘洪海、王绣花、高洪坤、刘晓瑞等的大力支持，在此一并致谢。

由于编写人员技术水平有限，书中难免存在不足之处，恳请广大读者批评指正，任何疑问、宝贵意见和建议请发邮件至hy2668@126.com或加微信：z153318291。

编者

2016年8月

目 录 CONTENTS

任务一 网页设计与制作基础 1

能力目标 1
任务目标 1
核心知识 1
一、网页概述 1
二、网站概述 8

任务二 网页中的色彩 14

能力目标 14
任务目标 14
核心知识 14
一、色彩的基本知识 14
二、色彩的三要素 15
三、色彩分析 15
四、网页色彩搭配方法 20

任务三 “盛和·景园”房产网站设计 22

模块一 “盛和·景园”房产网站需求分析的建立 22
能力目标 22
任务目标 22
核心知识 22
一、确定网站主题 22
二、网站整体规划 23
三、收集素材 24
模块二 网页的首页界面设计 24
能力目标 24
任务目标 24
任务解析 25
一、页面整体尺寸及框架结构设计 25
核心知识 25
操作过程 26
二、页面顶端区域的设计 26
核心知识 26
操作过程 30
三、页面导航区域的设计 35
核心知识 35
操作过程 35
四、页面 Banner 区域的设计 38
核心知识 39
操作过程 40
五、页面主体内容区域的设计 45
操作过程 45
六、页面页脚区域的设计 57
操作过程 57
七、内页设计 58
拓展实训 59

任务四 “盛和·景园”房产网站的制作 62

模块一 网站制作基础 62
能力目标 62
任务目标 62
核心知识 62
一、网页制作基础 62
二、网页制作软件 98

模块二 “盛和·景园”房产网站的制作方法 101
能力目标 101
任务目标 101
一、创建“盛和·景园”站点 101
核心知识 101
操作过程 104
二、“盛和·景园”房产网站的制作过程 106
核心知识 106
操作过程 107
拓展实训 141

任务五 制作“盛和·景园”网站中首页的特效 145

能力目标 145
任务目标 145
核心知识 145
一、JavaScript 基本数据结构 145
二、JavaScript 程序构成 147
三、事件驱动及事件处理 149
操作过程 150

任务六 “盛和·景园”网站中开场动画的制作 161

模块一 “盛和·景园”开场动画文档的创建 161
能力目标 161
任务目标 161
核心知识 161
一、认识 Flash CS6 161
二、新建 Flash 文档 165
操作过程 166
模块二 “盛和·景园”开场动画的制作 167
能力目标 167
任务目标 167
核心知识 167
一、元件 167
二、补间动画、传统补间动画与补间形状动画 168
三、ActionScript 动作脚本 169
操作过程 171
一、画轴展开动画的制作 171
二、制作文本逐个显示的补间动画 181
三、制作蝴蝶飞舞的动画 186
四、制作“进入首页”按钮 189
模块三 将“盛和·景园”开场动画应用在进入页面 193
能力目标 193
任务目标 193
核心知识 194
一、在网页中插入 Flash 动画 194
二、IIS 服务器 196
操作过程 198
拓展实训 204

附录 A “网页设计与网站规划”课程实训指导书 207

实训任务 企业网站建设 207
一、实训目的 207
二、实训条件 207
三、实训要求 207
四、实训步骤 208
五、考核方式 209

附录 B 山东德州市高职组网页设计与制作技能大赛试题 210

一、单项选择题 210
二、多项选择题 212
三、操作题 214

PART 1 任务一 网页设计与制作基础

能力目标

- 了解网页的基本概念
- 了解网页的构成及布局类型
- 了解网站的基本概念
- 掌握网站开发的流程
- 了解网站的开发工具

任务目标

通过本任务的学习，学生应了解网页与网站的基本内容，并重点掌握网站的开发流程。

核心知识

一、网页概述

1. 什么是网页

网页是一个文件，它存放在服务器（可以理解为一台计算机）上，而这台计算机必须与互联网相连才能够访问。网页经由网址（URL）来识别与存取，是万维网中的一"页"，网页文件扩展名为.html或.htm。例如，打开浏览器，在地址栏中输入网址 www.sdhyxy.com，显示在浏览器中的就是一个网页，如图1.1所示。

2. 网页的构成元素

在Internet早期，网页只能保存纯文本。经过近几十年的发展，图像、声音、动画、视频等技术已经在网页中得到广泛应用，网页也发展成为集视、听为一体的媒体，并且通过动态网页技术，实现了用户与用户之间、用户与网站管理者的交流。

从浏览者的角度看，网页中常见的构成元素有文本、图像、音频、视频、动画等。但从专业的角度来讲，这些元素都有自己的名字，可以将它们分为站标（Logo）、导航、广告条、标题栏、按钮等。

图 1.1

（1）站标

站标是网站的标志，也称为 Logo，其作用是使人看到它就能联想到企业。因此，网站的 Logo 通常采用企业的商标。

Logo 一般采用带有企业特色和思想的图案，或是与企业相关的字符或符号及其变形，当然也可以是图文组合，如图 1.2 和图 1.3 所示。

图 1.2

图 1.3

在网页设计中，通常把 Logo 放在页面的左上角，大小没有严格要求。不过，考虑到网页显示空间的限制，要求 Logo 的尺寸不能太大。此外，Logo 普遍没有过多的色彩和细腻的描绘。

如果要自己设计网站的 Logo，应掌握以下 Logo 设计的技巧。

① 保持视觉平衡、讲究线条的流畅，使整体形状美观。

② 用反差、对比或边框等强调主题。

③ 选择恰当的字体。

④ 注意留白，给人想象空间。

⑤ 运用色彩。因为人们对色彩的反应比对形状的反应更为敏锐和直接，更能激发情感。如图 1.4 和图 1.5 所示。

图 1.4

图 1.5

（2）导航

导航是网站设计中不可缺少的基本元素之一，它是网站信息结构的基础分类，也是浏览者进行信息浏览的路标。很多网站的导航都使用导航条，导航条的设计应该引人注目。浏览者进入网站，首先会寻找导航条，通过导航条可以直接地了解网站的内容及信息的分类方式，以判断这个网站是否有自己需要的资料和感兴趣的内容。

在网页的上端或左侧设置主导航要素的情况是比较普遍的方式，这样能给用户带来很多便利，如图 1.6 所示。

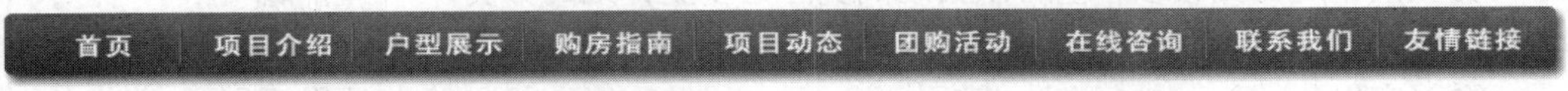

首页 | 项目介绍 | 户型展示 | 购房指南 | 项目动态 | 团购活动 | 在线咨询 | 联系我们 | 友情链接

图 1.6

但为了使自己的网站与其他网站区分开，并富有创造力，有些网站在导航的构成或设计方面打破了传统的普遍使用的方式，独辟蹊径，自由地发挥自己的想象力，追求导航的个性化，如图 1.7 所示。

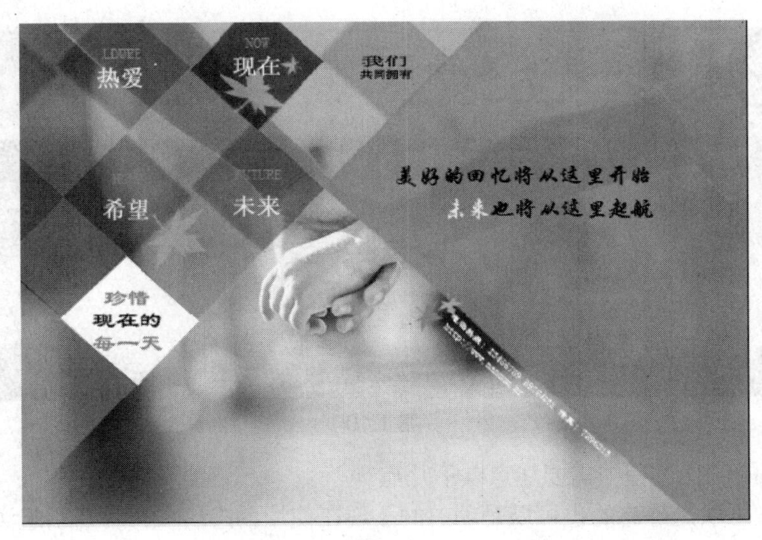

图 1.7

导航栏是网页界面中非常重要的要素，导航条设计得好坏决定着用户能否方便地使用网站。一般来说，导航要素应该设计的直观而明确，并最大限度地为用户的方便考虑。网页设计师在设计网站时应该尽可能地使网站页面间的切换更容易，查找信息更快捷，操作更方便。

网站导航常见的分类如下。

① 横向导航

横向导航一般用作网站的主导航，门户类的网站更是如此。由于门户网站的分类导航较多，且每个频道均有不同的样式区分，因此在网站的顶部固定一个区域设计统一样式且不占用过多空间的导航是最理想的选择，如图 1.8 所示。

首页 项目介绍 户型展示 购房指南 项目动态 团购活动 在线咨询 联系我们 友情链接

图 1.8

② 纵向导航

在门户网站中很少用到纵向导航。纵向导航更倾向于表达产品分类。例如，很多购物网站和电子商务网站的左侧都提供了对全部的商品进行分类的导航菜单，以方便浏览者快速找到想要的内容，如图 1.9 所示。

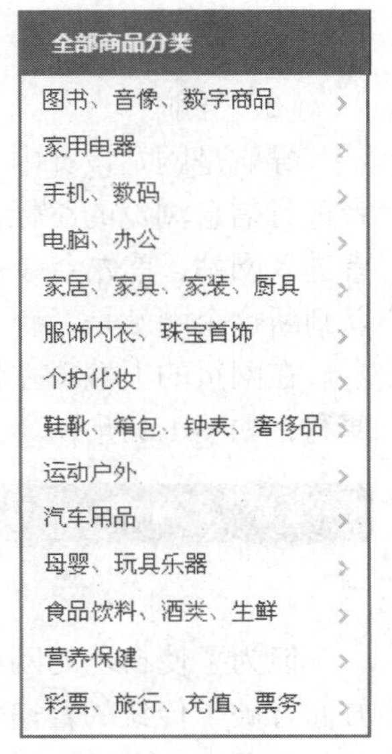

图 1.9

③ 下拉式导航

下拉式导航可以节省大量的版面空间，对于内容多而分类比较复杂的网站来说，下拉式导航是最适合不过的了。下拉式导航在电子商务类网站的应用较多，它可以帮助浏览者寻找更详细的分类，如图 1.10 所示。

（3）广告条

广告条又称 Banner，其功能是宣传网站或替其他企业做广告，以赚取广告费。Banner 的尺寸可以根据页面需要来安排，如图 1.11 所示。

图 1.10

在 Banner 的制作过程中需要注意以下几点。

① Banner 可以是静态的也可以是动态的。现在使用动态居多，容易引起浏览者的注意。

② Banner 的体积不宜过大，尽量使用 GIF 格式的图片与动画或 Flash 动画，因为这两种

格式的动画文件体积小，载入时间短。

图 1.11

③ Banner 的文字不要太多，只要达到一定的提醒效果就可以，通常一两句企业的广告语即可。

④ Banner 中的图片颜色不要太多，尤其是 GIF 格式的图片或动画，要避免出现颜色的渐变和光晕效果，因为 GIF 格式文件仅支持 256 种颜色，颜色的连续变换会出现明显的断层甚至光斑，影响效果。

（4）标题栏

这里的标题栏不是指整个网页的标题栏，而是网页内部各版块的标题，是各版块内容的概括。它使得网页内容的分类更清晰明了，大大地方便了浏览者。

标题栏可以是文字加不同颜色背景，也可是图片。一般的大型网站都采用前者，一些内容少的小网站采用后者，如图 1.12 和图 1.13 所示。

盛和景园展示

图 1.12

图 1.13

（5）按钮

在现实生活中，按钮通常是启动某些装置或机关的开关。网页中的按钮也沿用了这个概念。网页的按钮被点击之后，网页会实现相应的操作，比如页面跳转，或者信息搜索等，如图 1.14 所示。

图 1.14

设计按钮时，要注意以下几点。

① 要保证按钮与页面的协调，不能太抢眼，不宜使用过多的颜色。

② 如果按钮上有字则尽量使用单色或渐变背景，保证字迹的清晰。

③ 当页面上有多个按钮的时候，应分清主次，根据版面的需要改变按钮的颜色或者大小。

3. 网页的布局类型

（1）国字型

国字型也称同字型，即最上面是网站的标题以及横幅广告条，接下来是网站的主要内容，最左侧和最右侧分列一些小条目内容，中间是主要部分，最下面是网站的一些基本信息、联系方式、版权声明等。这是使用最多的一种结构类型，如图 1.15 所示。

图 1.15

（2）匡字型

匡字型也称拐角形，这种结构与国字型结构很相近，上面是标题及广告横幅，下面左侧是一窄列的链接等，右侧是很宽的正文，下面也是一些网站的辅助信息，如图 1.16 所示。

图 1.16

（3）三字形

这是一种比较简洁的布局类型，其页面在横向上被分隔为 3 部分，上部和下部放置一些标志、导航条、广告条和版权信息等，中间是正文内容，如图 1.17 所示。

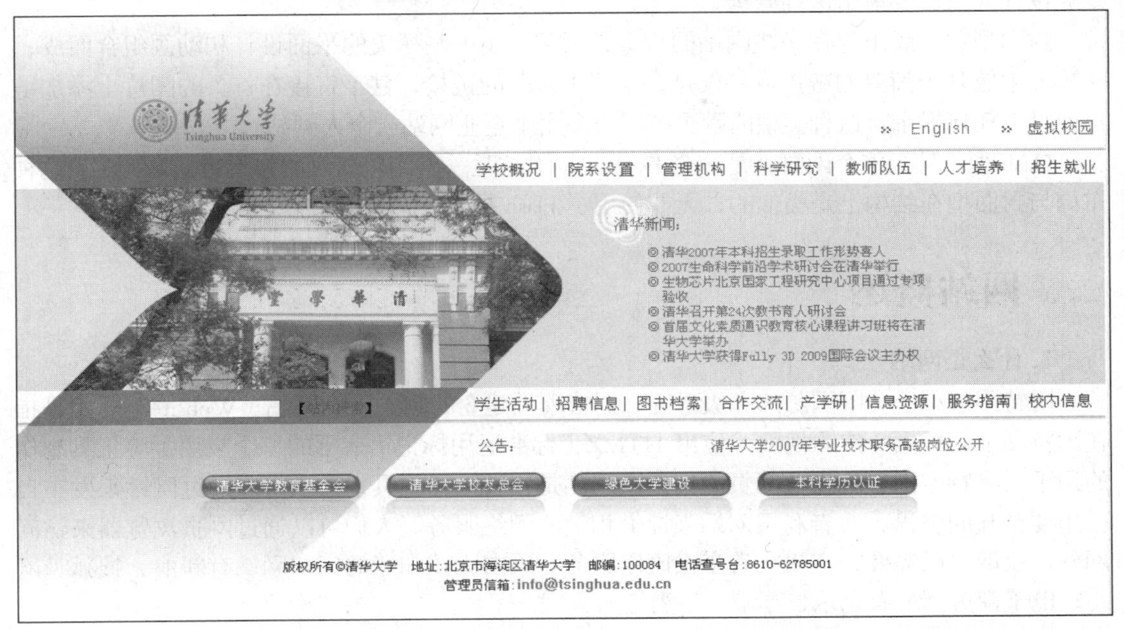

图 1.17

（4）川字型

整个页面在垂直方向上被分为 3 列，内容按栏目分布在这 3 列中，最大限度地突出栏目的索引功能，如图 1.18 所示。

图 1.18

常见的网页布局类型还包括标题文本型、框架型、封面型、Flash 型等。

标题文本型：即页面内容以文本为主，最上面一般是标题，下面是正文的格式。

框架型：通常分为左右框架型、上下框架型和综合框架型。由于兼容性和美观等原因，专业设计人员很少采用这种结构。

封面型：一般出现在一些网站的首页，大部分由一些精美的平面设计和动画组合而成，在页面中放几个简单的链接或者仅是一个“进入”的链接，甚至直接在首页的图片上添加链接而没有任何提示。这种类型的网页布局大多用于企业网站或个人网站。

Flash 型：是指整个网页就是一个 Flash 动画，这是一种比较新潮的布局方式。其实，这种布局与封面型在结构上是类似的，无非使用了 Flash 技术。

二、网站概述

1. 什么是网站

因特网起源于美国国防部高级研究计划管理局建立的阿帕网。网站（Website）开始是指在因特网上，根据一定的规则，使用 HTML（标准通用标记语言下的一个应用）等工具制作的用于展示特定内容的相关网页的集合。网站是一种沟通工具，人们可以通过网站来发布自己想要公开的资讯，或者利用网站来提供相关的网络服务。人们可以通过网页浏览器来访问网站，获取自己需要的资讯或者享受网络服务。国内比较知名的门户网站有新浪、搜狐、网易；电子商务网站有京东、苏宁、当当等。

2. 网站开发流程

网站的开发过程可以分为三个阶段——前期、中期、后期，如图 1.19 所示。

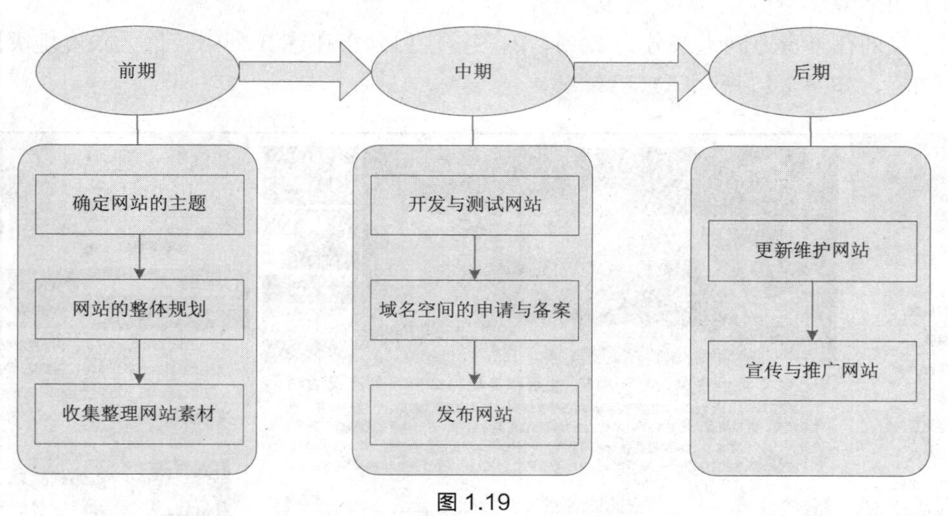

图 1.19

（1）第一阶段：前期

① 确定网站主题

确定网站主题的原则如下。

- 主题要小而精。
- 题材应结合本身的特点和优势。
- 题材不要太滥，目标不要太高。

② 网站整体规划

整体规划主要包括：网站的目标、网站的名称、网站的功能、网站的内容、网站的风格、网站的结构以及网站的技术实现等。

a. 网站的目标

建设网站之初就应该有一个明确的发展目标，可以从以下几点来考虑。

- 明确网站将来的访问对象，即明确网站的服务对象。
- 明确网站提供的服务项目。
- 明确网站的发展定位，确定网站的发展方向。

网站的目标定位要冷静、认真地去思考，不要好高骛远，这样才能够实实在在确定网站的位置和发展目标。

b. 网站的名称

确定网站的主题之后，就可以确定网站的名称了。名称至关重要，它对网站的形象和宣传推广具有很大的影响。因此，网站的名称应该正气、易记、有特色。

c. 网站的功能

网站的功能设计在网站的建设当中起着相当重要的作用，是整个网站规划中最为核心的一步，设计出新颖强大的功能，对于网站的建设和推广营销来说是一个关键的环节。设计网站功能时，设计者应以网站的目标、内容为基础，以此考虑如何实现网站目标，体现网站内容。

d. 网站的内容

网站的内容是网站规划的一项重点，它直接影响到一个网站的受欢迎程度。因此，网站的内容结构必须清晰，注意突出网站的形象和特色。网站内的网页应由多种成分组成，但图像和多媒体信息的使用要适中。网站的内容结构应使用户方便浏览，尽量选择突出网站特色的内容。

总之，对网站内容的设计，应尽量周密细致，做好创意。

e. 网站的风格

网站的风格是个抽象的概念，它是指网站的整体形象给浏览者的综合感觉。它是通过网页元素来体现的，网页色彩、平面构成、文字、图像等元素都会直接影响网站风格。

f. 网站的结构

网站的结构就是对网站的内容、功能进行一个层次化的组织方式，它包括网站的目录结构和链接结构。清晰的目录结构有利于站点的维护，而优秀的链接结构有利于使用最少的链接，达到最大的链接效果。

③ 收集素材

在制作网页之前，应首先收集好制作网页时要使用的素材，包括文字资料、图片、动画、声音、视频等。这些素材有的是企业提供的各种材料和调查结果，有的来自网络或图片库等媒体。收集素材时要保证其真实、合法。还可以使用 Photoshop、Fireworks、Flash 等软件对素材进行处理，使其更好地应用于网页。

提供网页素材下载的网站有“素材中国网”“网页制作大宝库”“站长之家（中国站长站）”，图 1.20 所示为“素材中国”网站的首页。

（2）第二阶段——中期

① 开发与测试网站

本部分主要介绍网站页面设计、网站程序设计和测试网站，如图 1.21 所示。

图 1.20

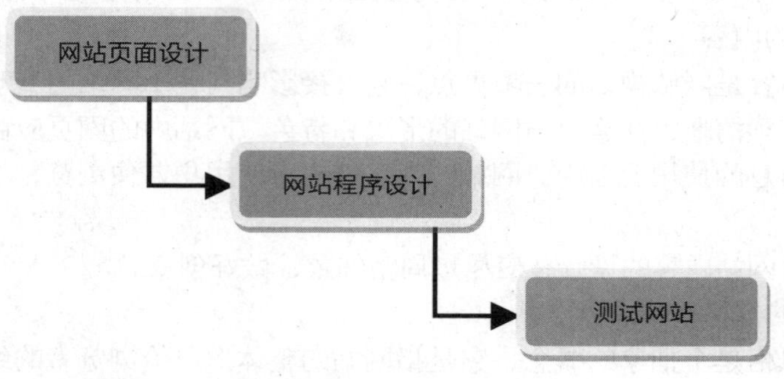

图 1.21

a. 网站页面设计

第一，首页的设计：

- 尽量不要放置太多的图片或者大图片，这样会增加网页的下载显示时间；
- 首页的画面不要设计得杂乱无章，使浏览者不易找到所需要的东西；
- 重视标记（Logo）设计，一旦进入网页，最引人注目的当数标记，它是一个网页的画龙点睛之笔，它的好坏直接影响网页的整体效果。

第二，其他内页的设计：

- 保持与首页相同的风格；
- 一般情况下其他网页要有返回首页的链接；
- 目录结构不要太多太深。

b. 网站程序设计

第一，数据库设计：

设计数据库时，程序员需要根据网站的功能规划、内容规划建立用户、表、索引、存储过程等，同时根据构造查询语句的需要，建立相应的视图，最终完成数据库的设计。

第二，后台脚本设计：

后台脚本设计主要是使用合适的脚本语言编写实现数据库的读、写、显示等操作的程序以及一些过程控制及特效程序。

c. 测试网站

测试的目的是为了找出网站的错误和问题，从而更改错误，解决问题。

网站测试的主要内容有功能测试、浏览器兼容性测试和超链接测试。

② 域名空间的申请与备案

a. 域名的申请

域名（Domain Name）是网站在互联网上的名字，每一个域名只能对应一个 IP 地址，但是一个 IP 地址可以对应多个域名。

域名在互联网上是国际通行的，全世界都可以通过域名访问某一个网站。域名也是唯一的，谁先注册，谁就拥有其使用权。

在选取域名的时候，应该以简明、易记、便于输入和具有一定的内涵为原则进行命名。域名的命名多以企业名称的汉语拼音、英文名称、名称的缩写、汉语拼音的谐音以及中英文结合等形式进行命名。

中国互联网络信息中心（CNNIC）（http://www.cnnic.net.cn），是国内域名注册的权威机构，注册域名的具体步骤如下：

- 确定域名注册代理商；
- 搜索域名；
- 注册域名；
- 注册用户；
- 填写注册申请表；
- 确认付款方式。

b. 域名管理及空间的申请

网站空间就是用来存放网站内容的计算机空间，网站空间根据规模大小可以分为：虚拟主机、自架设服务器两种。如果是大型企业、政府、学术单位等，要负担高额设备（高等级的电脑主机与宽带专线月租费用）与人事费用的则需考虑自行架设服务器。对一般中小型企业、工作室和个人而言，最省钱而又有效率的方式就是向网络服务提供者（Internet Service Provider，ISP）申请虚拟主机，也就是在 ISP 所架设的 Web 服务器上租一块空间，放置你的网站。

c. 域名空间的备案

根据工业和信息化部的相关规定，在国内开办网站，应当履行域名和空间的备案手续。从 2005 年 7 月 1 日起，新注册域名和空间开办的网站，应在开通时一并提交备案表格，由空间服务商免费代办备案，当然也可以通过访问工信部网站（http://www.miibeian.gov.cn）自行办理域名和空间的备案手续，如图 1.22 所示。

③ 发布网站

当完成了网站的设计、制作、测试等工作后，就需要把设计好的网站的全部文件上传到服务器来完成整个网站的发布。Dreamweaver 内置了强大的 FTP 功能，可以帮助用户实现对站点文档的上传和下载。当然，用户也可以选择其他 FTP 工具上传和下载文件，如 CuteFTP、FlashFXP、LeapFTP 等。

图 1.22

（3）第三阶段——后期

① 更新和维护网站

网站上传完毕之后，还需要经过一系列的网站更新和维护操作，才能够正常地运营。通常，需要每隔一段时间对网站的某些页面进行更新，保持网站内容的新鲜感以吸引更多的浏览者。同时，由于病毒感染、黑客入侵等各方面的安全原因，用户还应该定期检查页面元素和各种超链接是否正常，并且定期对网站进行备份，以便网站遭到破坏后能够及时恢复，从而保障网站的正常运行。

② 宣传与推广网站

网站开通后，就像注册了公司一样，必须进行有效的宣传推广，才能变得知名，并带来经济效益，网站的宣传推广主要有如下几种方式。

a. 注册到搜索引擎

目前最经济、实用和高效的网站推广形式就是注册到搜索引擎。比较有代表性的搜索引擎有：百度、Google、雅虎、搜狐等。

b. 交换广告条

现在有很多提供广告交换信息的网站，我们称之为广告交换网。登录到该类网站，注册并填写一些主要信息，即可与其他网站进行广告交换。

c. Meta 标签的使用

在网页上<head>区添加搜索引擎搜索用的关键字，如：

```
<meta  name="Description"  content="网站的主要内容介绍">
<meta  name="Keywords"  content="网页的关键字，多个关键字时以逗号分隔开">
<meta  name="Author"  content="网站作者">
```

d. 报纸、杂志

可以在传统媒体（如报纸、杂志等）上登广告宣传自己的网站。

3. 网站开发工具

Photoshop CS6：是 Adobe 公司旗下最为出名的图像处理软件之一，集图像扫描、编辑修改、图像制作、广告创意、图像输入与输出于一体的图形图像处理软件。

Flash CS6：是 Adobe 公司推出的用于创建动画和多媒体内容的强大的创作平台。设计身临其境，而且都能在台式计算机和平板电脑、智能手机和电视等多种设备中呈现一致效果的互动体验。

Dreamweaver CS6：是 Adobe 公司推出的一套拥有可视化编辑界面，用于制作并编辑网站和移动应用程序的网页设计软件。由于它支持使用代码、拆分、设计、实时视图等多种方式来创作、编写和修改网页，对于初级人员，你可以无需编写任何代码就能快速创建 Web 页面。

PART 2 任务二 网页中的色彩

能力目标

- 了解网页色彩基本知识
- 掌握无彩色系与有彩色系
- 掌握色彩的三要素
- 掌握色彩对比和色彩心理的表现形式
- 掌握网页色彩的搭配
- 掌握各类网站设计指南

任务目标

通过本任务的学习，学生应掌握各类网站的配色方法和技巧。

核心知识

网页的色彩是树立网站形象的关键之一。网页的背景、文字、图标、边框、超链接等，应该采用什么样的色彩，应该搭配什么色彩才能最好地表达出预想的内涵呢？

一、色彩的基本知识

显示器的颜色属于光源色。所以颜色以光学颜色 RGB 为主。在显示器屏幕内侧均匀分布着红色（Red）、绿色（Green）、蓝色（Blue）的荧光粒子，当接通显示器电源时显示器发光并以此显示出不同的颜色。显示器的颜色是通过光源三原色的混合显示出来的。显示器可以显示出多达 1600 万种颜色。

网页颜色主要是由 3 种基本颜色组成的，它们是红（Red）、绿（Green）、蓝（Blue），其他的颜色是由这 3 种颜色调和而成的。

例如，黄=红+绿，紫色=红+蓝，白色=红+绿+蓝。

用 6 个十六进制数来表示红、绿、蓝 3 种颜色的含量，组成一个 6 位的十六进制数，就是 RGB 颜色。

例如，红色为 FF0000，绿色为 00FF00，蓝色为 0000FF，白色为 FFFFFF。

通常情况下，RGB 各有 256 级亮度，一共可以组合出 256*256*256=16777216，简称 1600 万色，也称为 24 位色。

二、色彩的三要素

1. 色相

色相也叫色泽，色相是色彩最基本的特征，反应颜色的基本面貌。色相是一种色彩区别于另一种色彩的最主要因素。

色相最基本的代表色是红、黄、绿、青、紫 5 种。这 5 种颜色在人们的心理方面有明确的特征，色相的心理反应特征是暖色或冷色。色相之间的关系可以用色相环表示，如图 2.1 所示，除了主要的 5 种色相外，橙、黄绿、青绿、青紫和紫红成为中间色相。人的眼睛可以分辨出约 180 种不同色相的颜色。

2. 明度

明度是指色彩的深浅、明暗，它取决于反射光的强度，任何色彩都存在明暗变化。其中黄色明度最高，紫色明度最低，绿、红、蓝、橙的明度相近，为中间明度。另外在同一色相的明度中还存在深浅的变化。如绿色中由浅到深有粉绿、淡绿、翠绿等明度变化。有明度差的色彩更容易调和。如紫色（#993399）与黄色（#ffff00）、暗红（#cc3300）与草绿（#99cc00）、暗蓝（#0066cc）与橙色（#ff9933）等。

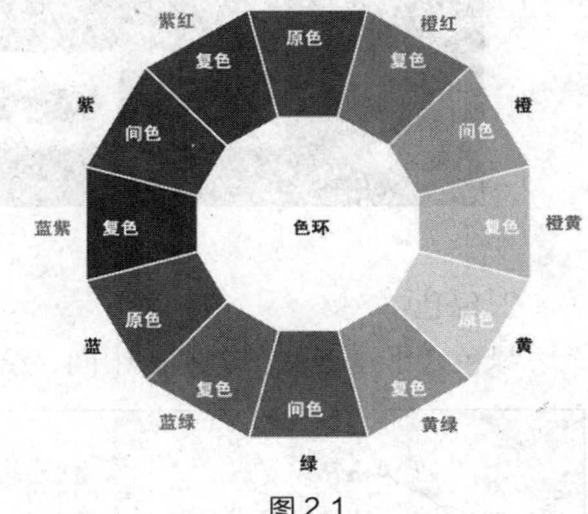

图 2.1

3. 纯度

纯度是指色彩的鲜艳程度，也称色彩的饱和度。其取决于该颜色中含色成分和消色成分（灰色）的比例。含色成分越大，饱和度越大；消色成分越大，饱和度越小，如图 2.2 所示。

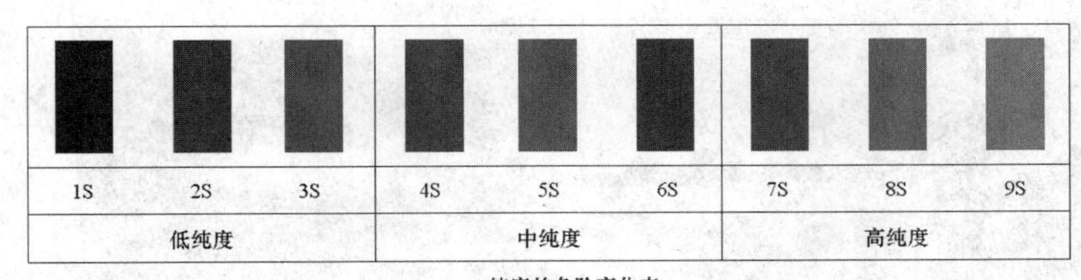

纯度的色阶变化表

图 2.2

三、色彩分析

不同的颜色会给浏览者不同的心理感受。

1. 红色

红色是一种激奋的色彩。有刺激效果，能使人产生冲动、愤怒、热情、活力的感觉。被用来传达有活力、积极、热诚、温暖、前进等涵义的形象与精神，如图 2.3 所示。

图 2.3

2. 绿色

绿色介于冷暖两种色彩的中间，给人和睦、宁静、健康、安全的感觉，如图 2.4 所示。

图 2.4

3. 紫色

紫色色彩心理象征着女性化，代表着高贵和奢华、优雅和魅力，也象征着神秘与庄重、神圣和浪漫，如图 2.5 所示。

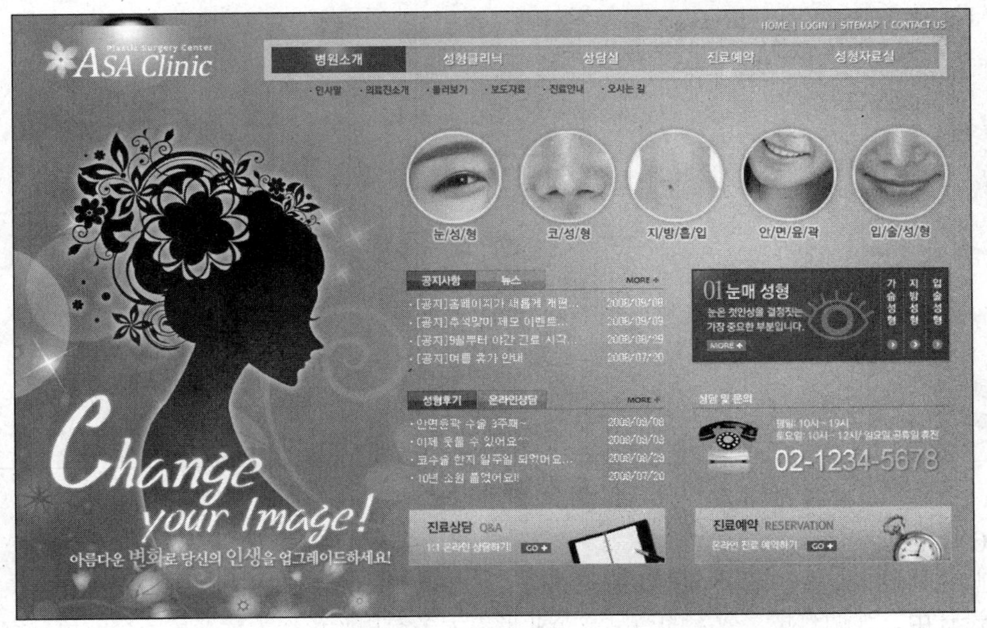

图 2.5

4. 橙色

橙色也是一种激奋的色彩，具有轻快、欢欣、热烈、温馨、时尚的效果，如图 2.6 所示。

图 2.6

5. 黄色

黄色会给人带来快乐、聪慧和轻快的感觉，它的明度最高，如图 2.7 所示。

图 2.7

6. 蓝色

蓝色是最凉爽、清新、专业的色彩。由于蓝色沉稳的特性，具有理智、准确的意象，在商业设计中，强调科技、效率的商品或企业形象大多选用蓝色作为标准色、企业色。它和白色混合，能展现柔顺、淡雅、浪漫的气氛，如图 2.8 所示。

图 2.8

7. 白色

在商业设计中，白色具有高级、科技的意象，通常需和其他色彩搭配使用并且可以和任何颜色作搭配，如图 2.9 所示。

图 2.9

8. 黑色

在商业设计中，黑色具有高贵、稳重、科技的意象，许多科技产品的用色，如电视、跑车、摄影机、音响、仪器等的色彩大多采用黑色，在其他方面，黑色庄严的意象也常用在一些特殊场合的空间设计中，如图 2.10 所示。

图 2.10

9. 灰色

在商业设计中，灰色具有柔和、高雅的意象，而且属于“中间性格”，男女皆能接受，所以灰色也是永远流行的主要颜色，在许多高科技产品中，尤其是和金属材料有关的，几乎都用灰色来传达高级、科技的形象，使用灰色时，利用不同的层次变化组合或搭配其他色彩，才不会过于沉闷，才不会有呆板、僵硬的感觉，如图 2.11 所示。

图 2.11

四、网页色彩搭配方法

网页配色很重要，网页颜色搭配是否合理会直接影响访问者的情绪。好的色彩搭配会带给访问者很强的视觉冲击力，不恰当的色彩搭配则会让访问者浮躁不安。

1. 同种色彩搭配

同种色彩搭配是指首先选定一种色彩，然后调整其透明度和饱和度，将色彩变淡或加深，从而产生新的色彩，这样的页面看起来色彩统一，具有层次感。

2. 邻近色彩搭配

邻近色是指在色环上相邻的颜色，如绿色和蓝色、红色和黄色即互为邻近色。采用邻近色搭配可以避免网页色彩杂乱，易于达到页面和谐统一的效果。

3. 对比色彩搭配

一般来说，色彩的三原色（红、绿、蓝）最能体现色彩间的差异。对比色可以突出重点，产生强烈的视觉效果。通过合理使用对比色，能够使网站特色鲜明、重点突出。在设计时，通常以一种颜色为主色调，用其对比色作点缀，以起到画龙点睛的作用。

4. 暖色色彩搭配

暖色色彩搭配是指使用红色、橙色、黄色、集合色等色彩的搭配。这种色调的运用可为网页营造出和谐和热情的氛围。

5. 冷色色彩搭配

冷色色彩搭配是指使用绿色、蓝色及紫色等色彩的搭配，这种色彩搭配可为网页营造出宁静、清凉和高雅的氛围。冷色色彩与白色搭配一般会获得较好的视觉效果。

6. 有主色的混合色彩搭配

有主色的混合色彩搭配是指以一种颜色作为主要颜色，同时辅以其他色彩混合搭配，形成缤纷而不杂乱的搭配效果。

7. 文字与网页的背景色对比要突出

文字内容的颜色与网页的背景色对比要突出。底色深，文字的颜色就应浅，以深色的背景衬托浅色的内容（文字或图片）；反之，底色淡，文字的颜色就要深些，以浅色的背景衬托深色的内容（文字或图片）。

PART 3 任务三 “盛和·景园”房产网站设计

模块一　“盛和·景园”房产网站需求分析的建立

能力目标

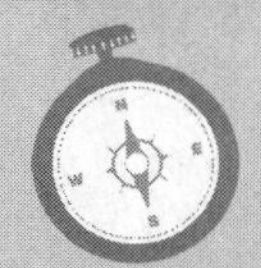

掌握“盛和·景园”需求分析的建立。

任务目标

通过本任务的学习，掌握“盛和·景园”房产网站需求分析的建立。

核心知识

一、确定网站主题

1. 网站的提出

“盛和·景园”房产项目是由德州天元房产公司开发的一个楼盘项目，为了让客户更好地通过网络了解该房产项目，同客户进行更好的交流，公司决定为该房产项目开发一个网站。

2. 网站的要求

网站类型：企业网站。

网站名称：盛和·景园置业。

网站客户群：潜在的购房客户。

网站要求：“盛和·景园”网站作为该房产项目与客户的一个交流平台，含有项目介绍、户型展示、购房指南、团购活动、在线咨询、联系我们等模块。

3. 网站主题

房产项目网站。

二、网站整体规划

1. 网站的目标定位

根据公司领导层提出的建立高规格、专业房产网站的定位，为该房产项目打造一个行业知名的网站。

公司网站设计的方案要实现以下目标。

① 结合公司的发展战略，通过网上形象策划宣传，进一步体现该房产项目的形象。

② 建立项目介绍、项目展示等内容，体现该房产项目的详细内容，具体如下。

项目特色：宜居天下，绿色生态。

项目理念：以人为本，人与自然的完美融合。

质量方针：质量第一，用户至上。

2. 网站的风格设计

总体印象：立足于本项目行业领头羊形象的设计，以展示“盛和·景园”的品质建设，主题突出、内容精干、形式简洁。

版式布局：栏目集中，分栏目检索明确，导航标志清晰。

色彩运用：以红色、白色、灰色为主色调，突出体现该房产项目整洁的居住环境，企业蒸蒸日上的发展和客户红红火火的生活。呈现专业、大气、动感、畅快、简洁的特征。

图片运用：配合文字及色块，以生动的动画效果展示项目的不同方面。

结构：运用统一的通用信息规划，使网站始终保持一种方便快捷、清晰明确的浏览路线。

3. 网站的页面创意设计

网站页面是公司对外宣传的关键部分，是树立企业形象、宣扬企业文化、展示企业实力的必要途径。

（1）首页设计

首页是公司整体形象的浓缩，要进行创意设计，不仅要简洁、美观、大气、国际化，还要体现项目的形象、实力。在体现公司品牌效应的基础上，实现整体和个体的有机结合。

① 设置一个房产样式的 Logo，体现公司的性质。通过大的横幅切换 banner，展示项目特色、项目理念和质量方针，总体大气、新颖，充分展示企业形象。

② 通过“实景展示”的无缝滚动实现多角度展示该房产项目，从而让客户从方方面面了解该房产项目。

（2）内页设计

内页设计追求在风格上与首页统一，但又要因内容不同而各有特色，不同的功能页面又将体现出和功能内容相符的个性风格。

内页包括以下几个方面。

① 项目介绍：项目的地理位置、项目的建筑规模、项目的环境等。

② 户型展示：立体排列展示项目中所有户型设计。

③ 购房指南：指导客户如何分期贷款购房、如何运用公积金贷款购房、如何选购新房等，提供购房指导方案。

④ 新闻中心：介绍企业内部动态信息、企业新闻、房产行业信息等。

⑤ 在线咨询：获取客户的反馈信息以便及时跟进。

⑥ 联系我们（框架式的图文展现）：陈列公司名称、地址、联系人、电话、传真、电子邮箱、网址及地图路线等。

⑦ 团购活动：企业定期开展的团购活动。

三、收集素材

"盛和·景园"房产项目部为本网站的制作提供相应的素材，包括项目的简介、项目的最新信息、项目参与的活动、项目的实景展示图等。

从网络中搜集家、楼宇和天空的图片。

模块二　网页的首页界面设计

能力目标

- 掌握网页草图的设计方法。
- 掌握利用 Photoshop CS6 进行网站界面布局设计的操作技能。

任务目标

利用搜集到的素材，使用 Photoshop CS6 软件完成如图 3.1 所示的"盛和·景园"房产网站网页界面设计。页面尺寸为 980×1200px。

图 3.1

任务解析

网站的框架结构是网页的骨骼，是为了能让浏览者更清晰、更便捷地了解网站所要传达的信息内容，由此将网页元素按照一定的布局样式进行排列。本网站采用“国”字形布局，把客户最关心的网页中的主要信息置于中间，如图 3.2 所示。

网站Logo	垂询电话	次导航
主导航栏		
banner		
盛和景园展示	项目介绍	购房指南
联系我们	项目动态	团购活动
项目展示		
页脚		

图 3.2

对于网页的页面尺寸设计，页面的高度一般没有一个固定值，但是一般不超过 3 屏（注：一屏的高度为 600px）。而对于宽度的设计，则需要根据不同的浏览器和显示器的分辨率来选择不同的尺寸。一般在 IE 下，页面宽度为显示器分辨率−21，如 1024 分辨率下的宽度为 1003px。在 Firefox 下，宽度用分辨率−19。

注意

当前的主流显示尺寸为 17 英寸，最佳的分辨率为 1024 × 768px。

一、页面整体尺寸及框架结构设计

核心知识

在绘制网页界面内容之前，首先需要对整个网页布局做出规划，此时要用到“标尺”与“参考线”。

首先，开启标尺功能，选择“视图”→“标尺”命令（或者按组合键 Ctrl+R）。

打开标尺后就能够设置参考线了，设置参考线的方法非常简单，只需用鼠标在标尺上单击并保持按住，再拖移到工作区即可，如图 3.3 所示。

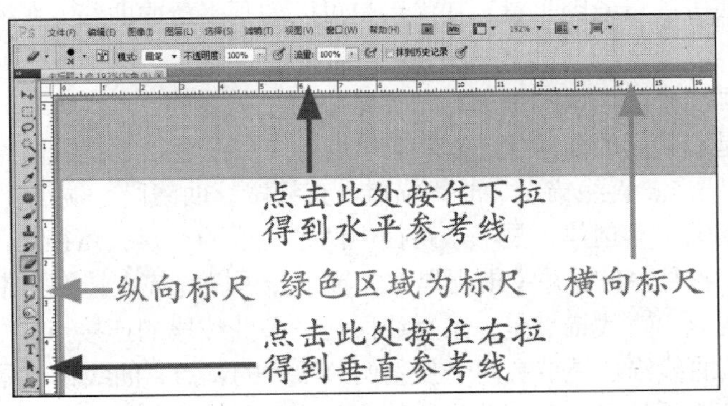

图 3.3

操作过程

1. 文档新建

启动 Photoshop CS6 选择“文件”→“新建”命令（组合键 Ctrl+N），新建 Photoshop 空白文档，文档名称为“盛和 · 景园”，画布大小为 980×1200px，分辨率为 72 像素/英寸，背景颜色为白色（#FFFFFF），如图 3.4 所示。

2. 框架结构设计

打开“视图”菜单，勾选“标尺”项（组合键 Ctrl+R），从“标尺”中拖出参考线，勾勒出“盛和 · 景园”网页的页面大致结构，如图 3.5 所示。

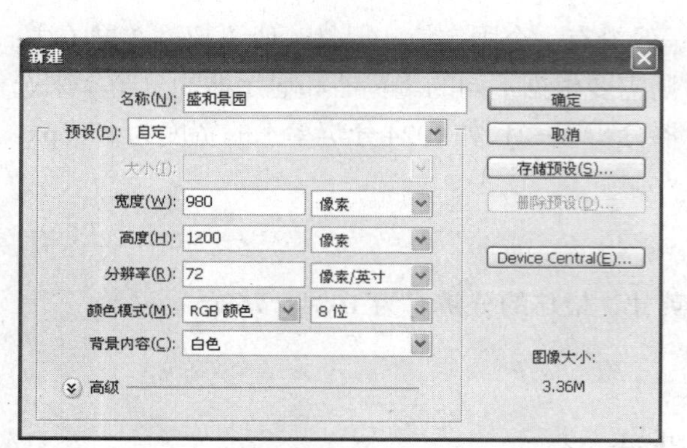

图 3.4

图 3.5

二、页面顶端区域的设计

核心知识

在页面顶端区域的设计绘制过程中要用到以下工具。

1. 钢笔工具

首先来简要介绍一下钢笔工具和路径的概念。

① 钢笔工具属于矢量绘图工具，其优点是可以勾画平滑的曲线（在缩放或者变形之后仍能保持平滑效果）。

② 钢笔工具画出来的矢量图形称为路径，路径是矢量的。

③ 路径允许是不封闭的开放状，如果把起点与终点重合绘制就可以得到封闭的路径和路径有关的概念——锚点、直线锚点、曲线锚点、直线段、曲线段、端点，如图 3.6 所示。

- 锚点：由钢笔工具创建，是一个路径中两条线段的交点，路径是由锚点组成的。
- 直线锚点：按住 Alt 键并单击刚建立的锚点，可以将锚点转换为带有一个独立调节手柄的直线锚点。直线锚点是一条直线段与一条曲线段的连接点。
- 曲线锚点：曲线锚点是带有两个独立调节手柄的锚点，曲线锚点是两条曲线段之间的连接点，调节手柄可以改变曲线的弧度。

- 直线段：用钢笔工具在图像中单击两个不同的位置，将在两点之间创建一条直线段。
- 曲线段：拖曳曲线锚点可以创建一条曲线段。
- 端点：路径的结束点就是路径的端点。

在工具栏选择钢笔工具（快捷键 P），如图 3.7 所示。

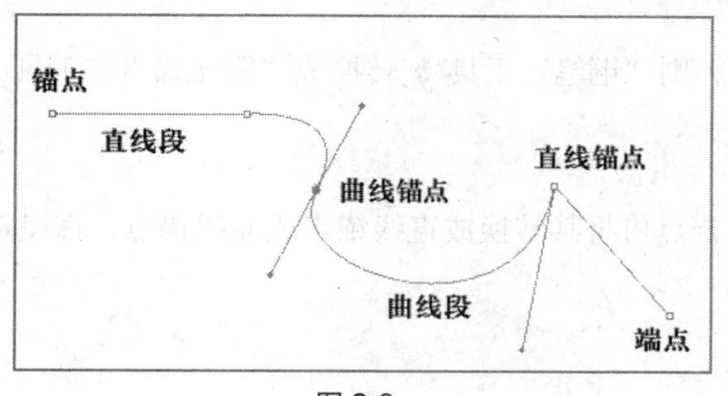

图 3.6

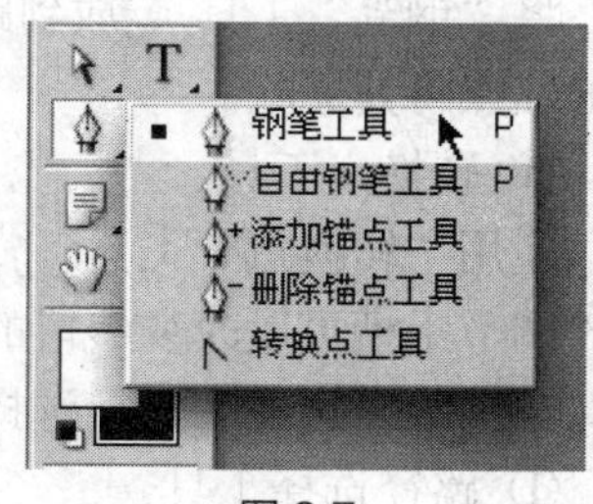

图 3.7

① 按住 Shift 键创建锚点时，将强迫系统以 45 度角或 45 度角的倍数绘制路径。

② 按住 Alt 键，当“钢笔”工具移到锚点上时，暂时将“钢笔”工具转换为“转换点”工具。

③ 按住 Ctrl 键，暂时将“钢笔”工具转换成“直接选择”工具。

（1）绘制直线段

选择“钢笔”工具，在钢笔工具属性栏中选中“路径”按钮，在图像中任意位置单击鼠标，创建一个锚点，将鼠标移动到其他位置再单击，创建第二个锚点，两个锚点之间自动以直线进行连接，再将鼠标移动到其他位置单击，创建第三个锚点，而系统将在第二个和第三个锚点之间生成一条新的直线路径，如图 3.8 所示。

（2）绘制曲线段

用“钢笔”工具，单击建立新的锚点并按住鼠标不放，拖曳鼠标，建立曲线段和曲线锚点。松开鼠标，按住 Alt 键的同时，用“钢笔”工具单击刚建立的曲线锚点，将其转换为直线锚点，在其他位置再次单击建立下一个新的锚点，可在曲线段后绘制出直线段，如图 3.9 所示。

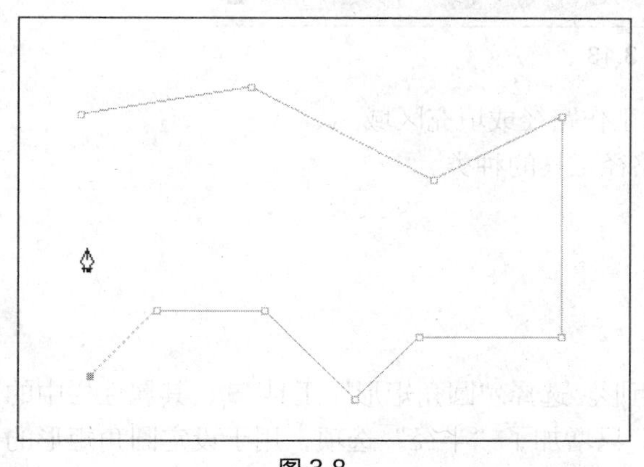

图 3.8

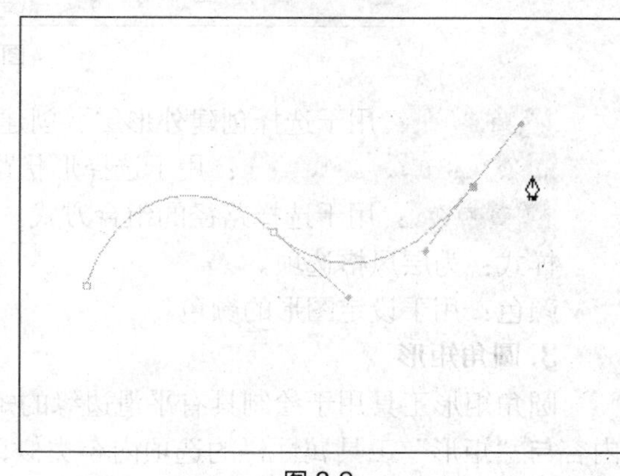

图 3.9

（3）编辑路径

① 添加锚点工具

将“钢笔”工具移动到建立好的路径上，若当前此处没有锚点，则“钢笔”工具转换成“添加锚点”工具，在路径上单击鼠标可以添加一个锚点。

② 删除锚点工具

将“钢笔”工具放到路径的锚点上，则“钢笔”工具转换成“删除锚点”工具，单击锚点将其删除。

③ 转换点工具

使用“转换点”工具，单击或拖曳锚点可将其转换成直线锚点或曲线锚点，拖曳锚点上的调节手柄可以改变线段的弧度。

（4）路径选择和直接选择工具

① 路径选择工具

“路径选择”工具用于选择一个或几个路径并对其进行移动、组合、对齐、分布和变形，如图 3.10 所示。

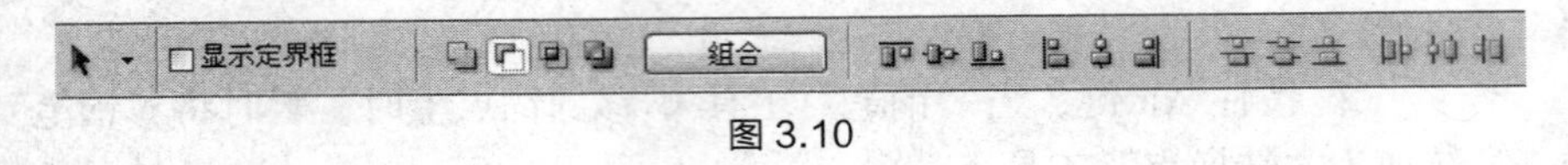

图 3.10

② 直接选择工具

直接选择工具用于移动路径中的锚点或线段，还可以调整手柄和控制点，如图 3.11 和图 3.12 所示。

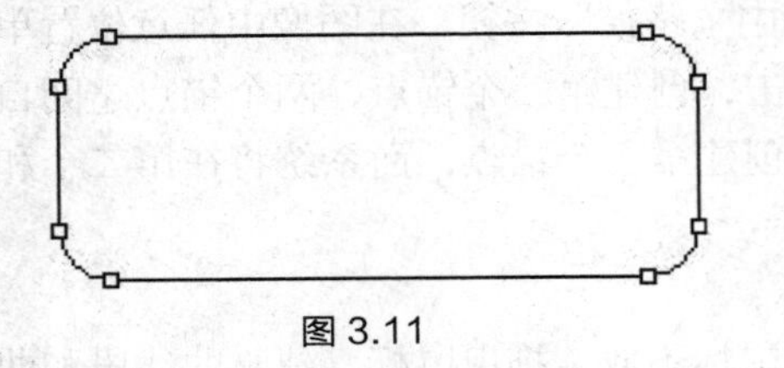

图 3.11

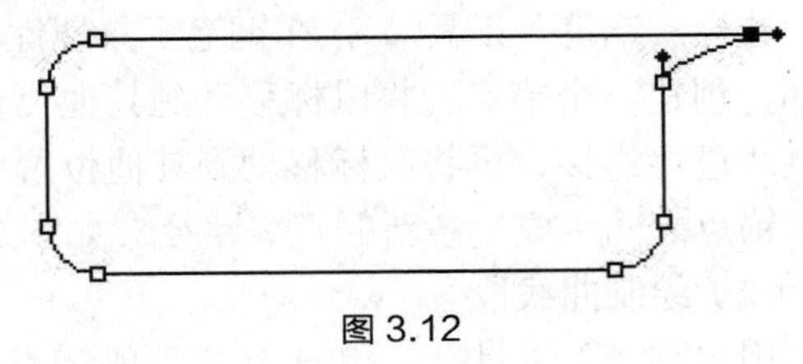

图 3.12

2. 矩形工具

“矩形”工具用于绘制矩形或正方形，如图 3.13 所示。

图 3.13

：用于选择创建外形层、创建工作路径或填充区域。

：用于选择形状路径工具的种类。

：用于选择路径的组合方式。

样式：为层风格选项。

颜色：用于设定图形的颜色。

3. 圆角矩形

圆角矩形工具用于绘制具有平滑边缘的矩形。选择“圆角矩形”工具，其属性栏中的内容与“矩形”工具属性栏的选项内容类似，只增加了“半径”选项，用于设定圆角矩形的平滑程度，数值越大越平滑，如图 3.14 所示。

图 3.14

4. 自定形状工具

自定形状工具用于绘制自定义的图形。选择“自定形状”工具，其属性栏中的内容与矩形工具属性栏的选项内容类似，只增加了“形状”选项，用于选择所需的形状，如图 3.15 所示。

图 3.15

单击“形状”选项右侧的按钮，弹出如图 3.16 所示的形状面板，面板中存储了可供选择的各种不规则形状。

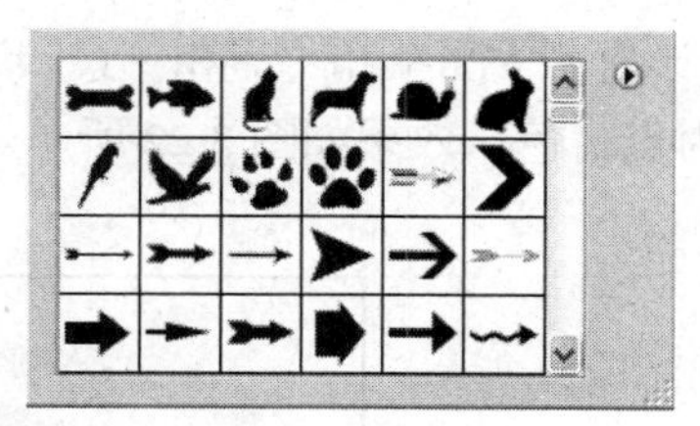

图 3.16

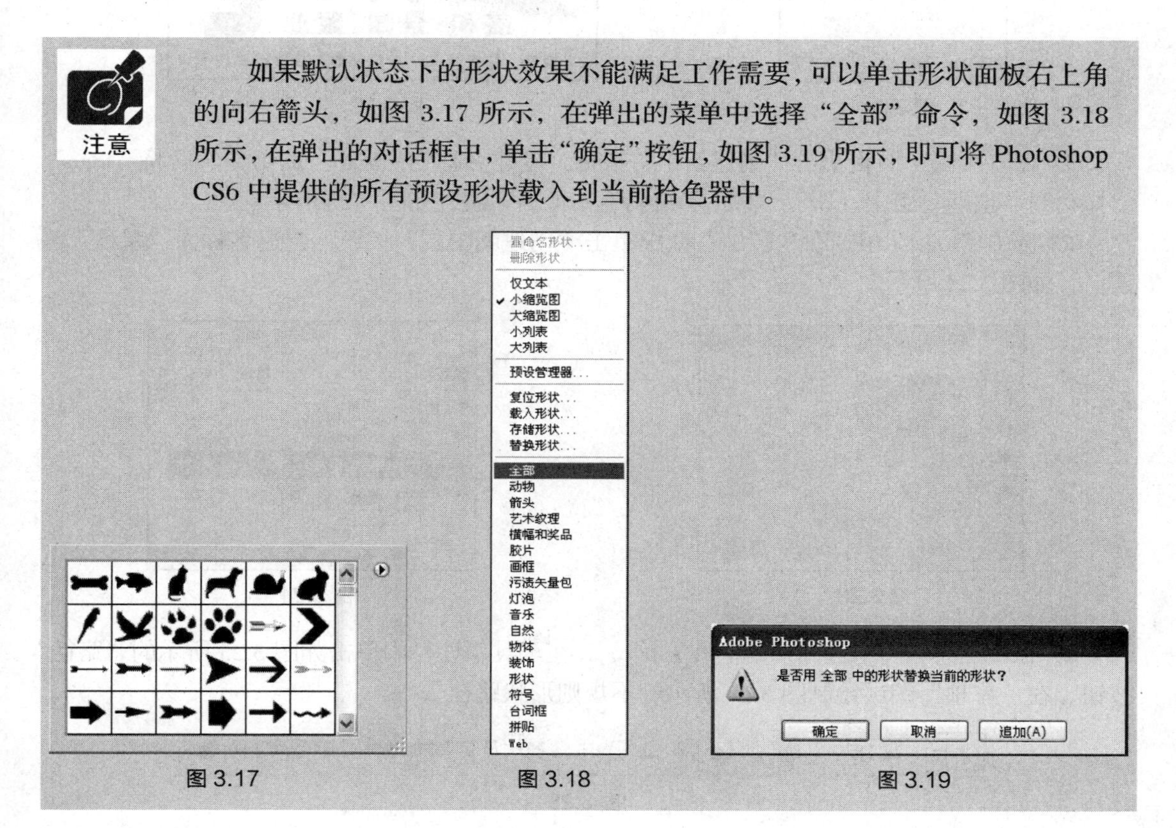

注意

如果默认状态下的形状效果不能满足工作需要，可以单击形状面板右上角的向右箭头，如图 3.17 所示，在弹出的菜单中选择“全部”命令，如图 3.18 所示，在弹出的对话框中，单击“确定”按钮，如图 3.19 所示，即可将 Photoshop CS6 中提供的所有预设形状载入到当前拾色器中。

图 3.17　　图 3.18　　图 3.19

5. 文字工具

应用文字工具输入文字并使用字符控制面板对文字进行调整，如图 3.20 所示。

选择“横排文字”工具T，或按 T 键，在页面中单击插入光标，可输入横排文字。

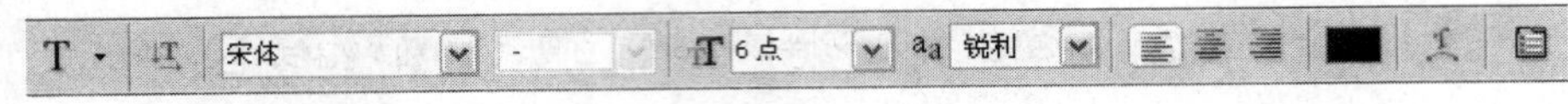

图 3.20

选择"直排文字"工具，可以在图像中建立垂直文本，创建垂直文本工具属性栏和创建文本工具属性栏的功能基本相同。

操作过程

为了更好地区分不同区域的内容，把每个区域的内容分别放到对应的组中。在"图层"面板单击"创建新组"按钮，创建名称为"顶端"的组，如图 3.21 所示。

1. Logo 的设计

"盛和·景园"网站的主题是为客户全方位展示该房产项目，为客户的选房、购房提供便捷的服务。因此，网站 Logo 设计为房子图案和"盛和·景园"文字的组合，色彩上使用网站的主色调红色和黑色，绿色作为点睛色，效果如图 3.22 所示。

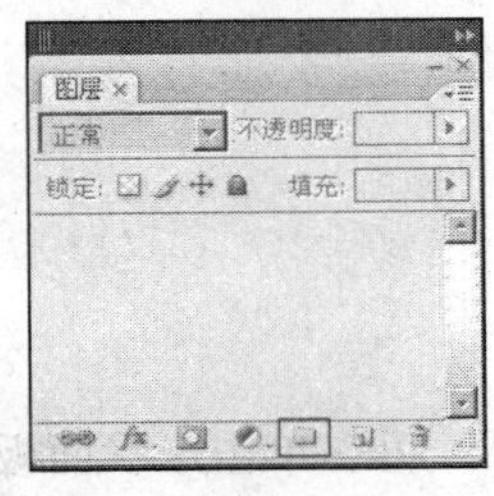

图 3.21

图 3.22

① 在"图层"面板单击"创建新组"按钮，创建名称为"logo"的组，然后将"logo"组拖动到"顶端"组中，即让"logo"组属于"顶端"组，如图 3.23 所示。

② 选中"logo"组，在"图层"面板单击"创建新图层"按钮，创建名称为"屋顶"的图层，如图 3.24 所示。

图 3.23

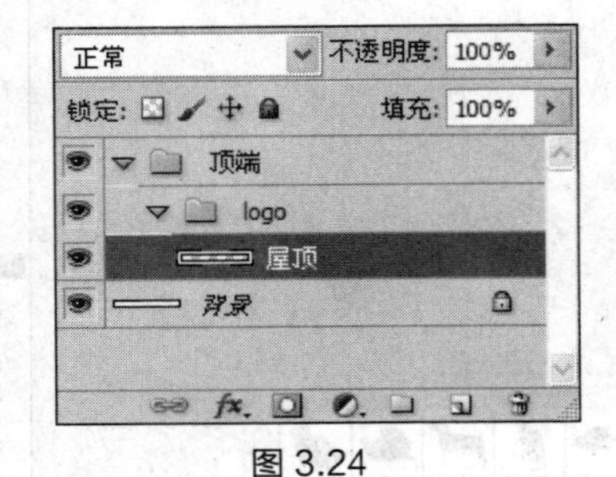

图 3.24

③ 在"工具箱"中选择"钢笔"工具，在工具属性栏中单击如图 3.25 所示的"路径"按钮，在"屋顶"图层绘制图 3.26 所示的不规则形状路径。

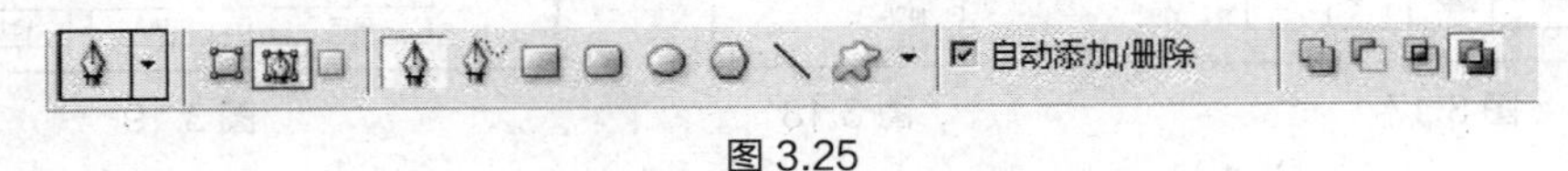

图 3.25

④ 按组合键 Ctrl+Enter，将不规则路径转换为选区，如图 3.27 所示，在【工具箱】中单击【设置前景颜色】色块，打开如图 3.28 所示的【拾色器】对话框，设置前景颜色为"红色"（RGB 的参考值分别为 222，29，26），按组合键 Alt+Delete 进行填充，然后按组合键 Ctrl+D 取消选区。

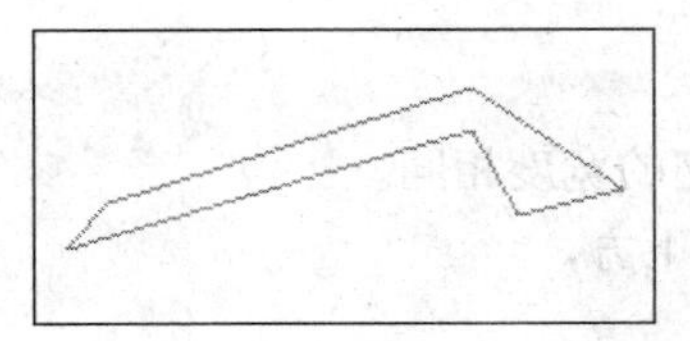

图 3.26

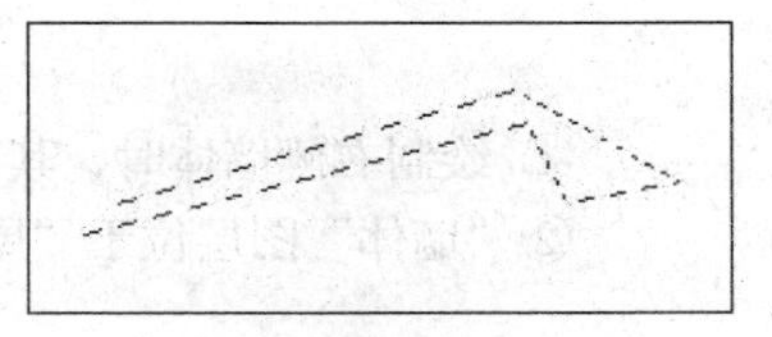

图 3.27

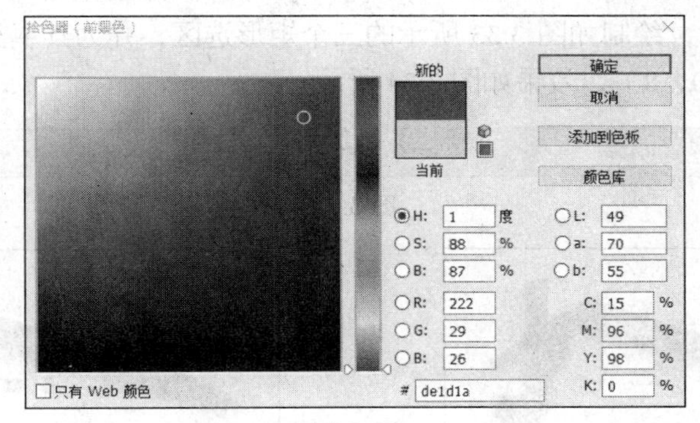

图 3.28

⑤ 单击“图层”面板底部的“添加图层样式”按钮 *fx*，在打开的菜单列表中选择“投影”选项，在弹出的“图层样式”对话框中设置“投影”图层样式的参数，参数设置和效果分别如图 3.29 和图 3.30 所示。

也可直接在“图层”面板的灰色底板区域双击打开“图层样式”对话框，但不要在“图层”名字上双击，因为那是对“图层”的重命名。

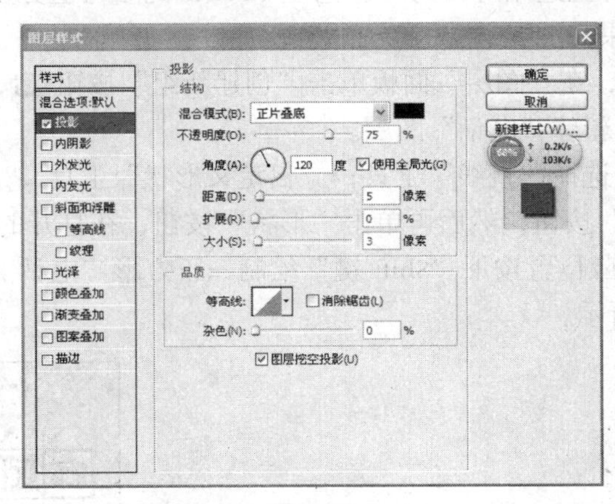

图 3.29

⑥ 按照同样的方法绘制烟囱和右侧墙体，并为其填充黑色（RGB 的参考值分别为 0，0，0），设置同样的“投影”图层样式，效果如图 3.31 所示。

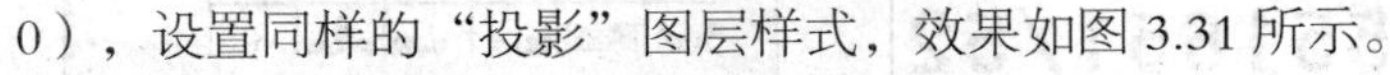

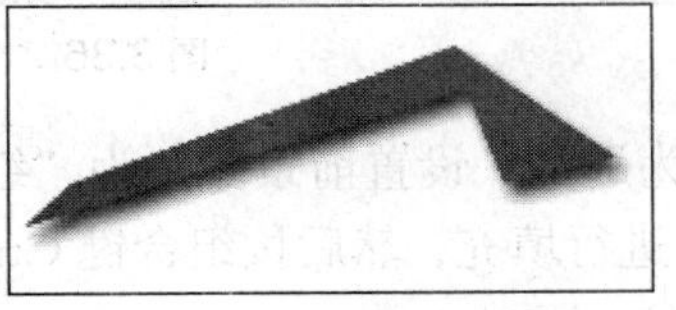

图 3.30

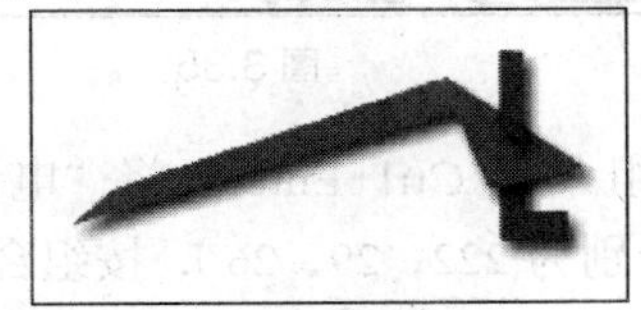

图 3.31

注意

① 绘制右侧墙体时，其宽度应与烟囱的宽度相同。
② “墙体”图层位于“屋顶”图层的下方。

⑦ 在“工具箱”中选择“矩形选框”工具，在工具属性栏中单击“添加到选区”按钮，如图 3.32 所示，绘制如图 3.33 所示的三个矩形选区，并为其填充“绿色”（RGB 的参考值分别为 60，180，8），效果如图 3.34 所示。

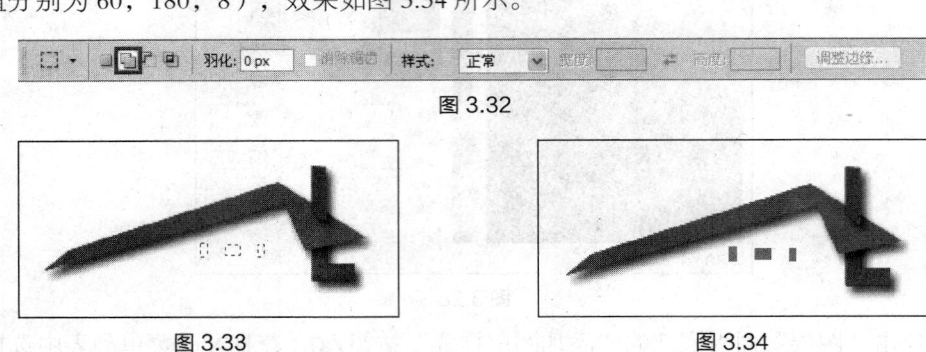

图 3.32

图 3.33

图 3.34

⑧ 在“工具箱”中选择“横排文字”工具T，在工具属性栏中分别设置字体为“黑体”，字号为“14 点”，消除锯齿的方法为“浑厚”，输入文字：盛和 景园 置业。用同样的方式输入文字：“The Best Environment”。

2. 垂询电话的设计

为了让客户方便地查找到“盛和·景园”房产项目的联系方式，故将联系电话置于“顶部”区域的中间位置，并且选用醒目的“红色”（RGB 的参考值分别为 222，29，26）电话作为进一步的提示，效果如图 3.35 所示。

① 选中“logo”组，在“图层”面板单击“创建新组”按钮，创建“tel”组。

② 在“tel”组中，新建“电话”图层。

③ 在“工具箱”中选择“直线”工具→“自定义形状”工具，如图 3.36 所示，在工具属性栏中单击“路径”按钮，然后再单击“形状”按钮，在打开的“形状”面板中双击图形“电话 2”，然后在相应位置按下“Shift 键”绘制一正方形“电话 2”图形（即宽、高比为 1：1），效果如图 3.37 所示。

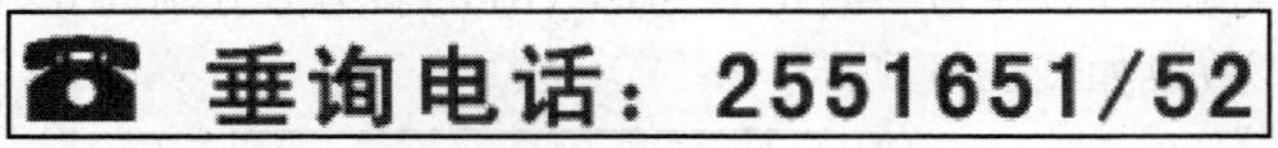

☎ 垂询电话：2551651/52

图 3.35

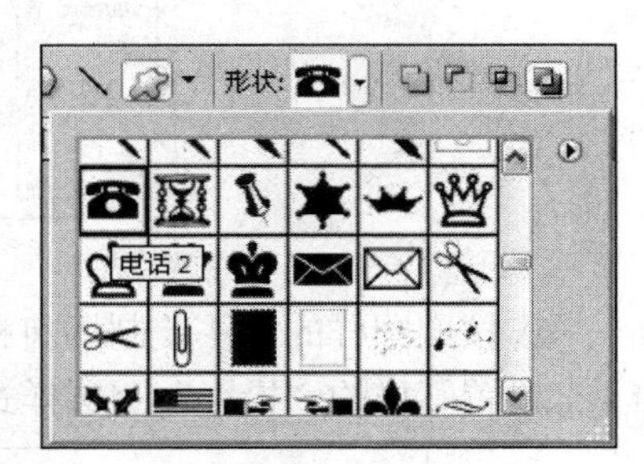

图 3.36

④ 按组合键 Ctrl+Enter，将“电话”路径转换为选区，设置前景颜色为“红色”（RGB 的参考值分别为 222，29，26），按组合键 Alt+Delete 进行填充，然后按组合键 Ctrl+D 取消选区，效果如图 3.38 所示。

⑤ 在“工具箱”中选择“横排文字”工具[T]，在工具属性栏中分别设置字体为“黑体”，字号为“26 点”，消除锯齿的方法为“浑厚”，输入文字：“垂询电话：0534-2551651/52”。

3. 次导航的设计

① 选中“tel”组，在“图层”面板单击“创建新组”按钮，创建“sec_nav”组。

② 在“sec_nav”组中，按照上述步骤再创建“home”组。

③ 在“工具箱”中选择“直线”工具→“圆角矩形”工具，在工具属性栏中单击“路径”按钮，“半径”设置为 6px，在“次导航区域”绘制如图 3.39 所示的圆角矩形。

④ 新建图层“home_bg”，按组合键 Ctrl+Enter 将“圆角矩形”路径转换为选区，设置前景颜色为“橙色”（RGB 的参考值分别为 243，98，27），按组合键 Alt+Delete 进行填充，然后按组合键 Ctrl+D 取消选区，效果如图 3.40 所示。

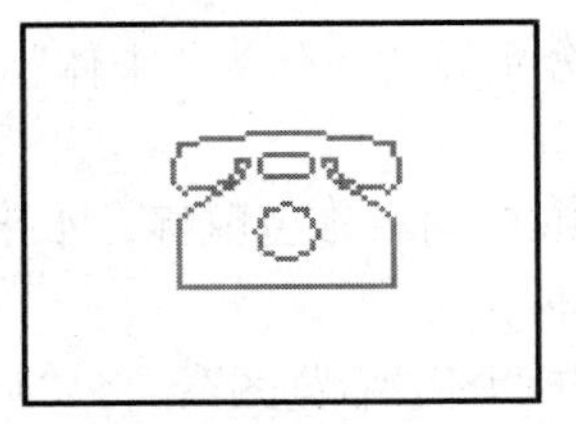

图 3.37

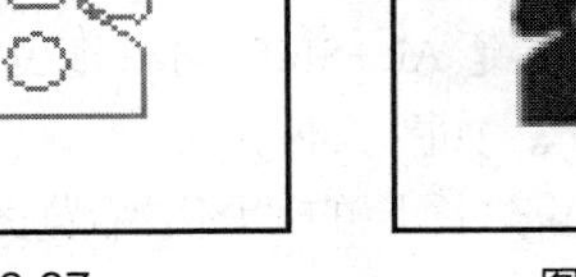

图 3.38

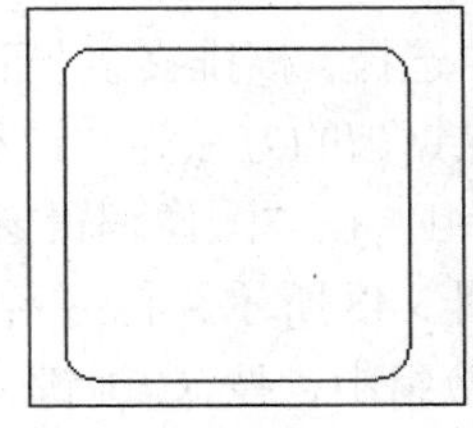

图 3.39

图 3.40

⑤ 新建“高光”图层，在“工具箱”中选择“矩形选框”工具，在工具属性栏中单击“从选区减去”按钮，如图 3.41 所示，在“圆角矩形”选区中减去下半部分，如图 3.42 所示，效果如图 3.43 所示。

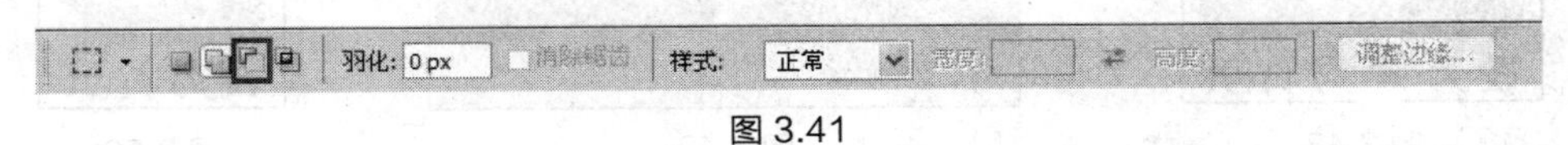

图 3.41

⑥ 设置前景颜色为“白色”（RGB 的参考值分别为 255，255，255），按组合键 Alt+Delete 进行填充，并调整图层的“不透明度”值为 20%，然后按组合键 Ctrl+D 取消选区，效果如图 3.44 所示。

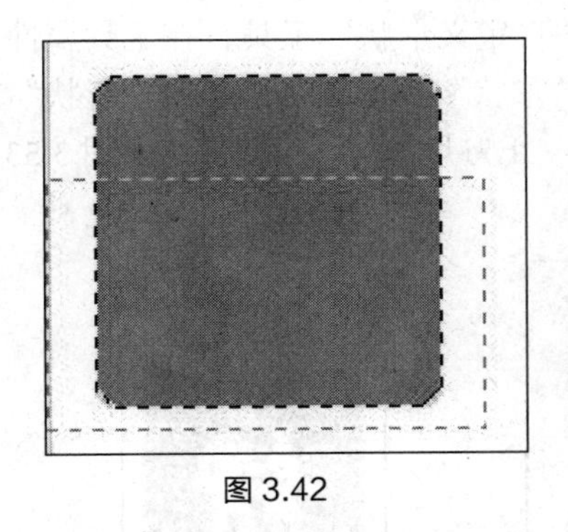

图 3.42

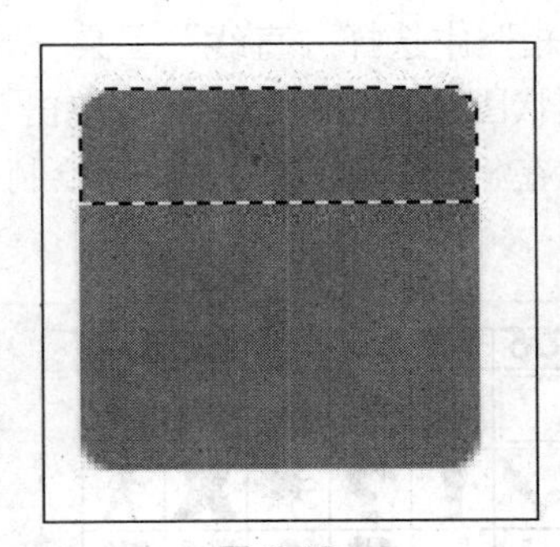

图 3.43

图 3.44

⑦ 新建“主页”图层，在“工具箱”中选择“直线”工具→“自定义形状”工具，在工具属性栏中单击如图 3.45 所示的“形状图层”按钮，然后再单击“形状”按钮，在打开的“形状”面板中双击图形“主页”，如图 3.46 所示，然后在相应位置按下 Shift 键绘制一正“主页”图形，效果如图 3.47 所示。

图 3.45

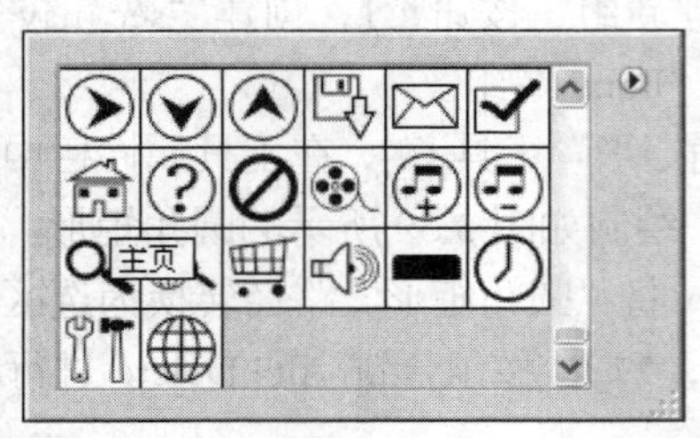

图 3.46

图 3.47

⑧ 在“工具箱”中选择“横排文字”工具 T，在工具属性栏中分别设置字体为“宋体”，字号为“14 点”，消除锯齿的方法为“锐利”，输入文字：设为网页。

⑨ 选中“home”组，在“图像编辑窗口”中按下组合键 Alt+Shift 向右拖曳鼠标，水平复制“home”组，如图 3.48 所示，将组名修改为“friend”，如图 3.49 所示。

⑩ 在“设为首页”组中，按 Ctrl 键，单击“home_bg”图层的“图层缩览图”，将“圆角矩形”图像载入选区，如图 3.50 所示。

图 3.48

图 3.49

图 3.50

⑪ 设置前景颜色为“蓝色”（RGB 的参考值分别为 17，129，194），按组合键 Alt+Delete 进行填充，然后按组合键 Ctrl+D 取消选区，效果如图 3.51 所示。

⑫ 选择“主页”图层，单击“图层”面板中“删除图层”按钮，删除“主页”图层。新建“收藏”图层，在“工具箱”中选择“直线”工具→“自定义形状”工具，在工具属性栏中单击如图 3.52 所示的“形状图层”按钮，然后再单击“形状”按钮，在打开的“形状”面板中双击图形“学校”，然后在相应位置按下 Shift 键绘制一正方形“学校”图形，如图 3.53 所示。

图 3.51

图 3.52

图 3.53

⑬ 在“工具箱”中选择“横排文字”工具 T，在“设为首页”文本位置单击，将文本内容改为“友情链接”，效果如图 3.54 所示。

⑭ 按照上述的操作方法、步骤，制作“联系我们”导航，效果如图 3.55 所示。

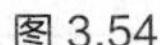
图 3.54

图 3.55

三、页面导航区域的设计

在网站中要对“盛和・景园”房产项目网站进行全方位、多角度的展示，因而网站导航包括：首页、项目介绍、户型展示、购房指南、项目动态、团购活动、在线咨询、联系我们、友情链接。最终效果如图 3.56 所示。

首页 项目介绍 户型展示 购房指南 项目动态 团购活动 在线咨询 联系我们 友情链接

图 3.56

核心知识

下面介绍移动工具。

移动工具可以将选区或图层移动到同一图像的新位置或其他图像中。

选择“移动”工具，其属性栏如图 3.57 所示。

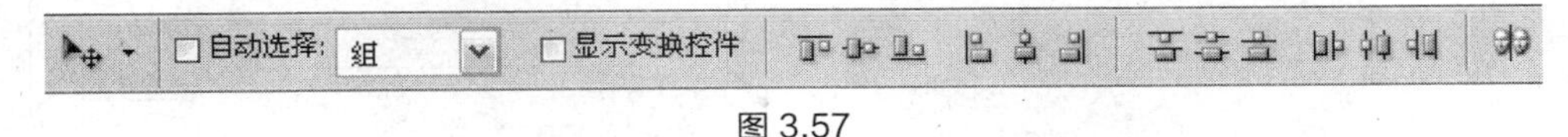

图 3.57

自动选择：在其下拉列表中选择“组”时，可直接选中所单击的非透明图像。

所在的图层组：在其下拉列表中选择“图层”时，用鼠标在图像上单击，即可直接选中指针所指的非透明图像所在的图层。

显示变换控件：勾选此选项，可在选中对象的周围显示定界框。

（1）对齐按钮

对齐按钮：“顶对齐”按钮、“垂直居中对齐”按钮、“底对齐”按钮、“左对齐”按钮、“水平居中对齐”按钮、“右对齐”按钮，可在图像中对齐选区或图层。

分布按钮：“按顶分布”按钮、“垂直居中分布”按钮、“按底分布”按钮、“按左分布”按钮、“水平居中分布”按钮、“按右分布”按钮，可以在图像中分布图层。

（2）移动图像

选择“移动”工具，用鼠标选中图像，并将其拖曳至合适的位置；打开一张图像，将图像向另外一张图像中拖曳，鼠标光标变为图标，松开鼠标，图像移动到另外一张图像中。

操作过程

① 在“图层”面板单击“创建新组”按钮，创建名称为“nav”的组。

② 在“nav”组内新建“nav_bg”图层，在“工具箱”中选择“直线”工具→“圆角矩形”

工具▢，在工具属性栏中单击“路径”按钮，如图 3.58 所示，“半径”设置为 5px，在“导航区域”绘制如图 3.59 所示的圆角矩形。

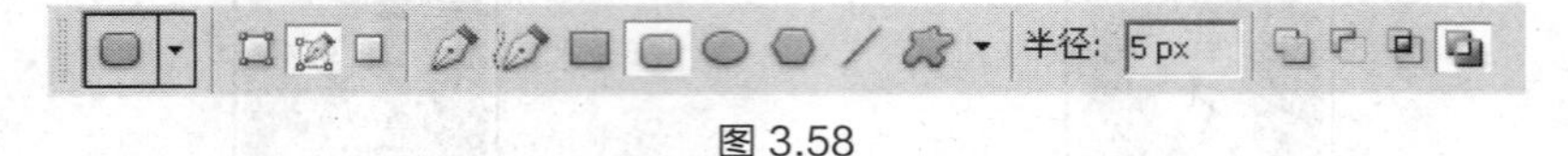

图 3.58

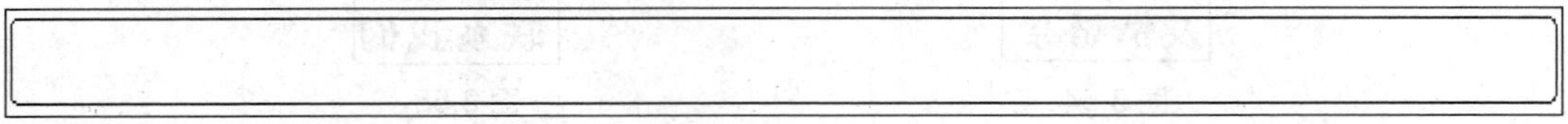

图 3.59

③ 按组合键 Ctrl+Enter，将“圆角矩形”路径转换为选区，如图 3.60 所示。

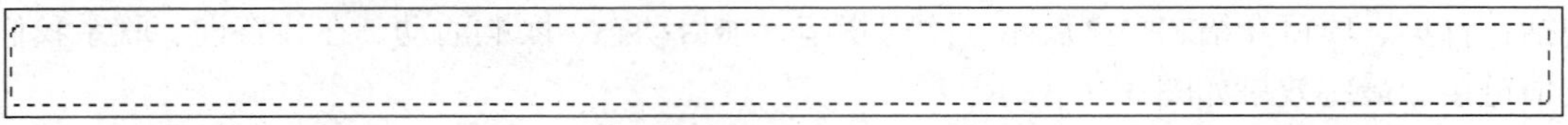

图 3.60

④ 在“工具箱”中选择“渐变”工具▢，在工具属性栏中单击“点按可编辑渐变”按钮，如图 3.61 所示，在打开的“渐变编辑器”窗口中，设置渐变矩形条下方的两个色标的 RGB 参数值，从左到右依次为 RGB（243，40，35）、RGB（185，8，8），如图 3.62 所示。

图 3.61

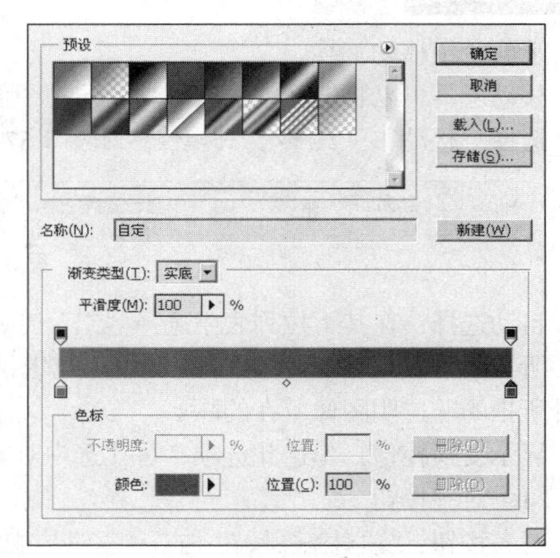

图 3.62

⑤ 单击“确定”按钮。按 Shift 键，在“圆角矩形”选区内从上往下拖曳鼠标，填充渐变色，然后按组合键 Ctrl+D 取消选区，效果如图 3.63 所示。

图 3.63

⑥ 双击“nav”图层的灰色底板区，在弹出的“图层样式”对话框中，启用“投影”图层样式，参数、效果分别如图 3.64 和图 3.65 所示。

⑦ 在“工具箱”中选择“矩形选框”工具▢，在工具属性栏中单击“样式”列表，在打开的列表中选择“固定大小”，分别设置宽度为 1px、高度 26px，如图 3.66 所示。

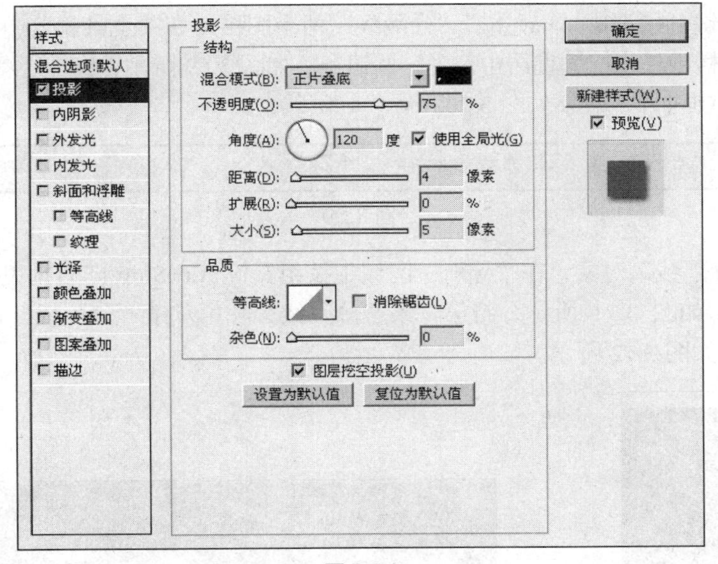

图 3.64

图 3.65

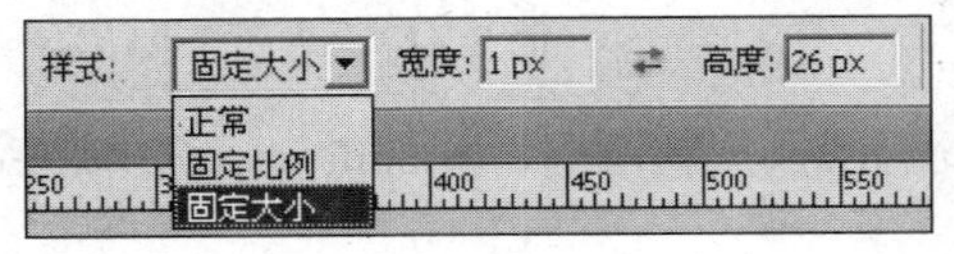

图 3.66

⑧ 新建“分隔线 1”图层，在“导航”区域位置单击，如图 3.67 所示。

图 3.67

⑨ 在“工具箱”中单击“设置前景颜色”色块■，打开图 3.28 所示的“拾色器”对话框，将鼠标移动到“导航”区域的顶端，吸取顶端的颜色，单击“拾色器”对话框的“确定”按钮，完成“前景颜色”设置。

⑩ 按组合键 Alt+Delete 进行填充，然后按组合键 Ctrl+D 取消选区。

⑪ 新建“分隔线”图层，按照上述操作方法，制作一个深红色的分割线。

深红色即为“导航”区域底端的颜色。

⑫ 使用“方向键”将两条分割线排列在一起，效果如图 3.68 所示。

图 3.68

⑬ 按 Ctrl 键分别选中两条分割线所在的图层，按组合键 Ctrl+E 进行“合并”，将两个对象合并为一个对象，合并后的图层名称为“分隔线”。

⑭ 按 Ctrl 键分别选中“nav_bg”“分隔线”两个图层，在“工具箱”中选择“移动”工具，在工具属性栏中单击“垂直居中对齐”按钮，如图 3.69 所示，将“分隔线”对象在“导航”区域垂直居中对齐，效果如图 3.70 所示。

图 3.69

⑮ 选中“分隔线”对象，在“导航”区域中按组合键 Alt+Shift 向右拖曳鼠标，水平复制 8 条“分隔线”，如图 3.71 所示，将第一条“分隔线”和第八条“分隔线”调整到如图 3.71 所示位置，效果如图 3.72 所示。

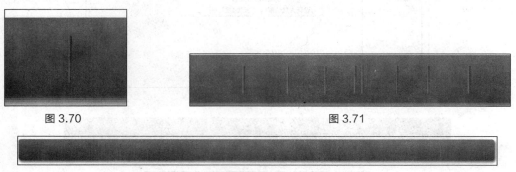

图 3.70

图 3.71

图 3.72

⑯ 选中左边第一条“分隔线”所在图层，按 Shift 键，选中最后一条“分隔线”所在图层，即可选中 8 条“分隔线”。

⑰ 在“工具箱”中选择“移动”工具，在工具属性栏中单击“水平居中分布”按钮，如图 3.73 所示，将 8 条“分隔线”水平均匀分布。

必须首先选择要排列的对象，然后选择“移动工具”，才能使用“对齐按钮”排列对象。

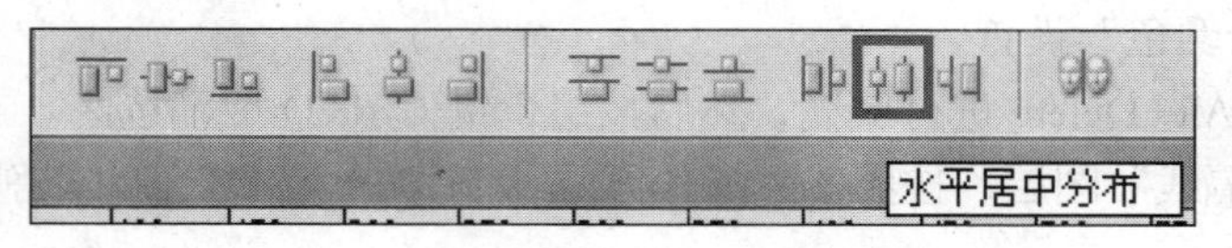

图 3.73

⑱ 在“工具箱”中选择“横排文字”工具，在工具属性栏中分别设置字体为“黑体”，字号为“16 点”，消除锯齿的方法为“锐利”，依次输入文字：首页、项目介绍、户型展示、购房指南、项目动态、团购活动、在线咨询、联系我们、友情链接。

四、页面 Banner 区域的设计

“盛和 · 景园”房产项目是要带给客户“宜居天下，绿色生态；以人为本，人与自然完美融合”的居住环境。因此，网站 Banenr 设计采用蓝天白云、绿色草地、和平鸽、父女的玩耍等为设计元素，构建一幅宜居的精美画面。效果如图 3.74 所示。

图 3.74

核心知识

1. 图层蒙版

图层蒙版可以理解为在当前图层上面覆盖一层玻璃片，这种玻璃片有透明的、半透明的、完全不透明的。然后用各种绘图工具在蒙版上（即玻璃片上）涂色（只能涂黑白灰色），涂黑色的地方蒙版变为不透明的，看不见当前图层的图像。涂白色则使涂色部分变为透明的，可看到当前图层上的图像，涂灰色使蒙版变为半透明。

单击“图层”控制面板下方的“添加图层蒙版”按钮，可以创建一个图层的蒙版。

2. 渐变工具

选择“渐变”工具，渐变工具属性栏如图 3.75 所示。

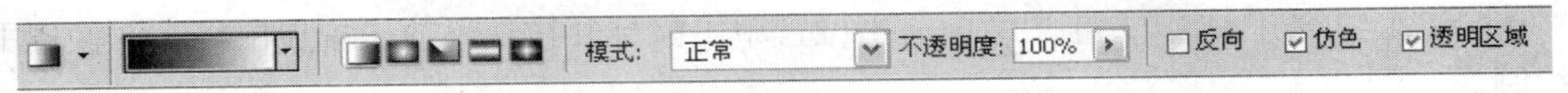

图 3.75

渐变工具包括线性渐变工具、径向渐变工具、角度渐变工具、对称渐变工具、菱形渐变工具。

：用于选择和编辑渐变的色彩。

：用于选择各类型的渐变工具。

模式：用于选择着色的模式。

不透明度：用于设定不透明度。

反向：用于反向产生色彩渐变的效果。

仿色：用于使渐变更平滑。

透明区域：用于产生不透明度。

如果要自定义渐变形式和色彩，可单击“电科编辑器”按钮，在弹出的如图 3.76 所示的“渐变编辑器”对话框中进行设置。

3. 套索工具

可以应用套索工具、多边形套索、磁性套索工具绘制不规则的选区。

（1）套索工具

套索工具可以在图像或图层中绘制不规则形状的选区，选取不规则形状的图像。选择“套索”工具，其属性栏如图 3.77 所示。

：为选择方式选项。

羽化：用于设定选区边缘的羽化程度。

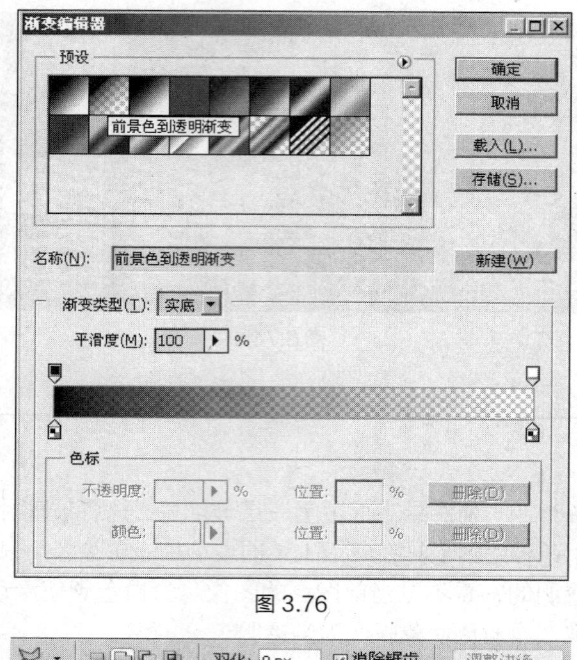

图 3.76

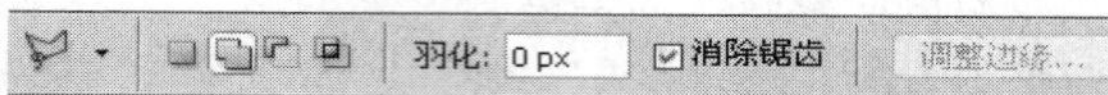

图 3.77

消除锯齿：用于消除选区边缘的锯齿。

选择“套索”工具，在图像中适当位置单击鼠标并按住不放，拖曳鼠标在图像周围进行绘制。

（2）多边形套索工具

选择“多边形套索”工具，在图像中单击设置所选区域的起点，接着单击设置选择区域的其他点，最后回到起点。

（3）磁性套索工具

磁性套索工具可以用来选取不规则的并与背景反差大的图像。

宽度：用于设定套索检测范围，磁性套索工具将在这个范围内选取反差最大的边缘。

对比度：用于设定选取边缘的灵敏度，数值越大，则要求边缘与背景的反差越大。

频率：用于设定选区点的速率，数值越大，标记速率越快，标记点越多。

钢笔压力：用于设定专用绘图板的笔刷压力。

选择“磁性套索”工具，在图像中适当位置单击鼠标并按住不放，根据选取图像的形状拖曳鼠标。

操作过程

① 为了更好地设计 Banner 区域，在一个单独的文件中制作 Banner。首先测量下 Banner 区域的尺寸，选择“工具箱”中的“矩形选框”工具，在 Banner 区域拖曳出矩形选框，如图 3.78 所示，按 F8 键，打开信息面板，查看 Banner 区域的大小，如图 3.79 所示。

② 按组合键 Ctrl+N，新建 Photoshop 空白文档，文档名称为“banner”，画布大小为 967×323px，分辨率为 72 像素/英寸，背景颜色为白色（#FFFFFF），如图 3.80 所示。

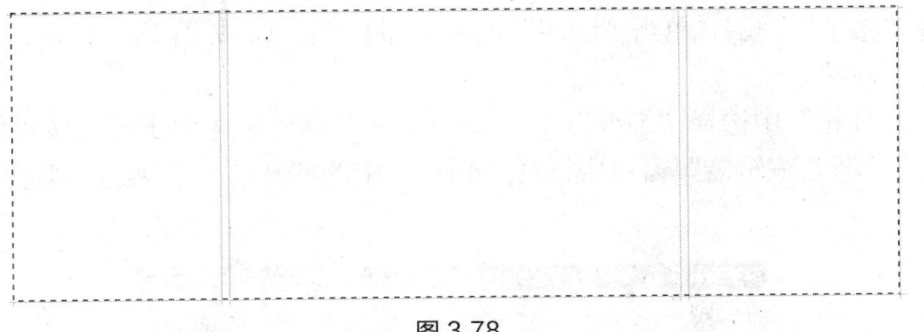

图 3.78

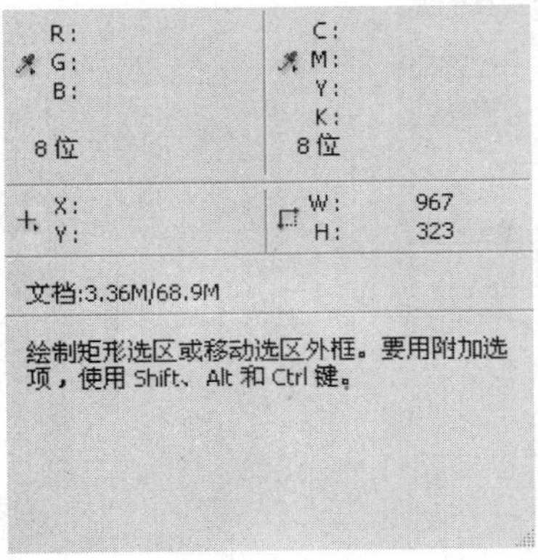

R:
G:
B:
8 位
C:
M:
Y:
K:
8 位
X:
Y:
W: 967
H: 323
文档:3.36M/68.9M
绘制矩形选区或移动选区外框。要用附加选项，使用 Shift、Alt 和 Ctrl 键。

图 3.79

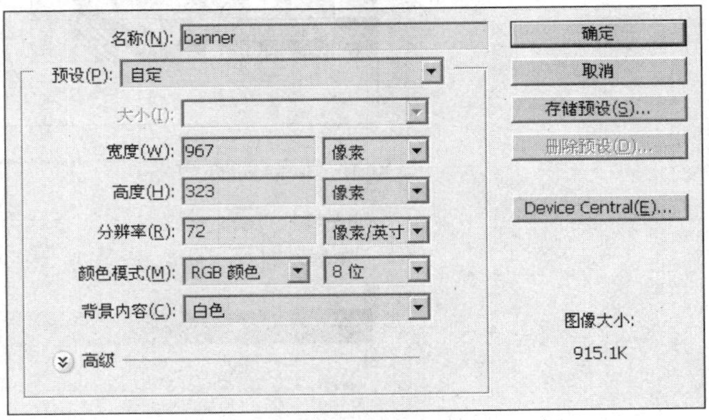

名称(N): banner
预设(P): 自定
大小(I):
宽度(W): 967 像素
高度(H): 323 像素
分辨率(R): 72 像素/英寸
颜色模式(M): RGB 颜色 8 位
背景内容(C): 白色
高级
确定
取消
存储预设(S)...
删除预设(D)...
Device Central(E)...
图像大小:
915.1K

图 3.80

③ 按组合键 Ctrl+O，打开“天空”图片，在“工具箱”中选择“移动”工具，将“天空”图片直接拖动到“banner”区域，并调整到合适位置，同时在图层名称上双击，修改图层名称为“天空”，效果如图 3.81 所示。

图 3.81

④ 按操作步骤③的方法，将“楼宇”图片添加到 banner 区域，修改图层名称为“楼宇”，效果如图 3.82 所示。

图 3.82

⑤ 选择“楼宇”图层，单击“图层”面板底部的“添加图层蒙版”按钮，为“楼宇”图层添加“图层蒙版”。

⑥ 在“工具箱”中选择“渐变”工具，在工具属性栏中单击“点按可编辑渐变”按钮，在打开的“渐变编辑器”窗口中选择“预设”中的“从前景色到透明渐变”，如图 3.83 所示。

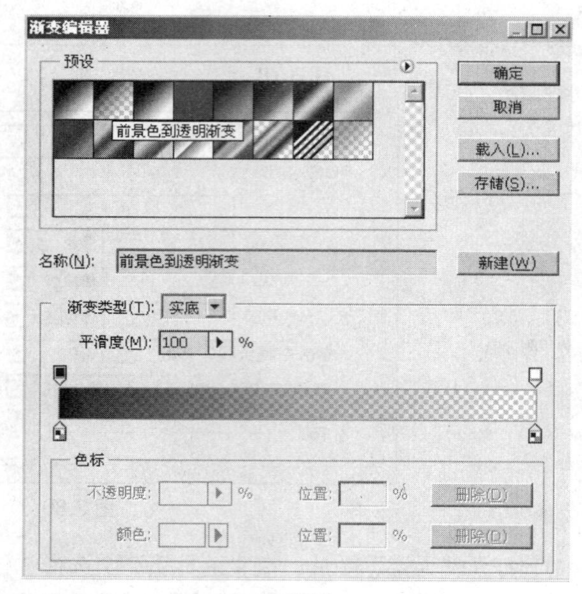

图 3.83

⑦ 按住 Shift 键，在“楼宇”区域拖曳鼠标，如图 3.84 和图 3.85 所示。

图 3.84

图 3.85

⑧ 在“工具箱”中选择“画笔”工具，在工具属性栏中单击“点按可打开‘画笔预

设’编辑器”按钮，在打开的窗口中，选择“柔边圆”，如图 3.86 所示。

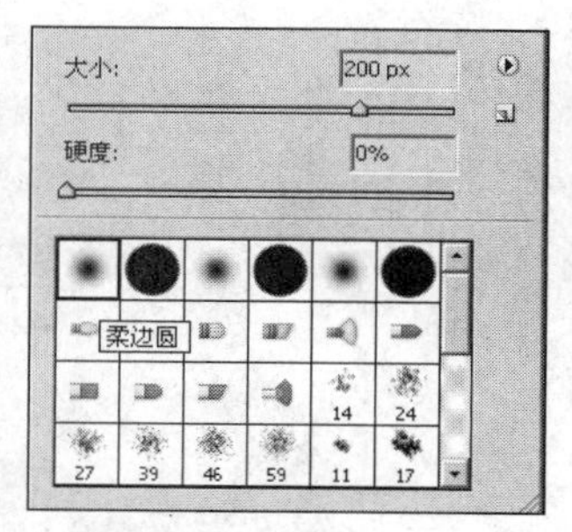

图 3.86

⑨ 将前景色设置为“黑色”（#000000），在“楼宇”图层蒙版上进行擦除，效果如图 3.87 所示。

⑩ 按组合键 Ctrl+O，打开“家”图片，在“工具箱”中选择“套索”工具→“多边形套索”工具，在工具属性栏中设置“羽化”值为 15，如图 3.88 所示，在“家”图片上勾选如图 3.89 所示的区域。

图 3.87

羽化: 15 px ☑ 消除锯齿 调整边缘...

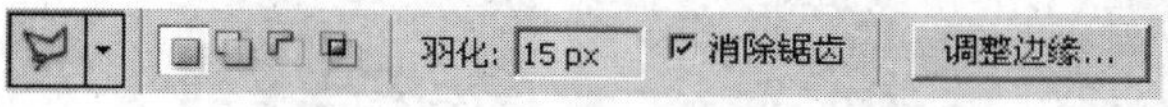

图 3.88

图 3.89

⑪ 在“工具箱”中选择“移动”工具，直接将选区拖动到 banner 区域合适位置，如图 3.90 所示，按组合键 Ctrl+T，在出现“矩形控制手柄”上直接拖动调整大小即可，如图 3.91 所示，最终效果如图 3.92 所示。

图 3.90

图 3.91

图 3.92

⑫ 按照操作步骤⑧～⑩的方法添加“和平鸽”，效果如图 3.93 所示。

图 3.93

⑬ 在“工具箱”中选择“横排文字”工具 T，在工具属性栏中分别设置字体为“华文隶书”，字号为“55 点”，消除锯齿的方法为“锐利”，输入文字“宜居”，效果如图 3.94 所示。

图 3.94

⑭ 双击“按钮”图层的灰色底板区，在弹出的“图层样式”对话框中选择“描边”图层样式，效果如图 3.95 所示。

图 3.95

⑮ 按照操作步骤⑬和⑭的方法，完成其他文字添加，效果如图 3.96 所示。

图 3.96

五、页面主体内容区域的设计

操作过程

1. 左侧区域设计

（1）“项目展示”区域设计

“项目展示”区域主要是方便客户查看“盛和·景园”房产项目的户型图、效果图、配套设施、交通、实景展示等内容，最终效果如图 3.97 所示。

① 分别新建“左侧”组和“项目展示”组，然后将“项目展示”组拖动到“左侧”组中，即让“项目展示”组属于“左侧”组。

② 新建“展示背景”图层，在“工具箱”中选择“直线”工具→“圆角矩形”工具，在工具属性栏中单击“路径”按钮，“半径”设置为 5px，在“导航区域”绘制如图 3.98 所示的圆角矩形。

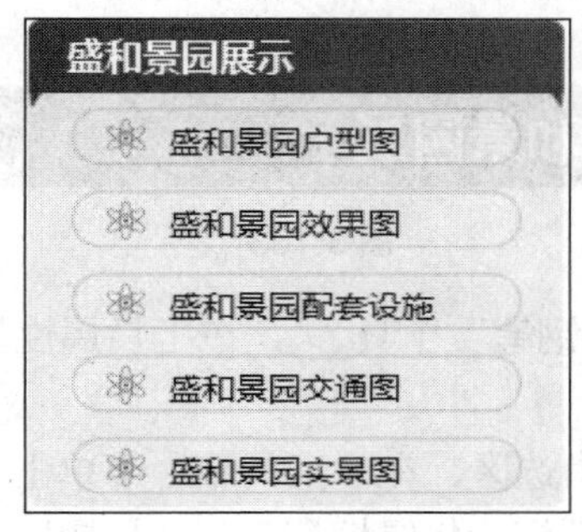

图 3.97

图 3.98

③ 按组合键 Ctrl+Enter，将“圆角矩形”路径转换为选区，如图 3.99 所示，设置前景颜色为“灰色”（RGB 的参考值分别为 240，239，239），按组合键 Alt+Delete 进行填充，如图 3.100 所示，然后按组合键 Ctrl+D 取消选区。

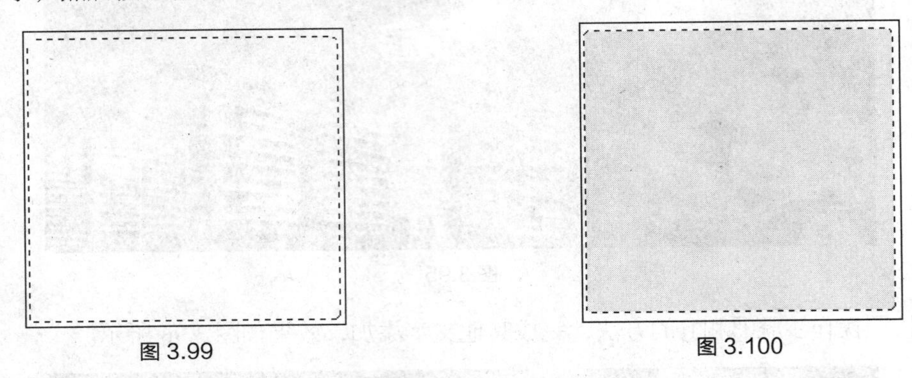

图 3.99　　图 3.100

④ 新建“标题”图层，在“工具箱”中选择“矩形选框”工具，在工具属性栏中单击“从选区减去”按钮，在“圆角矩形”选区中减去下半部分，效果如图 3.101 所示。

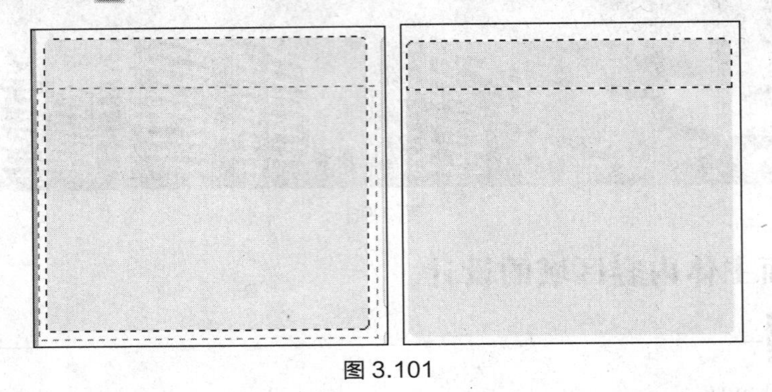

图 3.101

⑤ 设置前景颜色为“红色”（RGB 的参考值分别为 177，8，8），按组合键 Alt+Delete 进行填充，如图 3.102 所示，然后按组合键 Ctrl+D 取消选区。

⑥ 在“工具箱”中选择“横排文字”工具，在工具属性栏中分别设置字体为“黑体”，字号为“16 点”，消除锯齿的方法为“锐利”，输入文字“盛和景园展示”，效果如图 3.103 所示。

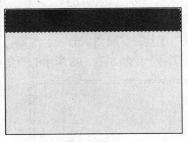

图 3.102

盛和景园展示

图 3.103

⑦ 新建“小三角”图层，在“工具箱”中选择“钢笔”工具，在工具属性栏中单击“路径”按钮，绘制如图 3.104 所示的小三角形状路径。

⑧ 按组合键 Ctrl+Enter，将“小三角”路径转换为选区，在“工具箱”中单击“设置前景颜色”色块，打开如图 3.28 所示的“拾色器”对话框，将鼠标移动到“标题”区域，吸

取“标题”区域的“红色”，单击“拾色器”对话框的“确定”按钮，完成“前景颜色”设置。

⑨ 按组合键 Alt+Delete 进行填充，然后按组合键 Ctrl+D 取消选区，效果如图 3.105 所示。

图 3.104

图 3.105

⑩ 选中“小三角”对象，在“标题”区域中按下组合键 Alt+Shift 向左拖曳鼠标，复制“小三角”，按组合键 Ctrl+T，在“小三角”副本上出现“矩形控制手柄”，在其上单击右键，在出现的快捷菜单中选择“水平翻转”命令，如图 3.106 所示，将“小三角”副本移动到合适的位置，效果如图 3.107 所示。

⑪ 新建“展示”图层，在“工具箱”中选择“直线”工具→“圆角矩形”工具，在工具属性栏中单击“路径”按钮，“半径”设置为 15px，在“导航区域”绘制如图 3.108 所示的圆角矩形。

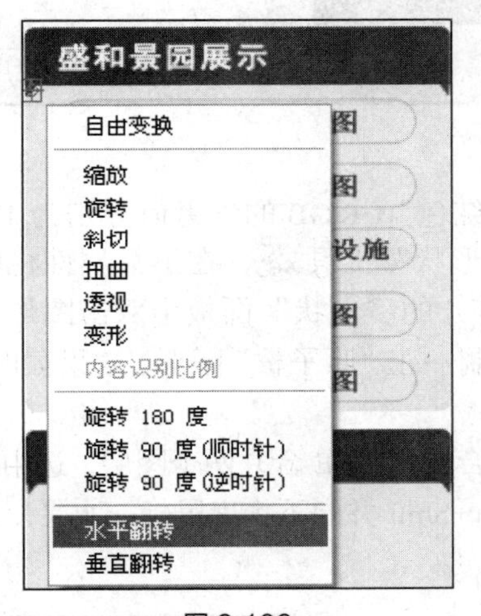

图 3.106

图 3.107

⑫ 按组合键 Ctrl+Enter，将“圆角矩形”路径转换为选区，在“工具箱”中选择“矩形选框”工具，在选区内单击右键，在弹出的快捷菜单中选择“描边”，效果如图 3.109 所示。

图 3.108

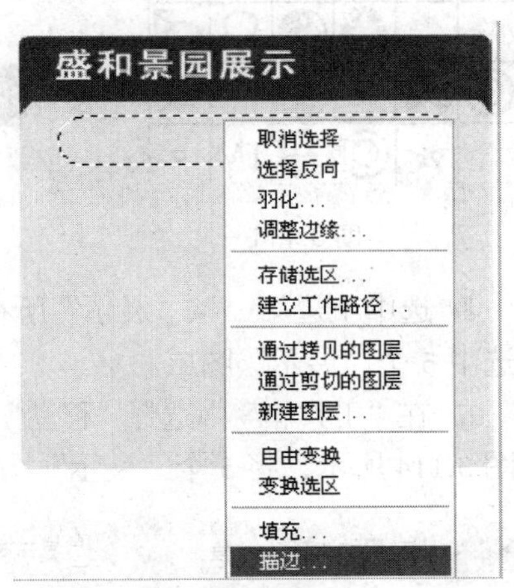

图 3.109

⑬ 在弹出的“描边”对话框中设置参数，如图 3.110 所示。

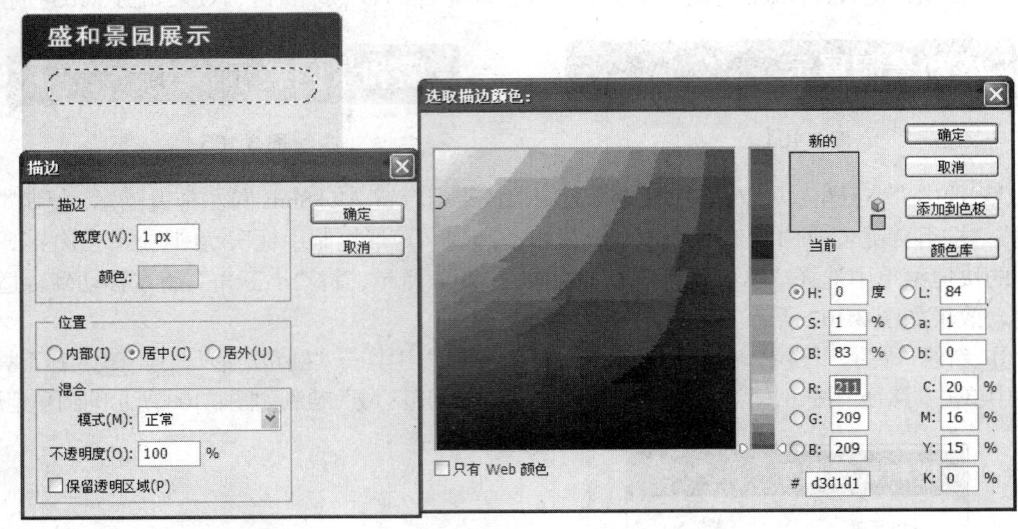

图 3.110

⑭ 新建“展示图标”图层，设置前景颜色为“红色”（RGB 的参考值分别为 177，8，8），在“工具箱”中选择“直线”工具→“自定义形状”工具，在工具属性栏中单击“形状图层”按钮，然后再单击“形状”按钮，在打开的“形状”面板中双击图形“原子核”，如图 3.111 所示，然后在相应位置按 Shift 键绘制一正“原子核”图形，效果如图 3.112 所示。

⑮ 选择“展示”图层和“展示图标”图层，按组合键 Ctrl+E 合并两个图层，选中合并后的“展示”图层，在“项目展示”区域中按组合键 Alt+Shift 并向下拖曳鼠标，水平复制 4 个“展示”图层，效果如图 3.113 所示。

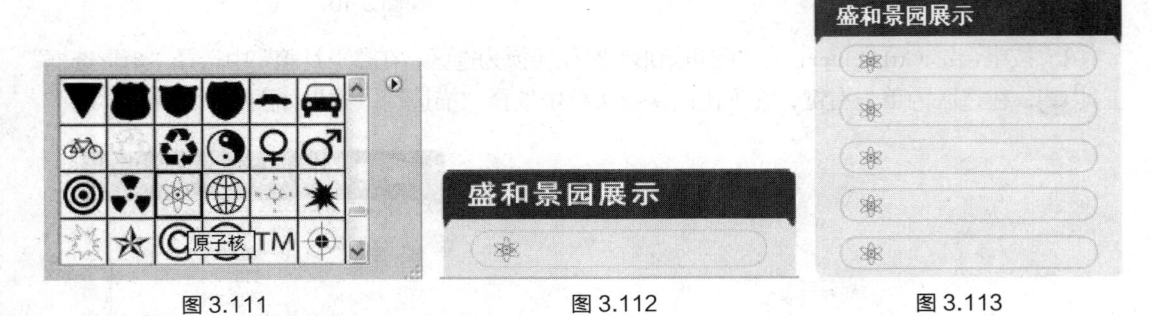

图 3.111　　图 3.112　　图 3.113

⑯ 选中上边第一条“展示”所在图层，按 Shift 键，选中最后一条“展示”所在图层，即可选中 5 个“展示”图层。

⑰ 在“工具箱”中选择“移动”工具，在工具属性栏中单击“垂直居中分布”按钮，如图 3.114 所示，将 5 个“展示”图层垂直均匀分布，效果如图 3.115 所示。

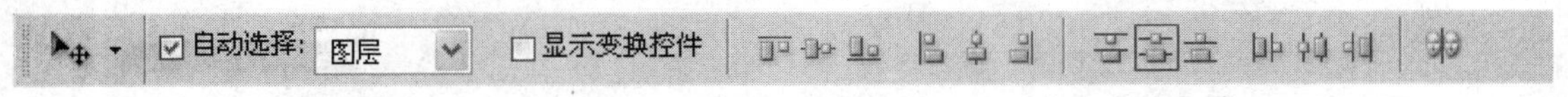

图 3.114

⑱ 在“工具箱”中选择“横排文字”工具 T，在工具属性栏中分别设置字体为“黑体”，字号为“14 点”，消除锯齿的方法为“锐利”，输入文字“盛和景园户型图”，效果如图 3.116 所示。

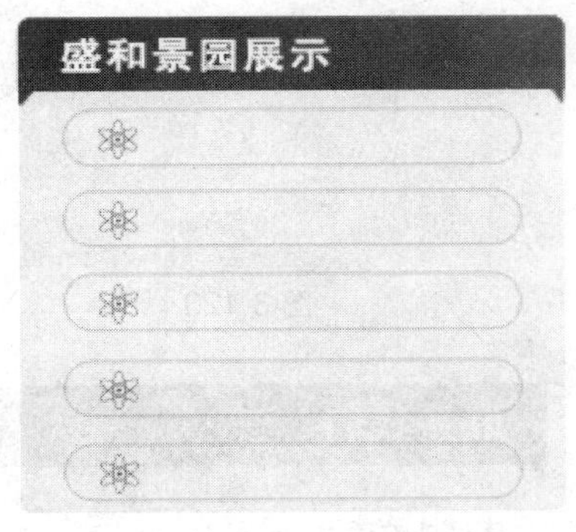

图 3.115

图 3.116

⑲ 按照操作步骤⑱的方法，依次输入文本，内容为：盛和景园效果图、盛和景园配套设施、盛和景园交通图、盛和景园实景图。

（2）“联系我们”区域设计

为了让客户方便地同房产项目客服人员进行交流，故将客服的联系方式放在“联系我们”区域，最终效果如图 3.117 所示。

① 在“左侧”组中新建“联系我们”组。

② 选择“项目展示”区域的“展示背景”图层、“标题”图层和“小三角“图层，按下组合键 Alt+Shift，按下鼠标左键向下拖动复制，如图 3.118 所示，然后将三个图层的副本直接拖动到“联系我们”组。

图 3.117

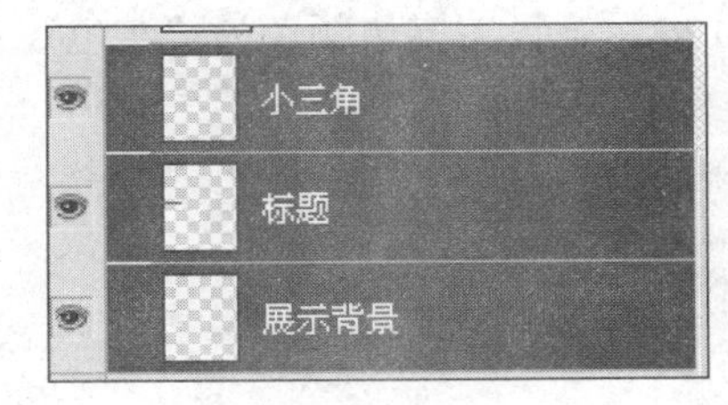

图 3.118

③ 选择“展示背景”图层副本，按组合键 Ctrl+T，在“展示背景”副本上出现“矩形控制手柄”，直接拖动控制手柄，调整大小，如图 3.119 所示。

④ 在“工具箱”中选择“横排文字”工具 T，在工具属性栏中分别设置字体为“黑体”，字号为“16 点”，消除锯齿的方法为“锐利”，在“标题区域”输入文字“联系我们”，效果如图 3.120 所示。

⑤ 在“联系我们”区域再依次输入文本，如图 3.121 所示。

⑥ 新建“花朵”图层，设置前景颜色为“绿色”（RGB 的参考值分别为 89，140，8），参照“项目展示”区域中步骤⑭，绘制如图 3.122 所示的花朵。

图 3.119

图 3.120

图 3.121

图 3.122

⑦ 新建“按钮”图层，在“工具箱”中选择“直线”工具→“圆角矩形”工具，在工具属性栏中单击“路径”按钮，“半径”设置为15px，在“导航区域”绘制如图3.123所示的圆角矩形。

⑧ 按组合键 Ctrl+Enter，将“圆角矩形”路径转换为选区，在“工具箱”中选择“矩形选框”工具，在选区内单击右键，在弹出的快捷菜单中选择“填充”命令，如图 3.124 所示，使用“颜色”填充，如图 3.125 所示，设置填充颜色为“白色”（RGB 的参考值分别为 255，255，255），再次在在选区内单击右键，在弹出的快捷菜单中选择“描边”命令，如图所 3.126 示，设置描边颜色为“灰色”（RGB 的参考值分别为 226，225，225）。

图 3.123

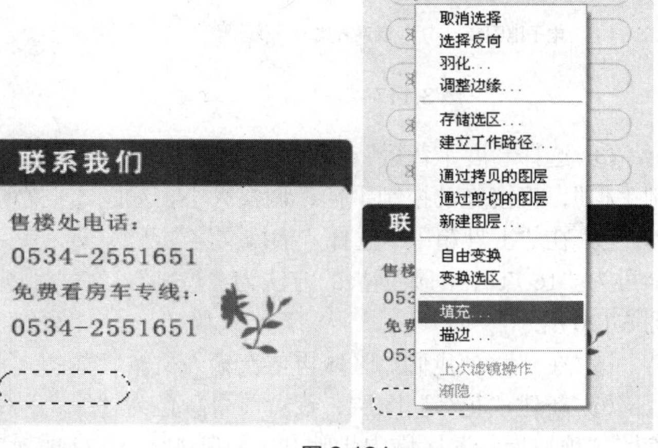

图 3.124

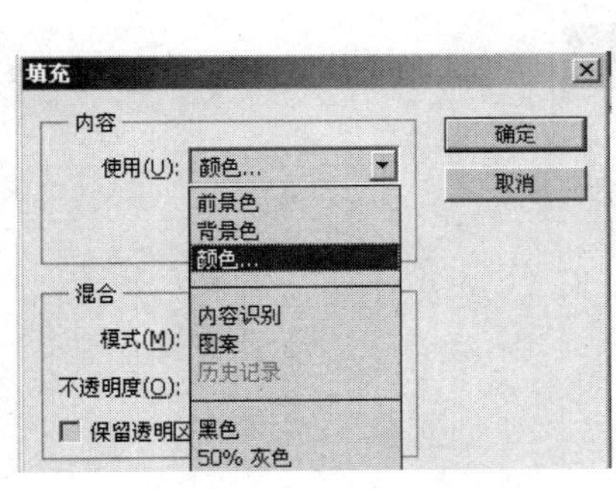

图 3.125

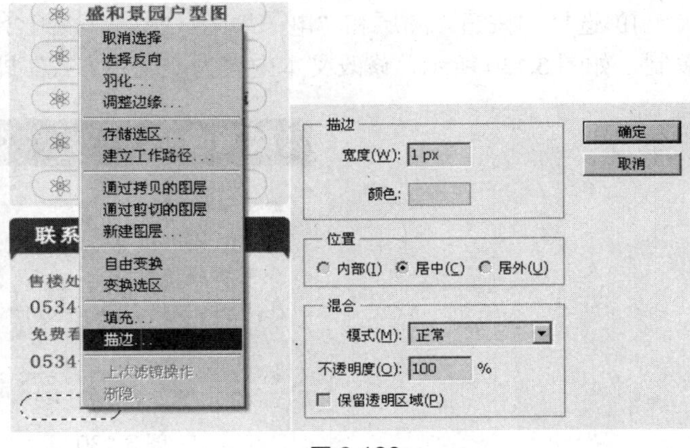

图 3.126

⑨ 双击“按钮”图层的灰色底板区，在弹出的“图层样式”对话框中启用“投影”图层样式，参数、效果分别如图 3.127 和图 3.128 所示。

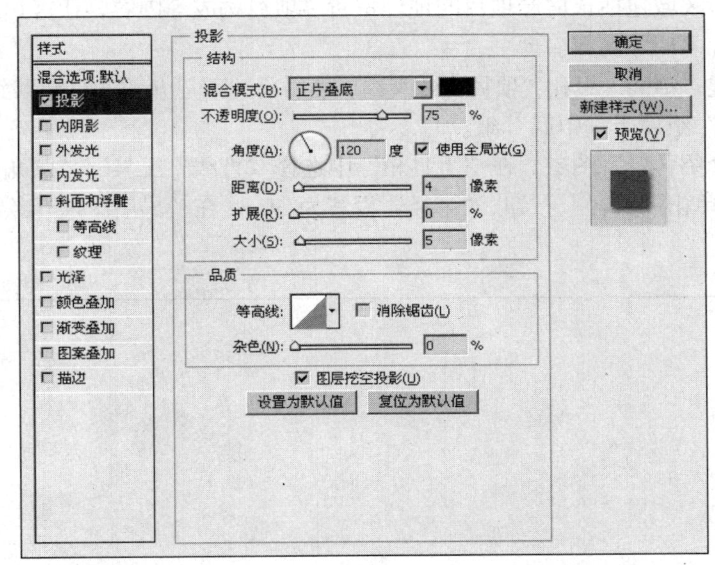

图 3.127

⑩ 在“工具箱”中选择“横排文字”工具 T，在工具属性栏中分别设置字体为“黑体”，字号为“12 点”，消除锯齿的方法为“锐利”，在“按钮”上输入文字“电子地图”，效果如图 3.129 所示。

图 3.128

图 3.129

⑪ 选择“按钮”图层和“电子地图”图层，按组合键 Alt+Shift，按下鼠标左键向右拖动复制，如图 3.130 所示，修改文本内容为“联系方式”即可。

图 3.130

2. 中间区域的设计

（1）“项目介绍”区域设计

“项目介绍”区域包括该房产项目的地理位置、项目构成等内容，让客户对该房产项目有一个全面的了解。

① 分别新建“中间”组和“项目介绍”组，然后将“项目介绍”组拖动到“左侧”组中，即让“项目介绍”组属于“中间”组。

② 新建“介绍背景”图层，在“工具箱”中选择“直线”工具→“圆角矩形”工具，在工具属性栏中单击“路径”按钮，“半径”设置为 5px，在“导航区域”绘制如图 3.131 所示的圆角矩形。

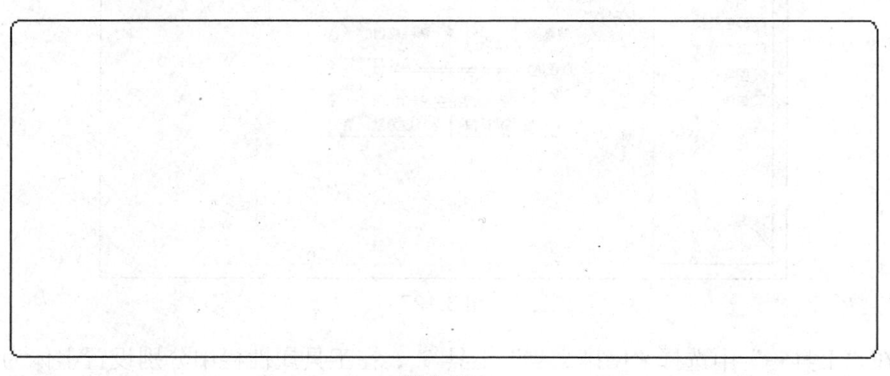

图 3.131

③ 按组合键 Ctrl+Enter，将“圆角矩形”路径转换为选区，在“工具箱”中选择“矩形选框”工具，在选区内单击右键，在弹出的快捷菜单中选择“描边”，如图 3.132 所示，设置“描边”颜色为“灰色”（RGB 的参考值分别为 217，215，215），最终效果如图 3.133 所示。

④ 新建“花图标”图层，设置前景颜色为“红色”（RGB 的参考值分别为 217，24，24），参照“项目展示”区域中步骤⑭，绘制如图 3.134 所示的花。

⑤ 在“工具箱”中选择“横排文字”工具T，在工具属性栏中分别设置字体为“黑体”，字号为“14 点”，消除锯齿的方法为“锐利”，在“标题区域”输入文字“项目介绍”“更多……”，效果如图 3.135 所示。

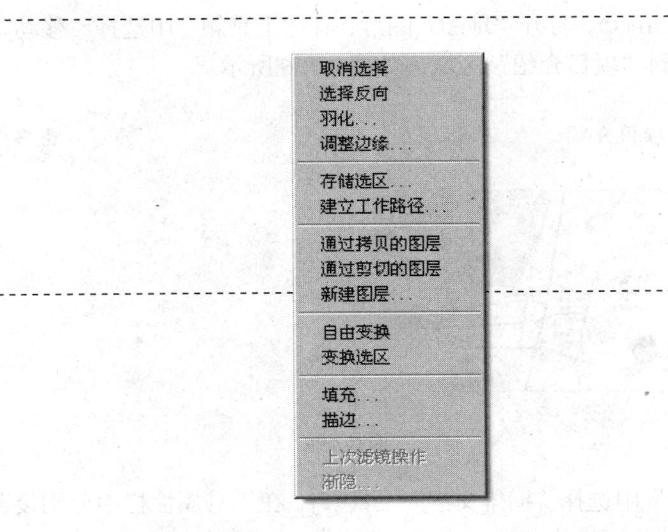

图 3.132

图 3.133

图 3.134

图 3.135

⑥ 按组合键 Ctrl+O，打开“地图”图片，在“工具箱”中选择“移动”工具，将“地图”图片直接拖动到“项目介绍”区域，如图 3.136 所示。

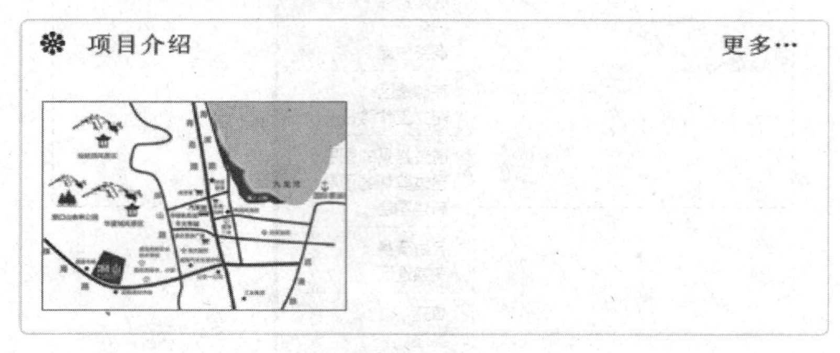

图 3.136

⑦ 在“工具箱”中选择“横排文字”工具，在工具属性栏中分别设置字体为“宋体”，字号为“12 点”，消除锯齿的方法为“锐利”，在“标题区域”输入文字“盛和・景园小区位于德州经济技术开发区，地处核心商圈内，开车只需 5 分钟便可到达汽车站、火车站。紧邻 102、104 等国省主干道路，是理想的居住之地……”，并在如图 3.137 所示的字符面板中调整“行间距”“字符间距”等内容，效果如图 3.138 所示。

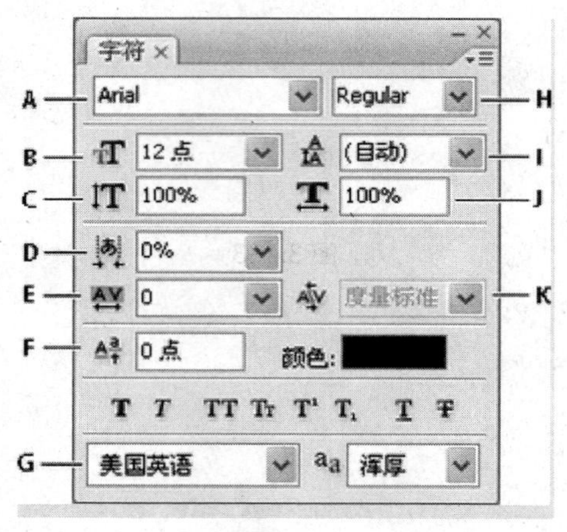

图 3.137

A. 字体系列　B. 字体大小　C. 垂直缩放　D. 设置“比例间距”选项　E. 字距调整　F. 基线偏移　G. 语言　H. 字体样式　I. 行距　J. 水平缩放　K. 字距微调

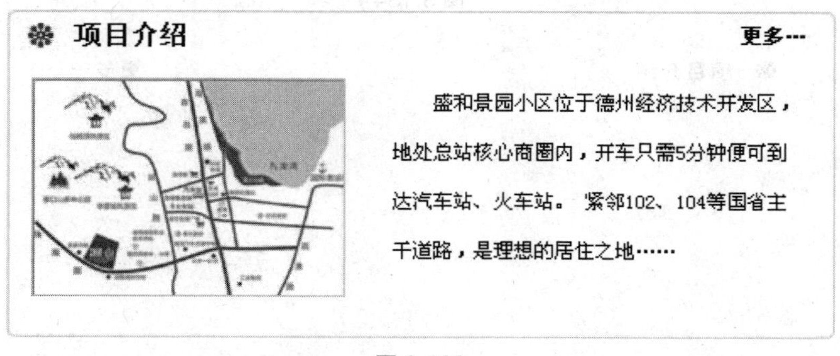

图 3.138

（2）“项目动态”区域设计

“项目动态”区域包括该房产项目相关信息，让客户对该房产项目“项目信息”有一个基本的了解。

① 新建“项目动态”组。

② 选择“介绍背景”“画图表”和“标题文字”图层，按下组合键 Alt+Shift，按住鼠标左键向下拖动复制，然后将三个图层的副本直接拖动到“项目动态”组，效果如图 3.139 所示。

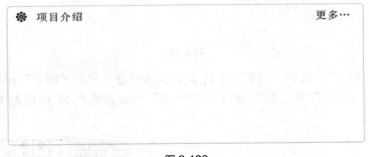

图 3.139

③ 选择“介绍背景”图层副本，按组合键 Ctrl+T，在“展示背景”副本上出现“矩形控制手柄”，直接拖动控制手柄，调整大小，如图 3.140 所示。

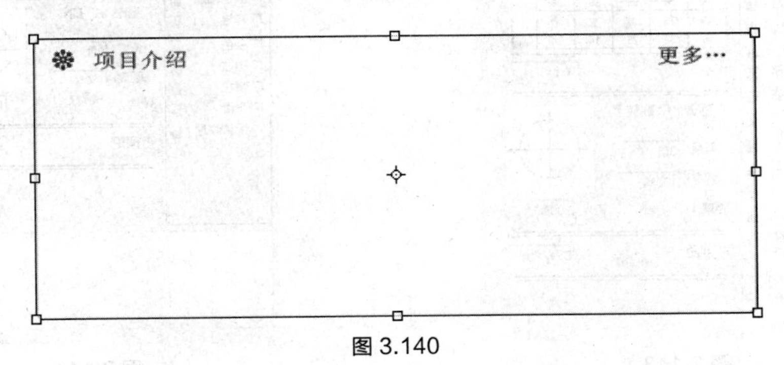

图 3.140

④ 在“工具箱”中选择“横排文字”工具 T，在标题文字位置单击，在文字编辑状态下，直接修改文字内容即可，效果如图 3.141 所示。

图 3.141

⑤ 在工具属性栏中分别设置字体为“宋体”，字号为“12 点”，消除锯齿的方法为“锐利”，

在“项目动态”内容区域，输入文本“>>盛和景园年底交房，70-120 现房发售”“[2013-12-25]”，效果如图 3.142 所示。

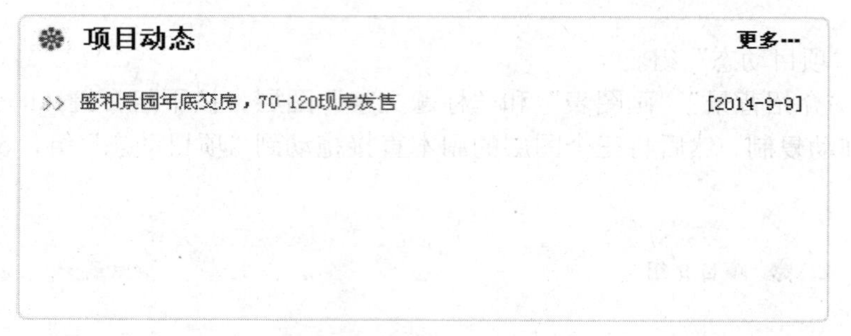

图 3.142

⑥ 在“工具箱”中选择“画笔”工具，按 F5 键，打开“画笔”面板，如图 3.143 所示，选择“笔尖形状”为“尖叫 30”，在“大小”中设置值为 1，间距为 340，如图 3.144 所示。

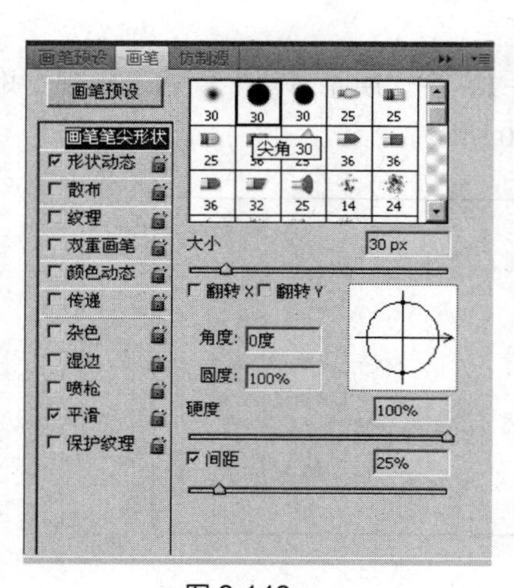

图 3.143

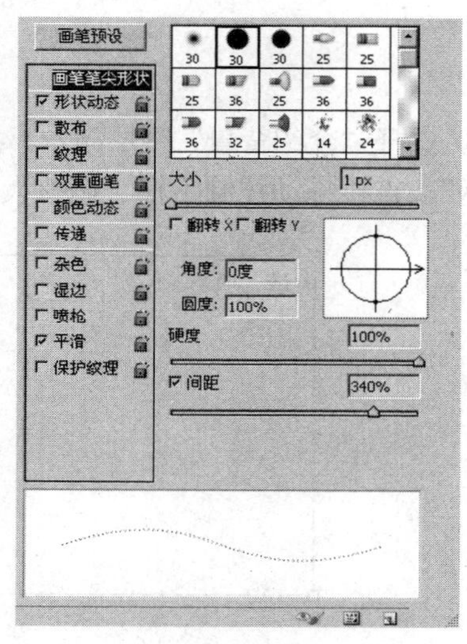

图 3.144

⑦ 新建“虚线”图层，在“项目动态”信息下面绘制如图 3.145 所示的虚线。

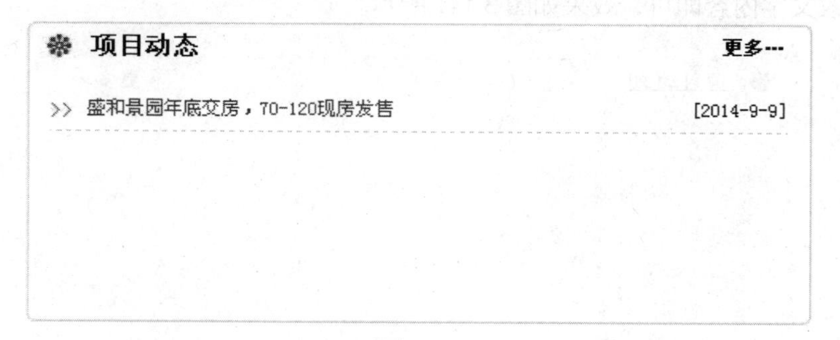

图 3.145

⑧ 其他条目信息可以直接复制之后再根据需要修改。因为只是效果图，所以只复制了文字部分，并未再做修改，效果如图 3.146 所示。

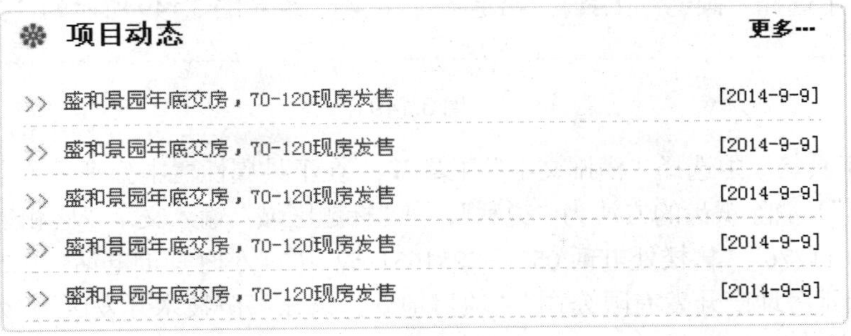

项目动态　　更多···

>> 盛和景园年底交房，70-120现房发售　[2014-9-9]

>> 盛和景园年底交房，70-120现房发售　[2014-9-9]

>> 盛和景园年底交房，70-120现房发售　[2014-9-9]

>> 盛和景园年底交房，70-120现房发售　[2014-9-9]

>> 盛和景园年底交房，70-120现房发售　[2014-9-9]

图 3.146

3. 右侧区域设计

“右侧区域”的样式设计与“中间区域”的设计基本相同，故其制作方法可参考“中间区域”，最终效果如图 3.147 所示。

购房指南　　更多···

>> 购房“三金”熟读

>> 购房“三金”熟读

>> 购房“三金”熟读

>> 购房“三金”熟读

>> 购房“三金”熟读

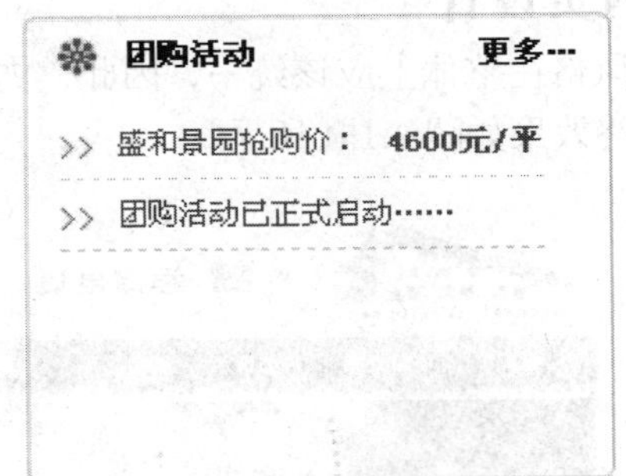

图 3.147

4. 实景展示区域设计

“实景展示区域”的样式设计与“中间区域”的设计基本相同，故其制作参考“中间区域”，最终效果如图 3.148 所示。

图 3.148

六、页面页脚区域的设计

页脚在网页的底部，主要包括一些辅助信息。本网站的页脚区域主要包括网站的版权信息、备案信息、联系方式等内容。

操作过程

① 新建“页脚”组。

② 新建“分割线”图层，设置前景色为灰色（RGB 的参考值分别为 149，149，149），

在“工具箱”中选择“画笔”工具|“铅笔”工具，绘制图 3.149 所示的“分割线”。

图 3.149

③ 在“工具箱”中选择“横排文字”工具，在工具属性栏中分别设置字体为“宋体”，字号为“12 点”，消除锯齿的方法为“锐利”，在“标题区域”输入文字“盛和景园 版权所有”“鲁 ICP 备 13011776”“售楼处电话:0534-2251651/52”“24 小时垂询电话：18205341234”“开发商：德州天元房地产开发有限公司”“项目地址：德州经济技术开发区”。效果如图 3.150 所示。

盛和景园　版权所有　鲁ICP备1301770　售楼处电话:0534-2251651/52　24小时垂询电话：18205341234
开发商：德州天元房地产开发有限公司　项目地址：德州经济技术开发区

图 3.150

七、内页设计

网站的风格在整体上应该统一，因此，内页的设计与首页的设计基本一致，操作步骤不再赘述，最终效果如图 3.151 所示。

图 3.151

拓展实训

1．万豪装饰首页设计

（1）实训任务

使用 Photoshop CS6 软件，完成图 3.152 所示“万豪装饰有限公司”企业网站首页平面效果图设计与制作。

图 3.152

（2）实训目的

- 掌握 Photoshop CS6 工具软件基本操作。
- 熟悉 Photoshop CS6 常见快捷键。

- 完成“万豪装饰有限公司”企业网站首页平面效果图设计与制作。

（3）实训要求

- 按照网页设计流程，通过网页网站规划和网站风格设计，对“万豪装饰有限公司”企业网站首页平面效果图进行设计与制作。
- 能使用 Photoshop CS6 工具软件设计企业网站首页平面效果图。
- 能使用 Photoshop CS6 工具软件制作网页图形元素、网页按钮、网站 LOGO、导航栏等网页元素。

2．山东华宇工学院首页设计

（1）实训任务

使用 Photoshop CS6 软件，完成图 3.153 所示“山东华宇工学院”学校网站首页平面效果图设计与制作。

图 3.153

（2）实训目的

- 掌握 Photoshop CS6 工具软件基本操作。
- 熟悉 Photoshop CS6 常见快捷键。
- 完成“山东华宇工学院”学校网站首页平面效果图设计与制作。

（3）实训要求

- 按照网页设计流程，通过网页网站规划和网站风格设计，对“山东华宇工学院”学校网站首页平面效果图进行设计与制作。
- 能使用 Photoshop CS6 工具软件设计企业网站首页平面效果图。
- 能使用 Photoshop CS6 工具软件制作网页图形元素、网页按钮、网站 LOGO、导航栏等网页元素。

3．汇烁有限公司网站设计

（1）实训任务

使用 Photoshop CS6 软件，完成图 3.154 所示“汇烁有限公司” 企业网站首页平面效果图的设计与制作。

图 3.154

（2）实训目的

- 掌握 Photoshop CS6 工具软件基本操作。
- 熟悉 Photoshop CS6 常见快捷键。
- 完成“汇烁有限公司” 企业网站首页平面效果图的设计与制作。

（3）实训要求

- 按照网页设计流程，通过网页网站规划和网站风格设计，对“汇烁有限公司” 企业网站首页平面效果图的设计与制作。
- 能使用 Photoshop CS6 工具软件设计企业网站首页平面效果图。
- 能使用 Photoshop CS6 工具软件制作网页图形元素、网页按钮、网站 LOGO、导航栏等网页元素。

PART 4 任务四 “盛和·景园”房产网站的制作

模块一 网站制作基础

能力目标

- 了解 Web 标准
- 掌握 XHTML 标记语言
- 掌握 DIV+CSS 网页布局技术
- 了解 ECMAScript 脚本语言

任务目标

通过本模块的学习，学生应了解 Web 标准，掌握 XHTML 标记语言及 DIV+CSS 网页布局技术。

核心知识

一、网页制作基础

随着科技的发展，在越来越开放的环境中，各个相互关联的事物要能协同工作，就必须通过遵守一些共同的标准来工作。

网页相关的技术走入实用阶段仅短短十几年的时间，网页的制作也需要不同分工，相互之间需要协同工作，因而必须遵守一定的标准，而且网络全球化也要求网页制作必须参照同一标准，因此，“Web 标准”这一理念被提出且被广泛接受。

1. Web 标准

Web 标准即网站标准，它不是某一个标准，而是一系列标准的集合。网页主要由三部分组成：结构（Structure）、表现（Presentation）和行为（Behavior）。其中，各级标题、正文段落、各种列表结构等，构成了网页的“结构”，即网页的内容；每种组成部分的字号、字体和颜色等属性就构成了网页的“表现”，即网页的样式；网页和传统媒体不同的一点是，它是可以随时变化的，而且可以和读者互动，因此如何变化以及如何交互，就称为网页的“行为”，即网页的动作。对应的网页标准也分三方面：结构化标准语言主要包括 XHTML 和 XML，表现标准语言主要包括 CSS，行为标准主要包括 ECMAScript 等。

2. 网页与 HTML、XHTML、XML

网页文件是用一种被称为 HTML 的标记语言书写的文本文件，它可以在浏览器中按照设计者所设计的样式显示内容，网页文件也经常被称为 HTML 文件。

文本链接标记语言（Hyper Text Markup Language，HTML）。它是在互联网发布超文本文件（通常所说的网页）的通用语言。所谓超文本，就是它可以加入图片、声音、动画、影视等内容，每一个 HTML 文档都是一种静态的网页文件，这个文件里面包含了 HTML 标记，这些标记并不是一种程序语言，它只是一种排版网页中资料显示位置的标记语言。

（1）HTML 的基本结构

一个 HTML 文档是由一系列的元素和标记组成的。元素名不区分大小写，HTML 用标记来规定元素的属性和它在文件中的位置，HTML 超文本文档分文档头和文档体两部分，在文档头里，对这个文档进行了一些必要的定义，文档体中才是要显示的各种文档信息。

下面是一个最基本的 HTML 文档的代码：1-1.html。

```
<html>----------------------------------------开始标记
<head>-------------------------------------头部标记
<title>文档的标题</title>
</head>-------------------------------------
<BODY>----------------------------------------文件主体
<h1>欢迎光临我的主页</h1>
<br>
<hr>
<font size="12"color="green">|
这是我第一次做主页|
</font>|
</body>
</html>----------------------------------------结尾标记
```

</html>在文档的最外层，文档中的所有文本和 html 标记都包含在其中，它表示该文档是以超文本标识语言（html）编写的。

</head>是 html 文档的头部标记，在浏览器窗口中，头部信息是不被显示在正文中的，在此标记中可以插入其他标记，用以说明文件的标题和整个文件的一些公共属性。该标记可以省略。

</title>是嵌套在<head>头部标记中的，标记之间的文本是文档标题，它被显示在浏览器窗口的标题栏。该标记可以省略。

</body>标记一般不能省略，标记之间的文本是正文，是在浏览器中要显示的页面内容。

（2）文字版面的编辑

① 换行标记

换行标记是个单标记，也叫空标记，不包含任何内容，在 html 文件中的任何位置只要使用了
标记，该标记之后的内容将显示在下一行。

请看下面的例子：

```
<html>
<body>
无换行标记：白日依山尽，黄河入海流。
换行标记：白日依山尽，<br>黄河入海流。
</body>
</html>
```

② 换段落标记<p>及属性

由<p>标记所标识的文字，表明是同一个段落的文字。两个段落间的间距等于连续加了两个换行符，也就是要隔一行空白行。

格式：

```
<P>
<P align=参数>
```

其中，align 是<p>标记的属性，属性有三个参数：left、center、right。这三个参数设置段落文字的左、中、右位置的对齐方式。

实例：

```
<html>
<body>
    <p>
```

德州盛和·景园小区位于德州经济技术开发区，地处三总站核心商圈内，开车只需 5 分钟便可到达汽车站、火车站。紧邻 102、104 等国省主干道路，是理想的居住之地……

```
</p>
```

<p align="center">德州盛和·景园位于德州经济技术开发区，地处三总站核心商圈内，开车只需 5 分钟便可到达汽车站、火车站。紧邻 102、104 等国省主干道路，是理想的居住之地……

```
</p>
</body>
</html>
```

③ 水平分隔线标记<hr>

<hr>标记是单独使用的标记，是水平线标记。通过设置<hr>标记的属性值，可以控制水平分隔线的样式。

<hr>标记的属性如表 4-1 所示。

表 4-1　<hr>标记的属性

属性	参数	功能	单位	默认值
size		设置水平分隔线的粗细	pixel（像素）	2
width		设置水平分隔线的宽度	pixel（像素）、%	100%

续表

属性	参数	功能	单位	默认值
align	Left center right	设置水平分隔线的对齐方式		center
color		设置水平分隔线的颜色		black
noshade		取消水平分隔线的 3d 阴影		

实例：

```
<html>
<head>
    <title>测试水平分隔线标记</title>
</head>
<body>
        春晓
                <hr size="1" width="20%" align="center" noshade color="red">
        春眠不觉晓，<br >
        处处闻啼鸟。<br>
        夜来风雨声，<br>
        花落知多少？
</body>
</html>
```

④ 特殊字符

在 HTML 文档中，有些字符没办法直接显示出来，例如?. 使用特殊字符可以将键盘上没有的字符表达出来，而有些 HTML 文档的特殊字符在键盘上虽然可以得到，但浏览器在解析 HTML 文当时会报错，例如"<"等，为防止代码混淆，必须用一些代码来表示它们。表 4-2 所示为常见特殊字符及其代码。

表 4-2　HTML 几种常见特殊字符及其代码

特殊或专用字符	字符代码	特殊或专用字符	字符代码
<	<	©	©
>	>	×	×
&	&	®	®
"	"	空格	

实例：

```
<html>
<head>
    <title>特殊字符</title>
</head>
<body>
```

```
    <center />
        &lt;这是我的网页书&gt;
        <p></p>
            Copyright©2008 中国书籍
</body>
</html>
```

⑤ 标题文字标记<hn>

<hn>标记用于设置网页中的标题文字，被设置的文字将以黑体或粗体的方式显示在网页中。

```
标题标记的格式：<hn align=参数〉标题内容</hn>
```

<hn>标记是成对出现的，<hn>标记共分为六级，在<h1>...</h1>之间的文字就是第一级标题，是最大最粗的标题；<h6>...</h6>之间的文字是最后一级，是最小最细的标题文字。align 属性用于设置标题的对齐方式，其参数为 left（左）、enter（中）、right（右）。<hn>标记本身具有换行的作用，标题总是从新的一行开始。

实例：

```
<html>
<head>
    <title>设定各级标题</title>
</head>
<body>
    <h1 align="CENTER">一级标题。</h1>
    <h2> 二级标题。</h2>
    <h3> 三级标题。</h3>
</body>
</html>
```

（3）建立列表

在 html 页面中，合理的使用列表标记可以起到提纲和格式排序文件的作用。

列表分为两类，一类是无序列表，另一类是有序列表，无序列表就是项目各条列间并无顺序关系，纯粹只是利用条列来呈现资料而已，此种无序标记，在各条列前面均有一符号以示区隔。而有序条列就是指各条列之间是有顺序的，比如从 1、2、3…一直延伸下去。

① 无序列表<ul>

无序列表使用的一对标记是<ul></ul>，无序列表指没有进行编号的列表，每一个列表项前使用<li>。<li>的属性 type 有三个选项，这三个选项都必须小写。

```
disc 实心圆
circle 空心圆
square 小方块
```

<ul>如果不使用其项目<li>的属性值，即默认情况下的<ul>会加“实心园”。

格式：

```
<ul>
    <li type=disc>第一项
    <li type=circle>第二项
    <li type=square>第三项
    <li>第四项

</ul>
```

实例：

```
<html>
<head>
    <title>无序列表</title>
</head>
<body>
    <ul>
        <li>默认的无序列表加"实心圆"
        <li type="square">无序列表 square 加方块
        <li type="circle">无序列表 circle 加空心圆
    </ul>
</body>
</html>
```

② 有序列表<ol>

有序列表和无序列表的使用格式基本相同，它使用标记<ol></ol>，每一个列表项前使用<li>。<ol>列表的结果是带有前后顺序之分的编号。如果插入和删除一个列表项，编号会自动调整。

顺序编号的设置是由<ol>的两个属性 type 和 start 来完成的。start=编号开始的数字，如start=2 则编号从 2 开始，如果从 1 开始可以省略，或是在<li>标记中设定 value = "n"改变列表行项目的特定编号，例如<li value="7">。type=用于编号的数字、字母等的类型，如 type=a，则编号用英文字母。为了使用这些属性，把它们放在<ol>或<li>的初始标记中。

有序列表 type 的属性：

- type=1 表示列表项目用数字标号（1，2，3...）
- type=A 表示列表项目用大写字母标号（A，B，C...）
- type=a 表示列表项目用小写字母标号（a，b，c...）
- type=I 表示列表项目用大写罗马数字标号（Ⅰ，Ⅱ，Ⅲ...）
- type=i 表示列表项目用小写罗马数字标号（i，ii，iii...）

格式：

```
<ol type=编号类型 start=value>
    <li>第 1 项
```

```
    <li>第 2 项
</ol>
<ol>
    <li>第 1 项
    <li>第 2 项
</ol>
```

实例：

```
<html>
<body>
    <ol>
        <li>默认的有序列表
        <li>默认的有序列表
    </ol>
    <ol type="a" start="5">
        <li>第 1 项
        <li>第 2 项
        <li value="20">第 4 项
    </ol>
</body>
</html>
```

③ 自定义列表<DL>

自定义列表常用于对术语或名词进行解释和描述，与无序和有序列表不同，定义列表的列表项前没有任何项目符号。其基本语法如下：

```
<dl>
   <dt>名词 1</dt>
   <dd>名词 1  解释 1 </dd>
   <dd>名词 1  解释 2 </dd>
   <dt>名词 2</dt>
   <dd>名词 2  解释 1 </dd>
   <dd>名词 2  解释 2 </dd>
</dl>
```

在上面的语法中，<dl></dl>标记用于指定定义列表，<dt></dt>和<dd></dd>并列嵌套于<dl></dl>中，其中，<dt></dt>标记用于指定术语名词，<dd></dd>标记用于对名词进行解释和描述。一对<dt></dt>可以对应多对<dd></dd>，即可以对一个名词进行多项解释。

实例：

```
<dl>
   <dt>计算机</dt>
   <dd>用于大型运算的机器 </dd>
   <dd>可以网上冲浪</dd>
```

```
    <dd>工作效率非常高</dd>
</dl>
```

（4）图像的处理

浏览器可以显示的图像格式有 jpeg、bmp、gif、png。其中 bmp 文件存储容量大，不提倡用，jpeg 图像支持数百万种颜色，即使在传输过程中丢失数据，也不会在质量上有明显的不同，文件容量比 gif 大，gif 图像仅包括 265 种色彩，虽然质量上没有 jpeg 图像高，但有文件容量小、下载速度最快、支持动画效果及背景色透明等特点。png 图像是网络图像中的通用格式，也是 Fireworks 软件的基本格式。它用一种无损压缩的方法，最多可支持 32 位颜色，但它不支持动画，如果没有相应的插件，有的浏览器可能不支持这种格式。因此使用图像美化页面可视情况而决定使用那种格式。

网页中插入图片用单标记<img>，如果要对插入的图片进行修饰时，还要配合其他属性来完成。

<IMG>的格式及一般属性设定：

```
<img src="logo.gif" width=100 height=100 border=2 align="top" alt="Logo">
```

图片标记<img>的属性包含以下几项。

- Src：图像的 url 的路径
- Alt：提示文字
- Width：宽度，通常只设为图片的真实大小以免失真，改变图片大小最好用图像工具
- Height：高度，通常只设为图片的真实大小以免失真，改变图片大小最好用图像工具
- Align：图像和文字之间的排列属性
- Border：边框

（5）TABLE 表格

表格在网站应用中非常广泛，可以方便灵活的排版，很多动态大型网站也都是借助表格排版的，表格可以把相互关联的信息元素集中定位，使浏览页面的人一目了然。所以说要制作好网页，就要学好表格。

在 html 文档中，表格是通过<table>，<th>，<tr>，<td>标记来完成的，定义表格的基本语法如表 4-3 所示。

表 4-3　表格标记

标　签	描　述
<table>...</table>	用于定义一个表格开始和结束
<th>...</th>	定义表头单元格。表格中的文字将以粗体显示，在表格中也可以不用此标记，<th>标记必须放在<tr>标记内
<tr>...</tr>	定义一行标记，一组行标记内可以建立多组由<td>或<th>标记所定义的单元格
<td>...</td>	定义单元格标记，一组<td>标记将建立一个单元格，<td>标记必须放在<tr>标记内

在一个最基本的表格中，必须包含一组<table>标记，一组标记<tr>和一组<td>标记或<th>。

（6）网页的动态、多媒体效果

在网页的设计过程中，动态效果的插入会使网页更加生动灵活、丰富多彩。

① 滚动字幕<marquee>

<marquee>标记可以实现元素在网页中移动的效果，以达到动感十足的视觉效果。<marquee>标记是一个成对的标记。应用格式为

```
<marquee>...</marquee>
```

<marquee>标记有很多属性，用来定义元素的移动方式有以下几种。

- align：指定对齐方式 top、middle、bottom
- scroll：单向运动
- slide：如幻灯片，一格格的，效果是文字一接触左边就停止
- alternate：左右往返运动
- bgcolor：设定文字卷动范围的背景颜色
- loop：设定文字卷动次数，其值可以是正整数或 infinite 表示无限次，默认为无限循环
- height：设定字幕高度
- width：设定字幕宽度
- scrollamount：指定每次移动的速度，数值越大速度越快
- scrolldelay：文字每一次滚动的停顿时间，单位是毫秒。时间越短滚动越快
- hspace：指定字幕左右空白区域的大小
- vspace：指定字幕上下空白区域的大小
- direction：设定文字的卷动方向，left 表示向左，right 表示向右，up 表示往上滚动
- behavior：指定移动方式，scroll 表示滚动播出，slibe 表示滚动到一方后停止，alternate 表示滚动到一方后向相反方向滚动

实例：

```
<html>
<body>
<center>
<font face="字体 2" size=6 color="#ff0000">
滚动字幕
</font><br>
<marquee>啦啦啦~~~我会跑了</marquee>
<p>
<marquee height="200" direction="up" hspace="200">啦啦啦~~~我会往上跑了<br>啦啦啦~~~我会往上跑了</marquee>
</p>
</center>
</body>
</html>
```

② 插入多媒体文件

在网页中可以用<embed>标记将多媒体文件插入，比如可以插入音乐和视频等。用浏览

器可以播放的音乐格式有：MIDI 音乐、WAV 音乐、mp3、AIFF、AU 格式等；视频有 avi、swf 等。另外在利用网络下载的各种音乐格式中，MP3 是压缩率最高、音质最好的文件格式。但要说明一点，虽然我们用代码标记插入了多媒体文件，但 IE 浏览器通常能自动播放某些格式的声音与影像，但具体能播放什么样格式的文件，取决于所用计算机的类型以及浏览器的配置。浏览器仅仅能播放几种文件格式，通常是调用称为插件的内置程序来播放的。是插件扩展了浏览器的能力。有时，不得不分别下载每个浏览器的多媒体插件程序，比如使用下载 Adobe Flash Player 播放 swf 动画。

<embed>标记的使用格式：

```
<EMBED SRC="文件地址">
```

常用属性如下。

- SRC="FILENAME"：设定音乐文件的路径
- AUTOSTART=TRUE/FALSE：是否要音乐文件传送完就自动播放，TRUE 是要，FALSE 是不要，默认为 FALSE
- LOOP=TRUE/FALSE：设定播放重复次数，LOOP=6 表示重复 6 次，TRUE 表示无限次播放，FALSE 表示播放一次即停止
- STARTIME="分:秒"：设定乐曲的开始播放时间，如 20 秒后播放写为 STARTIME=00:20
- VOLUME=0-100：设定音量的大小。如果没设定的话，就用系统的音量
- WIDTH HEIGHT：设定播放控件面板的大小
- HIDDEN=TRUE：隐藏播放控件面板
- CONTROLS=CONSOLE/SMALLCONSOLE：设定播放控件面板的样子

实例：

```
<html>
<head>
    <title>插入 flash</title>
</head>
<body bgcolor=maroon>
    <h2 align="CENTER">网页中的多媒体</h2>
    <hr>
    <center>
        <embed src="dh.swf" height="500" width="550"><!--插入 flash-->
<embed src="dh.swf" height="500" width="550" wmode="transparent"><!--插入透明 flash-->
    </center>
</body>
</html>
```

3. HTML、XHTML、XML 的区别

在 HTML 的初期，为了使它能被更广泛地接受，大幅度放宽了其标准，如标记可以不封闭、属性可以加引号也可以不加引号等，这就导致出现了很多混乱和不规范的代码，不符合标准化的发展趋势，影响了互联网的进一步发展。随着网络技术日新月异的发展，HTML 也经历着不

断地改进，从而产生了 XHTML，因此可以认为 XHTML 是 HTML 的“严谨版”。

（1）HTML 与 XHTML 的重要区别

尽管目前浏览器都兼容，但是为了使网页能够符合标准，网页设计者应该尽量使用 XHTML 规范来编写代码。

① 在 XHTML 中标记名称必须小写。

在 HTML 中，标记名称可以大写或者小写，如下面的代码在 HTML 中也是正确的。

```
<BODY>
<P>P 是段落标记</P>
</BODY>
```

但是在 XHTML 中，则必须写为

```
<body>
<p>p 是段落标记<p>
</body>
```

② 在 XHTML 中属性名称必须是小写，如：

```
<IMG SRC="images/1.jpg"   WIDTH="300px"HEIGHT="500px"></ IMG >
```

但是在 XHTML 中，则必须写为：

```
<img src="images/1.jpg"   width="300px"height="500px"></ img >
```

③ 在 XHTML 中标记必须严格嵌套。

HTML 中对标记的嵌套没有严格的规定，如下面的代码在 HTML 中也是正确的：

```
<i><b>这行文字以斜体加粗显示<i><b>
```

但是在 XHTML 中，则必须写为

```
<i><b>这行文字以斜体加粗显示</b></i>
```

④ 在 XHTML 中标记必须封闭。

在 HTML 中，下面的代码是正确的：

```
<p>这是第一个段落
<p>这是第二个段落
```

但是在 XHTML 中，必须要严格地使标记封闭，代码段应写为

```
<p>这是第一个段落</p>
<p>这是第二个段落</p>
```

⑤ 在 XHTML 中即使是空元素的标记也必须封闭。

这里所说的空元素标记，就是指<img>、
、<hr>等不成对的标记，它们也必须封闭。

在 HTML 中，下面的代码是正确的：

```
<br>换行
<hr>水平线
```

```
<img src="images/1.jpg">图像
```

但是在 XHTML 中，必须要严格地使标记封闭，代码段应写为

```
<br/>换行
<hr/>水平线
<img src="images/1.jpg"/>图像
```

⑥ 在 XHTML 中属性值用双引号括起来。

在 HTML 中，下面的代码是正确的：

```
<p class=p1>
```

但是在 XHTML 中，代码段应写为

```
<p class="p1">
```

⑦ 在 XHTML 中属性值必须使用完整形式。

在 HTML 中，下面的代码是正确的：

```
<input checked>
```

但是在 XHTML 中，代码段应写为

```
< input checked="true" >
```

（2）HTML 与 XML 的重要区别

可扩展标记语言（Extensible Markup Language，XML），用于标记电子文件使其具有结构性的标记语言，可以用来标记数据、定义数据类型，是一种允许用户对自己的标记语言进行定义的源语言。

XML 与 HTML 的设计区别是：XML 被设计为传输和存储数据，其焦点是数据的内容。而 HTML 被设计用来显示数据，其焦点是数据的外观。HTML 旨在显示信息，而 XML 旨在传输信息。

4. DIV+CSS 网页布局

与使用表格布局方法相比，DIV+CSS 布局方法具有结构简洁、定位灵活、代码效率高等优点，因此该技术在实际网站设计制作中得到了越来越多的应用。

网页中的元素都占据一定的空间，除了元素内容之外还包括元素周围的空间，一般把元素和它周围空间所形成的矩形区域称为盒子。从布局的角度看，网页是由很多盒子组成的，根据需要将诸多盒子在网页中进行排列和分布，就形成了网页布局。

（1）盒子模型

盒子模型通过定义模型结构，描述网页元素的显示方式和元素之间的相互关系，确定网页元素在网页布局中的空间和位置。模型的结构由 4 个部分组成：content（内容）、padding（内边距）、border（边框）和 margin（外边距）。

在盒子模型中，元素内容被包含在边框中，内容与边框之间的区域称为内边距，边框向外伸展的区域称为外边距。因此一个盒子模型实际占有的空间为：盒子的宽度=左外边距+左边框+左内边距+内容宽度+右内边距+右边框+右外边距；盒子的高度=上外边距+上边框+上内边距+内容高度+下内边距+下边框+下外边距，如图 4.1 所示。

（2）盒子属性

网页元素大小是基本属性，确定了元素内容的矩形区域，由 width 属性和 height 属性决定，其单位可以是绝对单位，如像素，也可以是相对单位，如百分比等。

为方便对网页元素区域的控制，将盒子模型的内边距、边框和外边距，按 top、bottom、left、right 的 4 个方向，分别进行定义和设置，如图 4.2 所示。

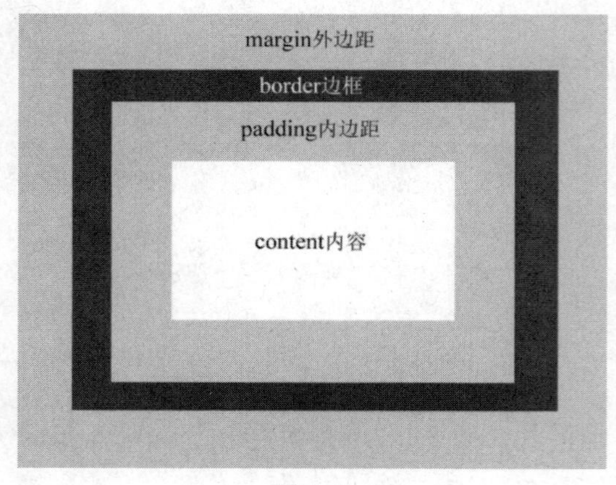

图 4.1

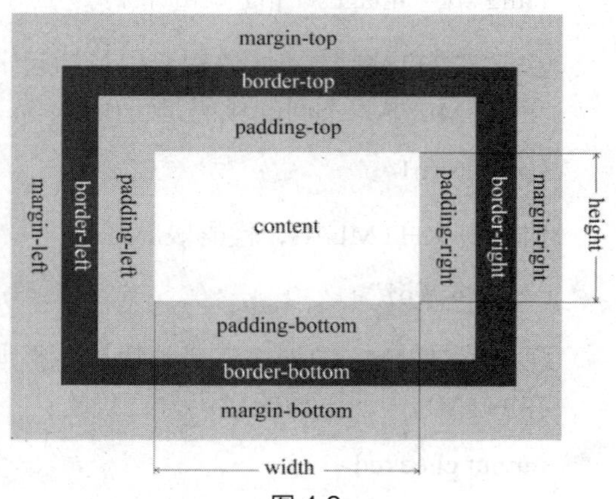

图 4.2

默认按 top、right、bottom、left 的 4 个方向。

（3）DIV

div 是一个块状容器类标签，在<div>和</div>之间可以容纳各种 XHTML 元素，同时也构成一个独立的矩形区域。在网页中插入若干个 div 标签，可以将网页分隔成若干个区域。

（4）CSS

CSS（Cascading Style Sheet）样式称为层叠样式表，也称级联样式表，用于设置网页元素的格式或外观。CSS 样式独立于网页设计元素，实现了内容与表现形式的相互分离，成为网页设计技术的重要组成部分。

① CSS 基本语法：CSS 的语法结构仅由 3 部分组成，分别为选择符、样式属性和值。

语法格式：

```
选择符{样式属性：取值；……}
```

- 选择符（Selector）：指这组样式编码所要针对的对象。
- 属性（Property）：样式控制的核心，提供丰富的样式属性。
- 值（Value）：有两种，一种指定范围的值；另一种为数值，如图 4.3 所示。

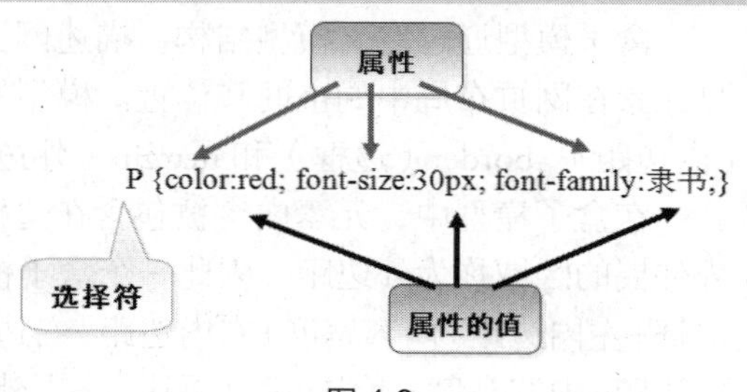

图 4.3

① 当用“标签”作为 selector 时，样式将对所有此标签内的内容有效。

如：h2{font-size：14px；font-family：宋体}

② 当用“区块 ID 标签”作为 selector 时，样式将对区块内所有此标签内的内容有效。

如：#banner{float:left;width:768px;height:300px;}

③ 当用“区块 class 标签”作为 selector 时，样式将对区块内同一类所有此标签内的内容有效。

如：.p{color:#fff;font-size:16px;}

② CSS 的 4 种应用。

a. 链接外部样式表：代码写在一个独立文件中，由网页进行调用，多个网页可同时共用。

格式：

```
<head>
<link href="style.css" rel="stylesheet" type="text/css" />
</head>
```

b. 导入外部样式表：在内部样式表的<style>里导入一个外部样式表，导入时用@import。

格式：

```
<head>
<style type="text/css">
@import url("S style.css");
</style>
</head>
```

c. 内部样式表：内部样式表与内嵌样式表的相似之处在于，都编写在页面中。不同的是内部样式表可统一在一个固定位置。

格式：

```
<head>
<style type="text/css">
body {
    background-color: #F00;
}
</style>
</head>
```

d. 内嵌样式表：内嵌样式表是混合在 HTML 标记里使用，对某个元素单独定义样式。

格式：

```
<td style="background:#009"> </td>
```

5. 浏览器兼容性

目前，常使用的浏览器有 IE、火狐（Firefox）、谷歌浏览器（Google Chrome）等。基于某些因素，这些浏览器不能完全采用统一的 Web 标准，或者说不同的浏览器对同一个 CSS 样式有不同的解析，这就导致了同样的页面在不同的浏览器下显示的效果可能不同。

● IE 浏览器

IE 浏览器的全称是 Internet Explorer，由微软公司推出，直接绑定在 Windows 操作系统中。IE 有 6.0、7.0、8.0、9.0、10.0、11.0 等版本，目前最新的是 11.0。但是，由于各种原因，一些用户仍然在使用一些低版本的浏览器，如 IE 6.0、IE 7.0 等，所以在制作网页时，低版本一般也是需要兼容的。本书将使用"IETester"来模拟 IE 浏览器的各个版本（IETester 可以自行从网上下载安装）。

对于其他一些浏览器，如 360 浏览器、搜狗浏览器、QQ 浏览器等大都是基于 IE 内核的，只要 IE 浏览器兼容，这些基于 IE 内核的浏览器也都没有问题。

● 火狐浏览器

Mozilla Firefox，中文通常称为"火狐"，是一个开源网页浏览器，使用 Gecko 引擎，可以在多种操作系统如 Windows、Mac 和 Linux 上运行。Firebug 是火狐浏览器下的一款开发插件，属于火狐强力推荐的插件之一，它集 HTML 查看和编辑、JavaScript 控制台、网络状况监视器于一体，是开发 HTML、CSS、JavaScript 等的得力助手。

实际工作中，调试网页的兼容性问题主要依靠 Firebug 插件，初学者可在选择火狐浏览器菜单栏中的"工具" | "附加组件"命令下载 Firebug 插件，安装完成后即可直接调出 Firebug 界面，如图 4.4 所示。

● 谷歌浏览器

Google Chrome，又称谷歌浏览器，是由 Google（谷歌）公司开发的开放原始码的网页浏览器。该浏览器基于其他开放源代码软件编写，包括 WebKit 和 Mozilla，目标是提升稳定性、速度和安全性。

图 4.4

IE、火狐和谷歌是目前互联网的三大主流浏览器，其他常用的浏览器还有苹果的 Safari 浏览器和欧朋浏览器等。对于一般的网站，只要兼容 IE 浏览器、火狐浏览器和谷歌浏览器，就能满足绝大多数用户的需求。

浏览器的设置

对于初学者来说，计算机上三大主流浏览器分别是 IE、火狐和谷歌，建议将 Dreamweaver 的默认预览浏览器设置为“火狐浏览器”（即主浏览器），使用主浏览器预览网页的快捷键是 F12，一般把 IE 浏览器或谷歌浏览器设为次浏览器，组合键是 Ctrl+F12，如图 4.5 所示。

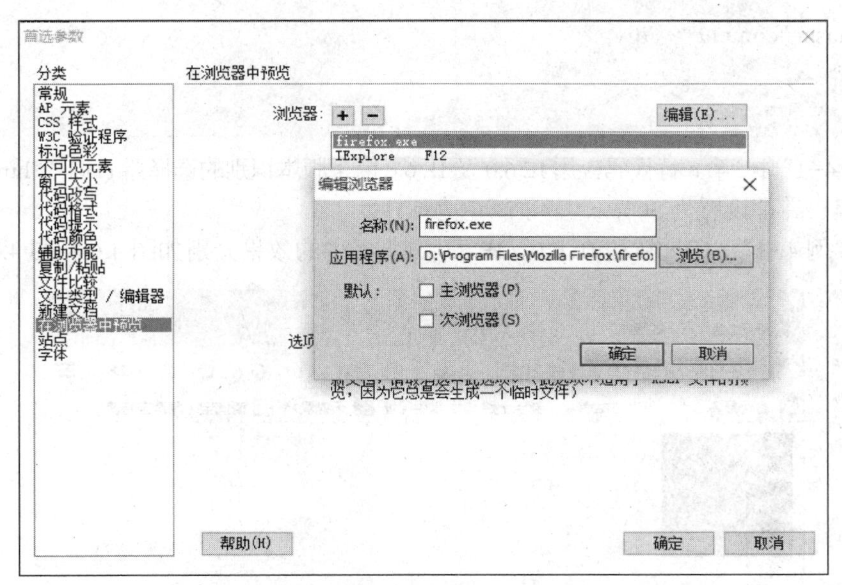

图 4.5

（1）CSSHack

面对浏览器诸多的兼容性问题，经常需要通过 CSS 样式来调试，其中用得最多的就是 CSSHack。所谓 CSSHack 就是针对不同的浏览器书写不同的 CSS 样式，通过使用某个浏览器单独识别的样式代码，控制网页在该浏览器的显示效果。

① CSS 选择器 Hack

CSS 选择器 Hack 是指通过在 CSS 选择器的前面，加上一些只有特定浏览器才能识别的 Hack 前缀，来控制不同的 CSS 样式。针对不同版本的浏览器，选择器 Hack 分为以下两类。

a. IE 6.0 及 IE 6.0 以下版本识别的选择器 Hack。书写 CSS 样式时，如果希望此样式只对 IE 6.0 及 IE 6.0 以下版本的浏览器生效，可以使用 IE 6.0 及 IE 6.0 以下版本的选择器 Hack，其基本语法如下：

```
*html 选择器{样式代码}
```

【例 4-1】

```
<!DOCTYPE html PUBLIC "-//W3C//DTD XHTML 1.0 Transitional//EN" "http://www.w3.org/TR/xhtml1/DTD/xhtml1-transitional.dtd">
<html xmlns="http://www.w3.org/1999/xhtml">
<head>
```

```
<meta http-equiv="Content-Type" content="text/html; charset=utf-8" />
<title>IE 6(含)以下版本的识别</title>
<style type="text/css">
.content{width:150px;height:150px;background:#000;}
*html .content{width:300px;height:300px;background:#0f0;}
</style>
</head>
<body>
<div class="content"></div>
</body>
</html>
```

在“例 4-1”中，第 8 行代码应用 IE 6.0 及 IE 6.0 以下版本识别的选择器 Hack “*html. content”，将盒子的宽、高都设置为 300px，背景颜色为绿色。

运行“例 4-1”，在火狐和 IE 6.0、IE 8.0 浏览器中的效果分别如图 4.6 和图 4.7 所示。

图 4.6

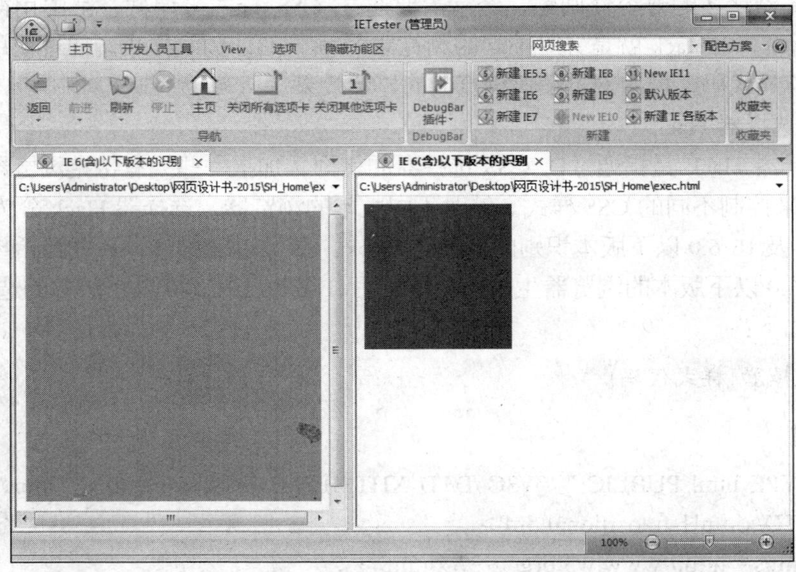

图 4.7

通过图 4.6 和图 4.7 可以看出，火狐浏览器、IE 8.0 浏览器中显示的宽、高均为 100px，背景颜色为红色，而在 IE 6.0 中宽、高均为 300px，背景颜色为绿色。可见该案例中通过选择器 Hack 定义的样式只对 IE 6.0 浏览器生效。

b. IE 7.0 识别的选择器 Hack。如果希望样式只对 IE 7.0 浏览器生效，可以使用 IE 7.0 识别的选择器 Hack，其基本语法如下：

```
*+html 选择器{样式代码}
```

【例 4-2】

```
<!DOCTYPE html PUBLIC "-//W3C//DTD XHTML 1.0 Transitional//EN" "http://www.w3.org/TR/xhtml1/DTD/xhtml1-transitional.dtd">
<html xmlns="http://www.w3.org/1999/xhtml">
<head>
<meta http-equiv="Content-Type" content="text/html; charset=utf-8" />
<title>IE 6(含)以下版本的识别</title>
<style type="text/css">
.content{width:150px;height:150px;background:#f00;}
*html .content{width:300px;height:300px;background:#0f0;}
</style>
</head>
<body>
<div class="content"></div>
</body>
</html>
```

在“例4-2”中，第8行代码应用IE 6.0及IE 6.0以下版本识别的选择器Hack“*+html. content”，将盒子的宽、高都设置为 300px，背景颜色为绿色。

运行“例 4-2”，在火狐和 IE 6.0、IE 8.0 浏览器中的效果分别如图 4.8 和图 4.9 所示。

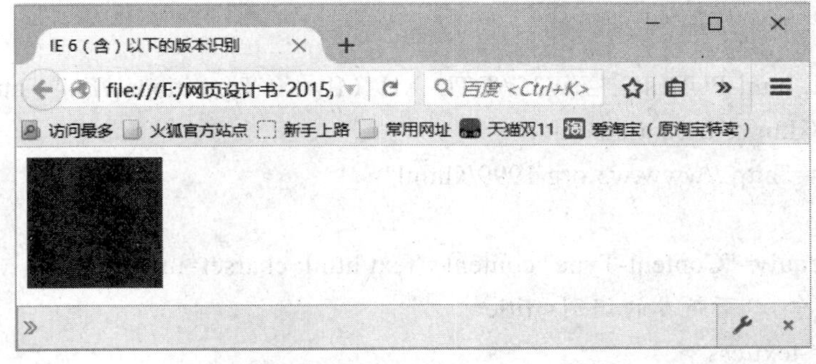

图 4.8

通过图 4.8 和图 4.9 可以看出，火狐浏览器、IE 8.0 浏览器中显示的宽、高均为 100px，背景颜色为红色，而在 IE 7.0 中宽、高均为 300px，背景颜色为绿色。可见该案例中通过选择器 Hack 定义的样式只对 IE 7.0 浏览器生效。

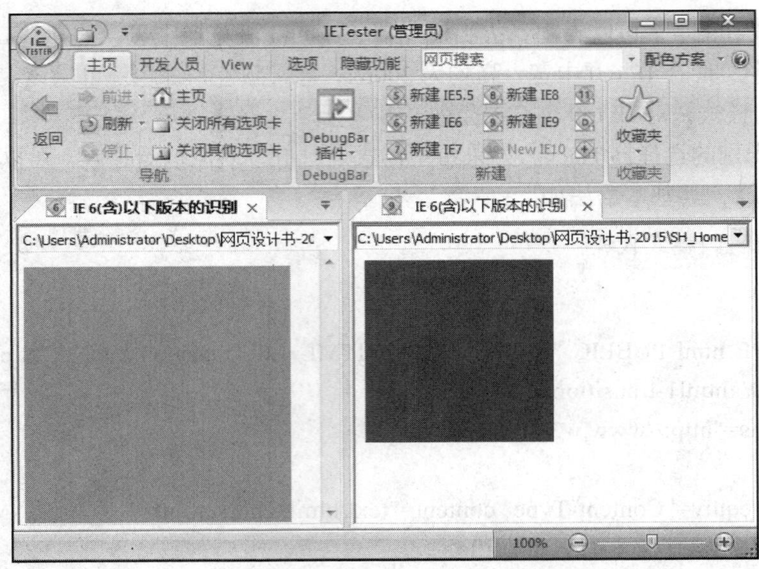

图 4.9

② CSS 属性 Hack

CSS 属性 Hack 是指在 CSS 属性名的前面，加上一些只有特定浏览器才能识别的 Hack 前缀，例如“_color:green;”中的 Hack 前缀“_”就只对 IE 6.0 生效。针对不同版本的浏览器，CSS 属性 Hack 分为以下几类。

a. IE 6.0 及其以下版本识别的属性 Hack

如果希望样式只对 IE 6.0 及其以下版本的浏览器生效，可以使用对应的 CSS 属性 Hack，基本语法如下：

```
_属性：样式代码；
```

b. IE 7.0 版本识别的属性 Hack

如果希望样式只对 IE 7.0 版本的浏览器生效，可以使用对应的 CSS 属性 Hack，基本语法如下：

```
+或*属性：样式代码；
```

【例 4-3】

```
<!DOCTYPE html PUBLIC "-//W3C//DTD XHTML 1.0 Transitional//EN" "http://www.w3.org/TR/xhtml1/DTD/xhtml1-transitional.dtd">
<html xmlns="http://www.w3.org/1999/xhtml">
<head>
<meta http-equiv="Content-Type" content="text/html; charset=utf-8" />
<title>IE 6 (含)以下版本的识别</title>
<style type="text/css">
.hack{
    width:150px;
    height:150px;
    background:red;
    *background:black;
```

```
        _background:green;
    }
</style>
</head>
<body>
<div class="hack"></div>
</body>
</html>
```

在“例 4-3”中，第 8～12 行代码定义了一些常用的 CSS 属性 Hack。

运行“例 4-3”，在各个浏览器中的效果如图 4.10～4.12 所示。

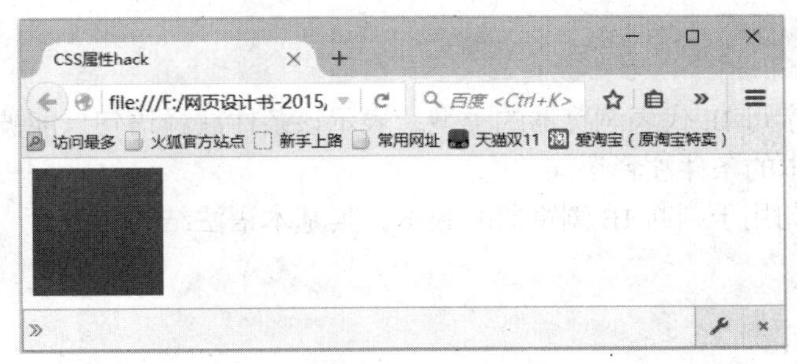

图 4.10

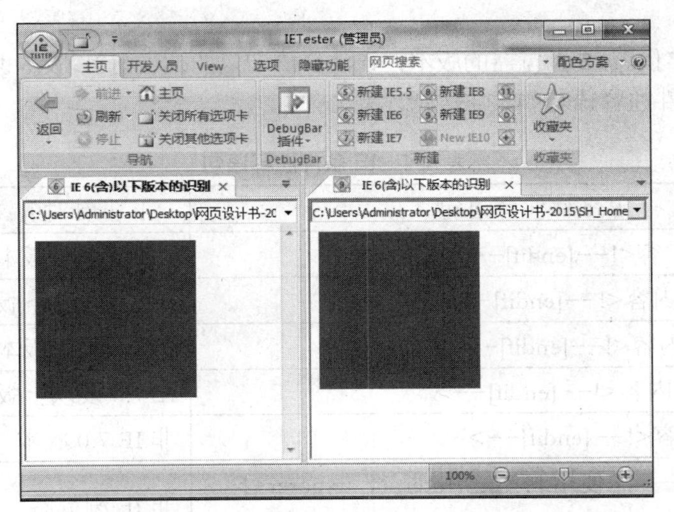

图 4.11

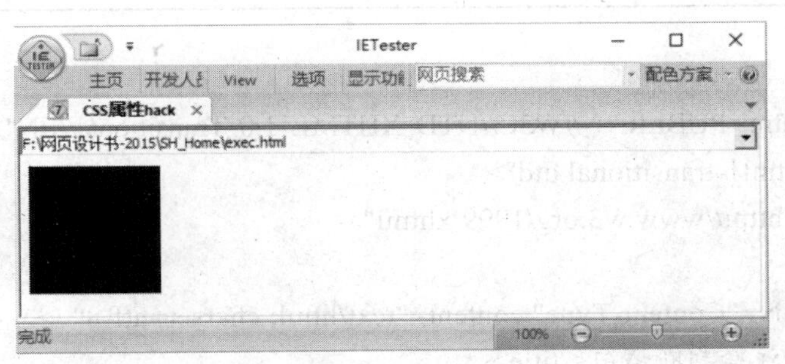

图 4.12

图 4.10~图 4.12 中显示，火狐和 IE 9.0 浏览器中均显示红色背景，IE 6.0 显示的是绿色背景，IE 7.0 显示的是黑色背景。

（2）IE 条件注释语句

IE 浏览器作为兼容性问题最多的浏览器，经常需要对其兼容性进行调试，针对这种需求，微软官方专门提供了“IE 条件注释语句”。“IE 条件注释语句”是 IE 浏览器专有的 Hack，针对不同的 IE 浏览器，书写方法也不同。具体介绍如下。

① 判断浏览器类型的条件注释语句

该条件注释语句用于判断浏览器类型是否为 IE 浏览器，其基本语法结构如下：

```
<!--[if IE]>
```

只能被 IE 识别；

```
<!--[endif]-->
```

第一行的英文字母 IE 代表浏览器的类型，表示该条件注释语句只能被 IE 浏览器识别。

② 判断 IE 版本的条件注释语句

该条件注释语句用于判断 IE 浏览器的版本，其基本语法结构如下：

```
<!--[if IE7]>
```

只能被 IE 识别；

```
<!--[endif]-->
```

第一行的数字代表 IE 浏览器的版本，该注释语句只能被当前 IE 版本识别。

常用的 IE 条件注释语句如表 4-4 所示。

表 4-4　IE 条件注释语句

IE 条件注释语句	针对的浏览器版本
<!--[if lt IE7]>内容<!--[endif]-->	IE 7.0 以下版本
<!--[if lte IE7]>内容<!--[endif]-->	IE 7.0 及以下版本（包含 IE 7.0）
<!--[if gt IE7]>内容<!--[endif]-->	IE 7.0 以上版本
<!--[if gte IE7]>内容<!--[endif]-->	IE 7.0 及以上版本（包含 IE 7.0）
<!--[if !IE7]>内容<!--[endif]-->	非 IE 7.0 版本
<!--[if !IE]><!-->您使用的不是 Internet Exporer<!--<![endif]-->	非 IE 浏览器

【例 4-4】

```
<!DOCTYPE html PUBLIC "-//W3C//DTD XHTML 1.0 Transitional//EN" "http://www.w3.org/TR/xhtml1/DTD/xhtml1-transitional.dtd">
<html xmlns="http://www.w3.org/1999/xhtml">
<head>
<meta http-equiv="Content-Type" content="text/html; charset=utf-8" />
<title>IE 条件注释判断语句</title>
```

```
<!--[if IE 6]>
<link rel="stylesheet" type="text/css" href="ie6.css"/>
<![end if]-->
<!--[if IE 8]>
<link rel="stylesheet" type="text/css" href="ie8.css"/>
<![end if]-->
</head>
<body>
<!--[if !IE]><!-->您使用的不是 IE 浏览器<!--<![end if]-->
<!--[if IE 6]>仅 IE 6 可以识别<![end if]-->
<!--[if IE 8]>仅 IE 8 可以识别<![end if]-->
<!--[if gte IE 8]>IE 8 及其以下的版本可以识别<![end if]-->
</body>
</html>
```

在“例 4-4”中，第 6～8 行代码表示如果当前浏览器版本是 IE 6.0，就调用 ie6.css 样式文件，第 9～11 行代码表示如果当前浏览器版本是 IE 8.0，就调用 ie8.css 样式文件。第 14～17 行代码，则是相应浏览器版本的判断语句。

运行“例 4-4”，在各个浏览器中的效果如图 4.13 和 4.14 所示。

图 4.13

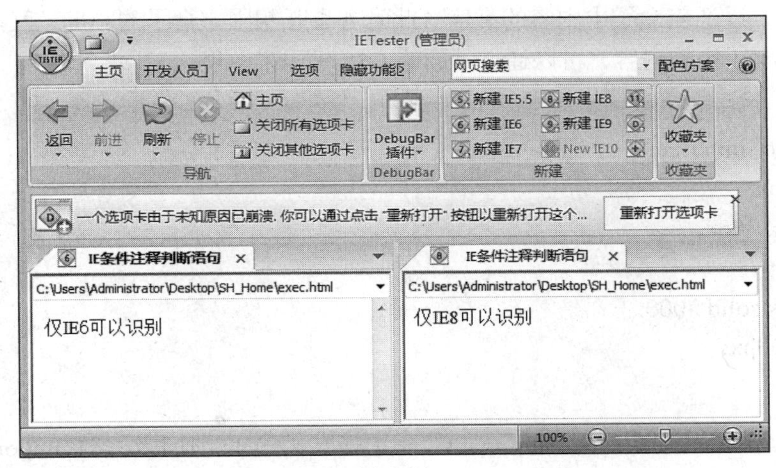

图 4.14

（3）使用!important 解决高度自适应问题

使用 CSS 进行网页布局时，当盒子中的内容超过了盒子的宽高时，在标准浏览器下内容会溢出，但是在 IE 6.0 中盒子会自适应内容的大小。下面通过一个具体案例给初学者一个直观的理解。

【例 4-5】

在“例 4–5”中定义了一个盒子，将其高度定义为 30px，同时将盒子中文本的大小定义为 50px。运行“例 4–5”，在火狐和 IE 6.0 浏览器中的效果分别如图 4.15 和图 4.16 所示。

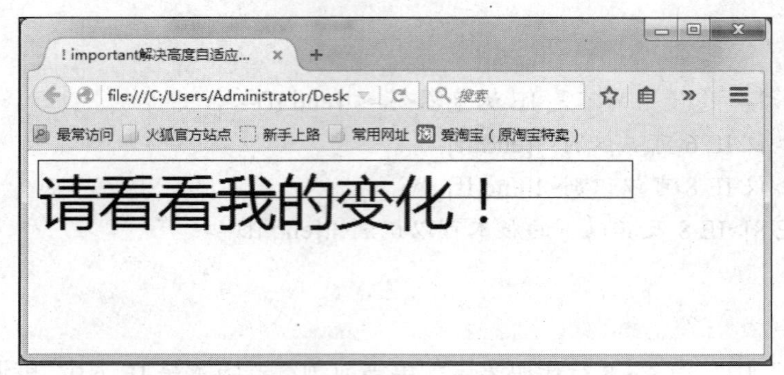

图 4.15

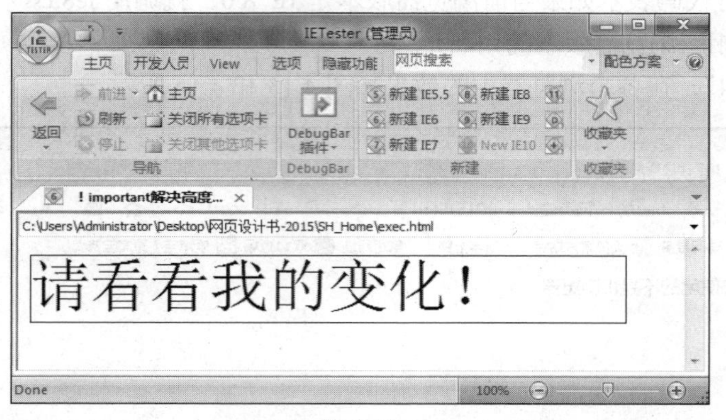

图 4.16

通过图 4.15 可以看出，火狐浏览器中的内容已经溢出了线框，但是在 IE 6.0 浏览器中，线框会被撑开，以适应盒子中内容的高度。此时如果既想固定盒子的高度，又想标准浏览器中能够自适应盒子中的内容，可以通过下面的 CSS 代码来实现：

```
{
height:auto !important;
height:30px;
min-height:30px;
width:500px;
border:1px solid #000;
font-size:50px;
}
```

在上面的 CSS 代码中，“! important”用于提升优先级，使用了“! important”命令的 CSS 样式具有较高的优先级。因此，浏览器会先执行“height:auto !important;”样式，即自适应盒子的高度，并且考虑到 IE 6.0 不能解析 min-height，设置了“height:30px;”。

重新保存网页，刷新页面，在火狐和 IE 6.0 浏览器中的效果分别如图 4.17 和图 4.18 所示。

图 4.17

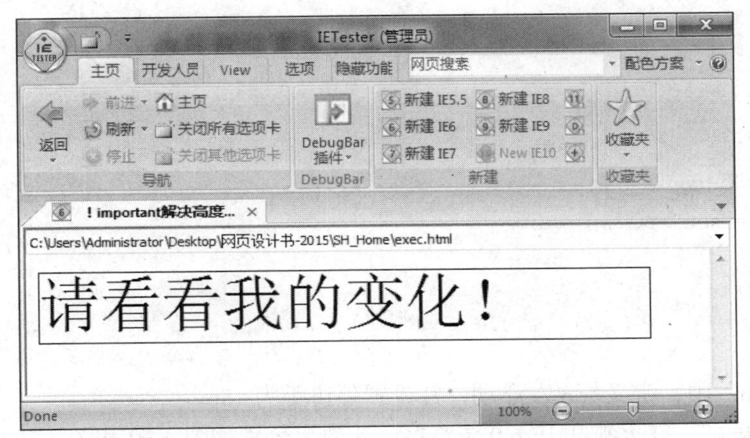

图 4.18

（4）常见 IE 6.0 浏览器的兼容问题

① IE 6.0 中浮动元素的双倍边距问题

当对浮动的元素应用左外边距或右外边距（margin-left 或 margin-right）时，在 IE 6.0 浏览器中，元素对应的左外边距或右外边距将是所设置值的两倍，这就是网页制作中经常出现的 IE 6.0 双倍边距问题。

【例 4-6】

```
<!DOCTYPE html PUBLIC "-//W3C//DTD XHTML 1.0 Transitional//EN" "http://www.w3.org/TR/xhtml1/DTD/xhtml1-transitional.dtd">
<html xmlns="http://www.w3.org/1999/xhtml">
<head>
<meta http-equiv="Content-Type" content="text/html; charset=utf-8" />
<title>IE 6 双倍边距问题</title>
<style type="text/css">
.father{
    width:150px;
    height:80px;
```

```
        border:1px solid    #00f;
        background:#0f0;
        }
    .son{
        width:60px;
        height:50px;
        line-height:50px;
        background:#f9c;
        border:1px dashed #f00;
        float:left;
        margin-left:15px;
        padding:0 10px;
        }
</style>
</head>
<body>
<div class="father">
  <div class="son">父与子</div>
</div>
</body>
</html>
```

在“例 4-6”中，定义 son 左浮动，并设置外边距为 15px。

运行“例 4-6”，在火狐和 IE 6.0 浏览器中的效果分别如图 4.19 和图 4.20 所示。

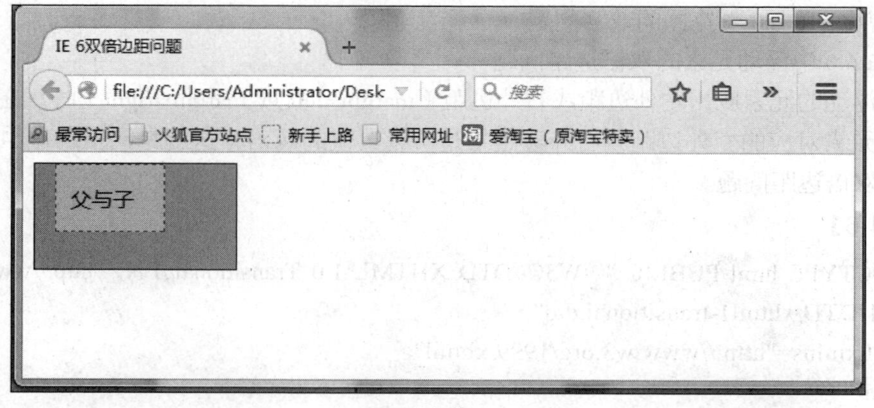

图 4.19

通过图 4.19 和图 4.20 可以看出，IE 6.0 中盒子的左外边距是 IE 9.0 和火狐浏览器中相应外边距的两倍。针对这种兼容性问题，可以通过为浮动元素定义“display:inline;”样式来解决。即在 son 的 CSS 样式中增加如下代码：

```
    _display:inline;
```

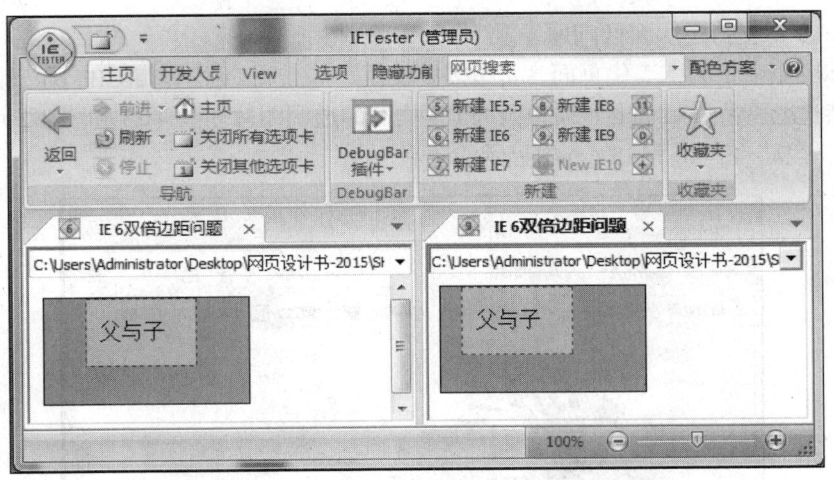

图 4.20

需要注意的是，因为只有 IE 6.0 浏览器有兼容问题，所以在 display 前一定要加上下划线（_）。

重新保存网页，刷新页面，在火狐和 IE 6.0 浏览器中的效果如图 4.21 和图 4.22 所示。

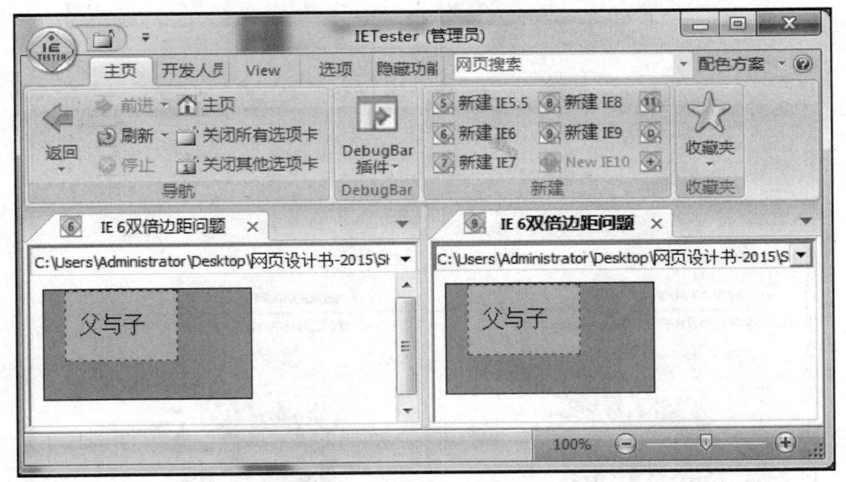

图 4.21

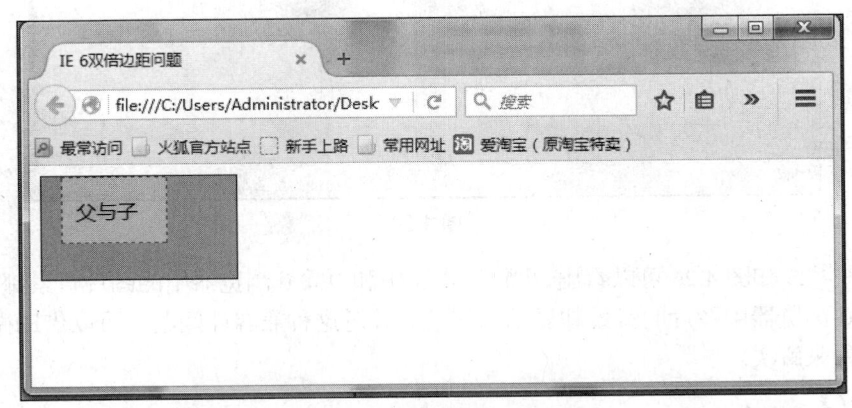

图 4.22

② IE 6.0 不支持透明图像问题

在实际应用中，为了美化页面，常常需要使用一些透明的图片。但 IE 6.0 浏览器并不能很好地支持透明图片，如 png（24 位）、gif 等格式的透明图片。图 4.23 和图 4.24 所示为一组透明图片在火狐、IE 8.0 和 IE 6.0 中显示的效果。

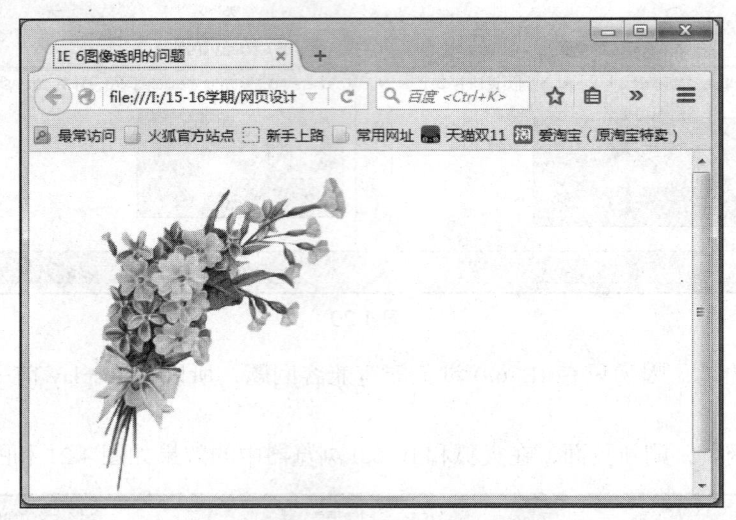

图 4.23

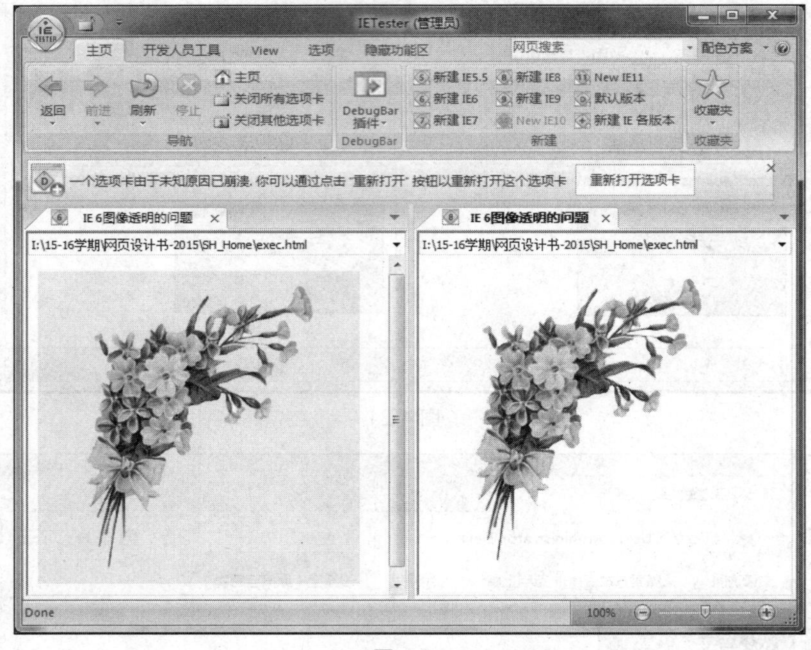

图 4.24

通过图 4.25 和图 4.26 可以看出，火狐浏览器中和 IE 8.0 浏览器中的图片背景都是透明的，但在 IE 6.0 浏览器中图片的背景却显示为灰色。针对这种兼容性问题，可以借助微软提供的 Iepng.js 文件来解决。

【例 4-7】

在“例 4-7”中，第 11～16 行代码用于解决 IE 6.0 不支持背景透明图像的 Bug。

运行“例 4-7”，在火狐、IE 8.0 和 IE 6.0 浏览器中的效果分别如图 4.25 和图 4.26 所示。

```
<!DOCTYPE html PUBLIC "-//W3C//DTD XHTML 1.0 Transitional//EN" "http://www.w3.org/TR/xhtml1/DTD/xhtml1-transitional.dtd">
<html xmlns="http://www.w3.org/1999/xhtml">
<head>
<meta http-equiv="Content-Type" content="text/html; charset=utf-8" />
<title>IE 6 图像透明问题</title>
<style type="text/css">
body{
    background:#fff;
    }
</style>
<!--[if IE 6]>
<script src='IEpng.js' type="text/javascript"></script>
<script type="text/javascript">
Evpng.fix('div,ul,img,li,input,span,b,h1,h2,h3,h4');
</script>
<![end if]-->
</head>
<body>
<div class="touming">
<img src="images/hua.png" />
</div>
</body>
</html>
```

图 4.25

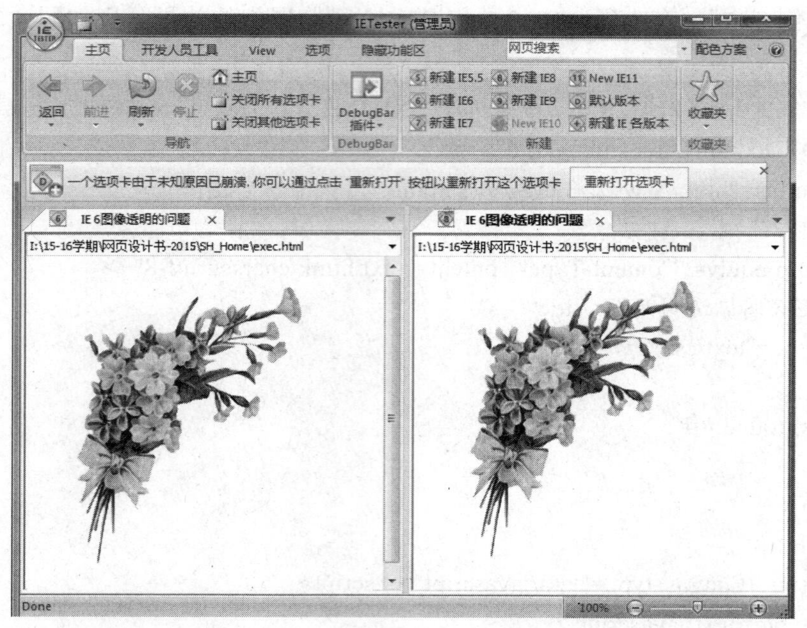

图 4.26

③ IE 6.0 中图片底部的像素间隙问题

在 IE 6.0 中，当一张图片插入与其大小相同的盒子中时，图片底部会多出 3 像素的间隙。

【例 4-8】

```
<!DOCTYPE html PUBLIC "-//W3C//DTD XHTML 1.0 Transitional//EN" "http://www.w3.org/TR/xhtml1/DTD/xhtml1-transitional.dtd">
<html xmlns="http://www.w3.org/1999/xhtml">
<head>
<meta http-equiv="Content-Type" content="text/html; charset=utf-8" />
<title>IE 6 图片底侧会有 3 像素间隙问题</title>
<style type="text/css">
.picture{
    width:161px;
    height:127px;
    background:#ccc;
    }
</style>
</head>
<body>
<div class="picture">
<img src="images/house.png" width="161px" height="127px" /></div>
</body>
</html>
```

运行“例 4-8”，在火狐和 IE 中的效果分别如图 4.27 和图 4.28 所示。

图 4.27

图 4.28

通过图 4.27 和图 4.28 可以看出，图片在火狐浏览器中正常显示，但在 IE 6.0 浏览器中，盒子的底边会出现间隙。针对 IE 6.0 这种兼容性问题，有两种解决办法，具体如下。

a. 如果父对象的宽、高固定，图片大小随父对象而定，那么可以设置：overflow:hidden; 代码如下：

```
.picture{
width:161px;
heigth:127px;
overflow:hidden;
background:#ccc;
}
```

b. 为<img/>定义“display:block”样式，代码如下：

```
.picture    img {display:block;}
```

在上例中应用修改后样式方法后，保存网页文件，刷新网页，在火狐浏览器和 IE 6.0 浏览器中的效果分别如图 4.29 和图 4.30 所示。

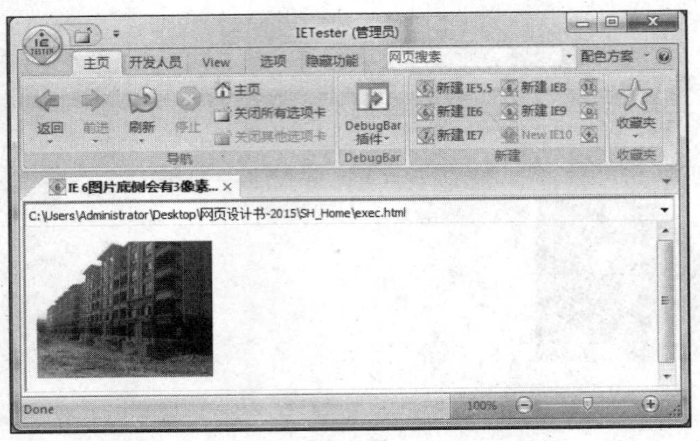

图 4.29

图 4.30

④ IE 6.0 中元素最小高度问题

由于 IE 6.0 浏览器有默认的最小像素高度，因此它无法识别 19px 以下的高度值。

【例 4-9】

```
<!DOCTYPE html PUBLIC "-//W3C//DTD XHTML 1.0 Transitional//EN" "http://www.w3.org/TR/xhtml1/DTD/xhtml1-transitional.dtd">
<html xmlns="http://www.w3.org/1999/xhtml">
<head>
<meta http-equiv="Content-Type" content="text/html; charset=utf-8" />
<title>IE 6 中元素最小高度问题</title>
<style type="text/css">
.picture{
    width:300px;
    height:5px;
    background:#f00;
    }
</style>
</head>
<body>
<div class="picture"></div>
</body>
</html>
```

运行“例 4-9”，在火狐和 IE 中的效果分别如图 4.31 和 4.32 所示。

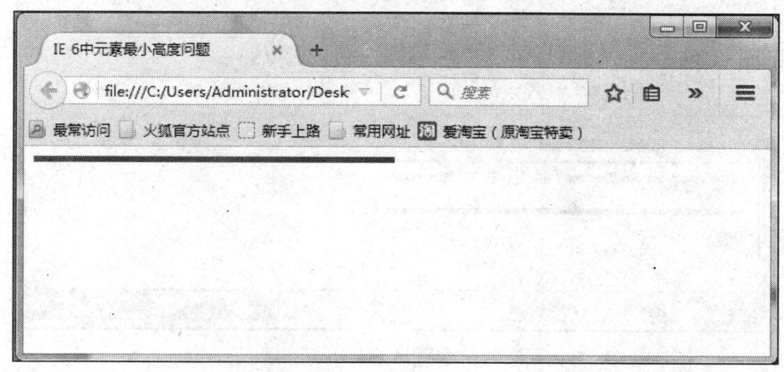

图 4.31

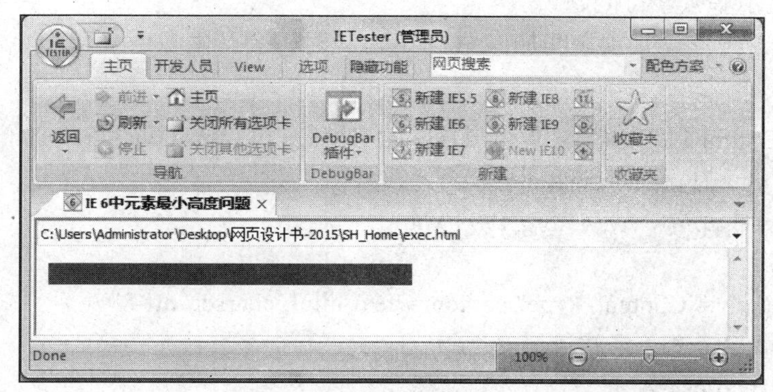

图 4.32

通过图 4.31 和图 4.32 可以看出来，火狐浏览器中显示 5 像素高的红色背景，但 IE 6.0 中的盒子高度已经明显超过了 5 像素。针对这样的问题，有两种解决办法，具体如下。

a. 给该盒子指定“overflow:hidden;”样式

通过“overflow:hidden”样式，可以将超出的部分隐藏。

b. 给该盒子指定“font-size:0;”样式

通过以上中的任何一种方法都可以解决在 IE 6 中不能识别低于 19 像素高度值的问题。但是，第一种方法不会妨碍字体大小的设置，所以建议使用第一种方法。

对上例中应用了“overflow:hidden”样式后，保存网页文件，刷新网页，在火狐浏览器和 IE 6.0 浏览器中的效果分别如图 4.33 和图 4.34 所示。

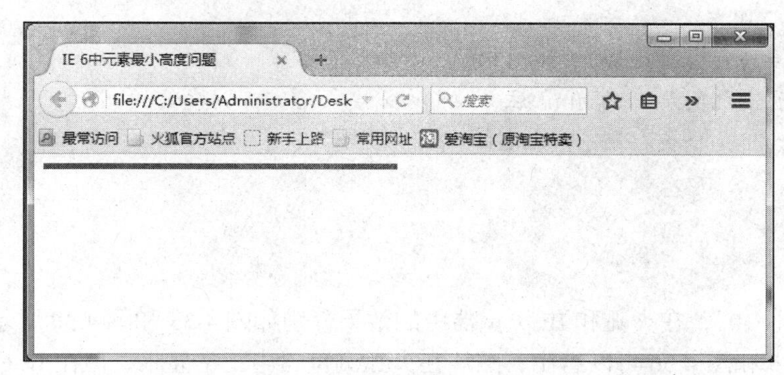

图 4.33

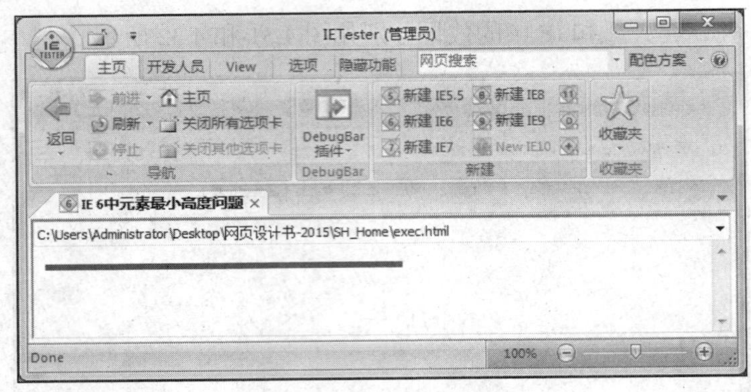

图 4.34

⑤ IE 6.0 显示多余字符问题

在 IE 6.0 中，当浮动元素之间加入 HTML 注释时，会产生多余字符。

【例 4-10】

```
<!DOCTYPE html PUBLIC "-//W3C//DTD XHTML 1.0 Transitional//EN" "http://www.w3.org/TR/xhtml1/DTD/xhtml1-transitional.dtd">
<html xmlns="http://www.w3.org/1999/xhtml">
<head>
<meta http-equiv="Content-Type" content="text/html; charset=utf-8" />
<title>IE 6 中显示多余字符问题</title>
<style type="text/css">
.all{
    width:100px;
    }
.all div{
    float:left;
    width:100px;
    }
</style>
</head>
<body>
<div class="all">
 <div class="one">我在第一行</div>
 <!--浮动元素之间加入的 html 注释-->
 <div class="two">我在第一行</div>
</div>
</body>
</html>
```

运行“例 4−10”，在火狐和 IE 浏览器中的效果分别如图 4.35 和图 4.36 所示。

通过图 4.35 和图 4.36 可以看出，图片在火狐浏览器中正常显示，但在 IE 6.0 浏览器中会多出一个字符。针对 IE 6.0 这种兼容性问题，有 3 种解决办法，具体如下。

图 4.35

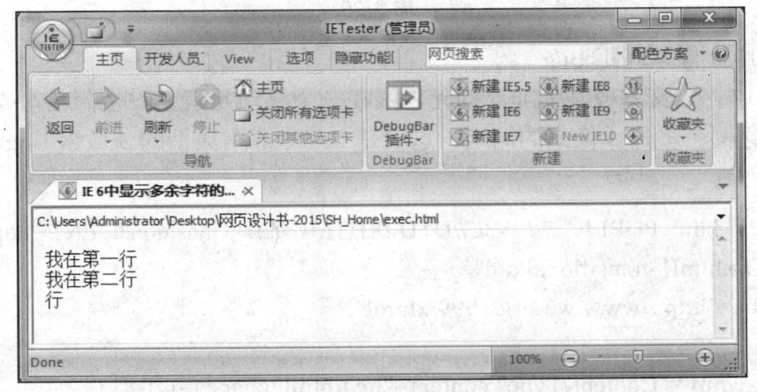

图 4.36

a. 去掉 HTML 注释。

b. 不设置浮动 div 的宽度。

c. 在产生多余字符的那个元素的 CSS 样式中添加“position:relative;”样式。

在上例中，使用第 3 种方法来解决问题，具体 CSS 代码如下。

```
.all div{
    float:left;
    width:100px;
    position:relative;
    }
```

保存网页文件，刷新网页，在火狐浏览器和 IE 6.0 浏览器中的效果分别如图 4.37 和 4.38 所示。

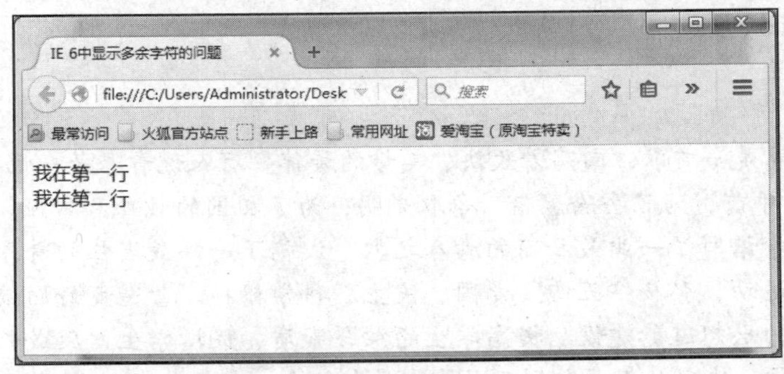

图 4.37

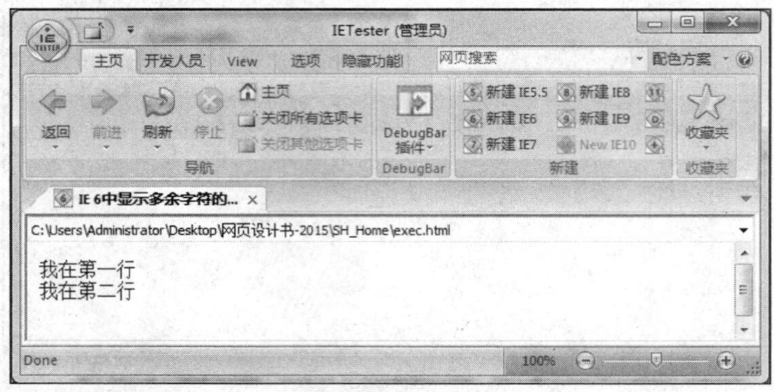

图 4.38

⑥ IE 6.0 中 3 像素间距 Bug

在 IE 6.0 中，当文本或其他非浮动元素跟在一个浮动元素之后时，文本或其他非浮动元素与浮动元素之间会多出 3 像素的间距，这就是 IE 6.0 非常典型的 3 像素 Bug。

【例 4-11】

```
<!DOCTYPE html PUBLIC "-//W3C//DTD XHTML 1.0 Transitional//EN" "http://www.w3.org/TR/xhtml1/DTD/xhtml1-transitional.dtd">
<html xmlns="http://www.w3.org/1999/xhtml">
<head>
<meta http-equiv="Content-Type" content="text/html; charset=utf-8" />
<title>IE 6 中 3 像素间距 BUG 问题</title>
<style type="text/css">
.box{
    float:left;
    width:100px;
    height:100px;
    border:1px solid #000;
    background:#fc3;
    }
</style>
</head>
<body>
<div class="box">
左浮动的盒子
</div>
有人说，青春是一首歌，回荡着欢快、美妙的旋律。有人说青春是一幅画，镌刻着瑰丽、浪漫的色彩。90 年前，为了去除黑暗、争取光明，为了祖国的独立和富强。一群意气风发的青年用热血和生命谱写了一曲最壮丽的青春之歌。成就了一幅最宏伟的青春图画……为纪念伟大的"五四"运动，弘扬"五四"爱国、民主、科学精神。营造良好的校园文化气氛，同时大力加强学生的思想道德建设、提高学生的综合素质、促增学生健康成长，结合我校共青团和学生工作实际，决定从五月初到五月底，举行纪念"五四"运动系列活动。
```

```
</body>
</html>
```

通过图 4.39 和图 4.40 可以看出，火狐浏览器中正常显示，但在 IE 6.0 浏览器中，文本和浮动的盒子之间会有 3 像素的间隙。针对 IE 6.0 这种兼容性问题，可以通过对盒子运用负外边距的方法来解决，即在 CSS 样式中增加如下代码：

```
_margin-right：-3px；/*注意要使用 IE 6.0 的属性 Hack*/
```

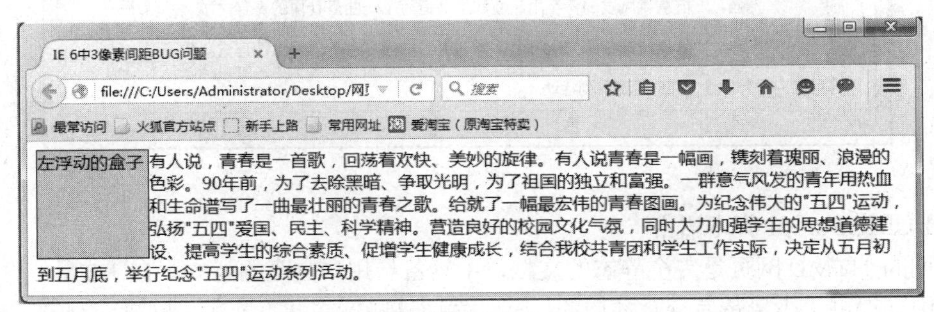

图 4.39

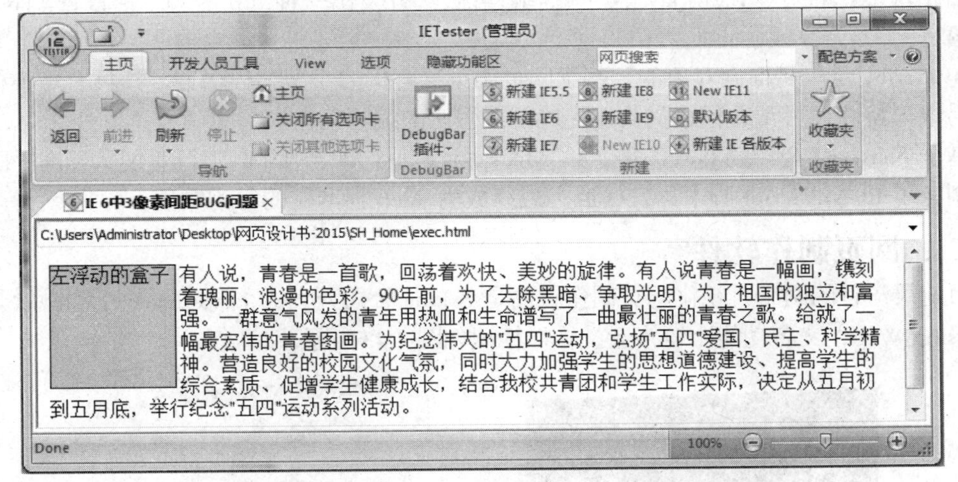

图 4.40

保存网页文件，刷新网页，在火狐浏览器和 IE 6.0 浏览器中的效果分别如图 4.41 和图 4.42 所示。

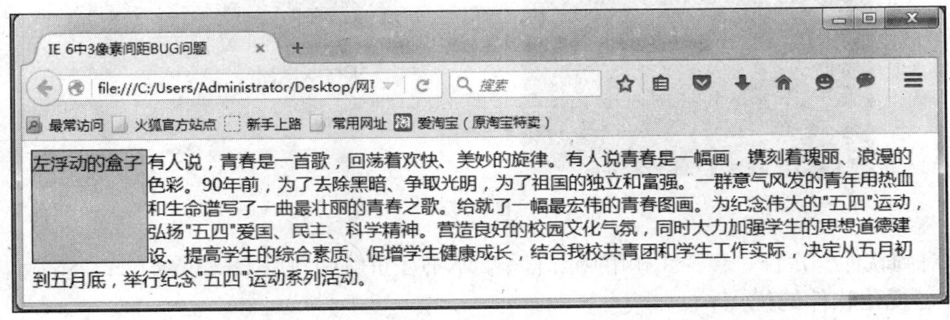

图 4.41

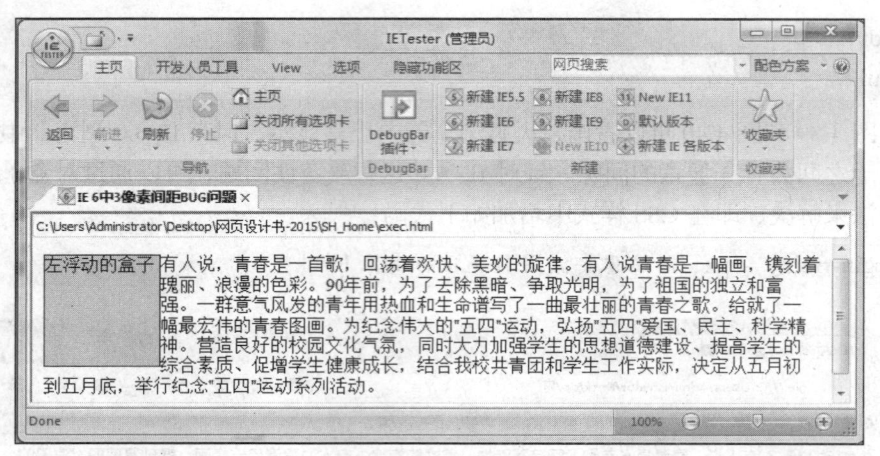

图 4.42

6. ECMAScript 脚本语言

早期的 HTML 网页是完全静态的文档，不具备与用户交互的能力。在 HTML 的一些早期版本中，提供了少量带有交互性质的标签，然而这些标签并不能满足网页交互的需求。

因此，Netscape 公司根据 Java、C++等编程语言，开发出一种全新的脚本语言，即 JavaScript 脚本语言。

JavaScript 是一种面向对象的、基于网页浏览器解析的小型编程语言，其具有短小精悍、简单易学等特性，可帮助程序员快速完成网页程序的编写工作。

基于 Netscape 公司的 JavaScript，ECMA 国际（一个制定国际电工行业技术标准的国际组织）制定了 ECMAScript 脚本语言标准，最终成为 Web 标准化的行为实现。

二、网页制作软件

目前最流行的两个可视化网页制作软件是 Adobe 公司开发的 Dreamweaver 和微软开发的 Expression Web，二者功能比较接近，软件标识如图 4.43 所示。

图 4.43

考虑到软件稳定性、兼容性和市场占有率，本书在讲解中将以 Dreamweaver CS6 版本为例。

1. 可视化软件的优点

网页制作这项工作出现的时间并不长，因此存在大量的入门用户，使用可视化的方式更适合入门，便有很大的市场需求。此外，一个重要的原因是以前大都使用表格布局，给设计师提供了不用理解代码、直接在软件中拖曳就可以制作网页的可能，因此 Dreamweaver 等软件就得到了极大的普及。

在软件中可以同时显示网页代码的网页设计效果以及相关的很多功能，如图 4.44 所示。

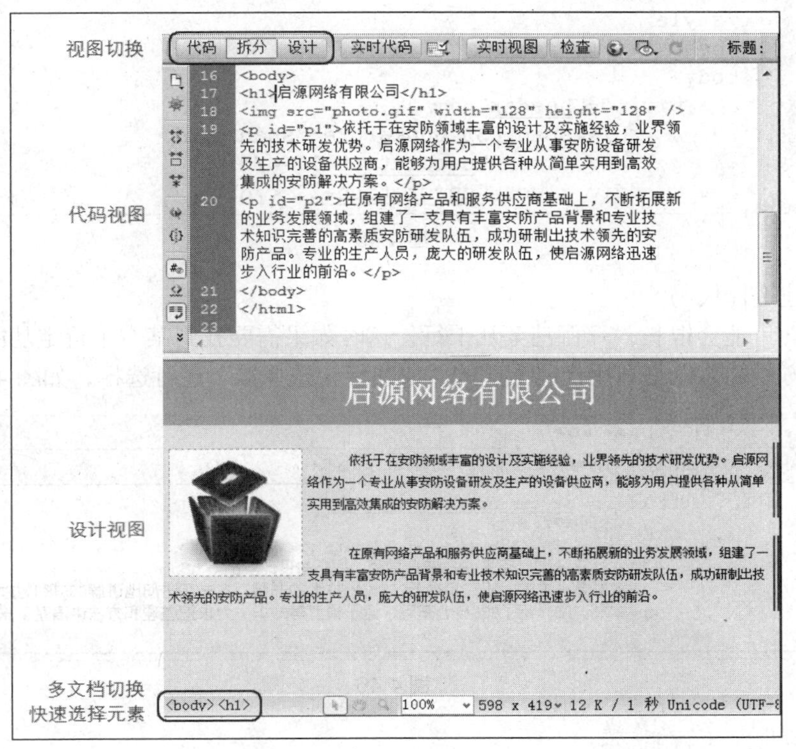

图 4.44

在编辑 CSS 样式时，软件提供了 CSS 属性面板和对话框，如图所示。在面板和对话框中，可以通过“选择”的方式输入 CSS 属性值，而不必手工输入属性名称，这样无疑为那些对 CSS 还不是很熟悉的用户提供了很大的帮助。

2. 可视化软件的局限性

可视化的网页制作软件有很多优点，使用 Fireworks（或 Photoshop）和 Dreamweaver 软件制作过表格布局的读者都有很深的体会，这些软件可以方便地生成很复杂的布局表格，因此非常有用。

然而 CSS 布局方式出现以后，情况又有所变化了，软件给设计提供的辅助支持能力实际上大大降低了。尽管软件中有 CSS 设置的面板，可以在里面选择并输入 CSS 的属性值，但如果用户并不是真正理解这些属性的含义和作用，这些面板的作用也不大。另外，如果用户已经深入地理解了这些属性的原理，就会发现用那些属性面板来设置 CSS 属性，效率并不高，还不如直接输入代码方便快捷。

因此，在本书案例的网页中采用手动输入 CSS 样式的方式控制网页的布局。

3. 使用 Dreamweaver 的代码视图功能

（1）代码染色

代码视图支持代码染色。可以看到，根据代码中每个单词的不同成分，软件以不同的颜色显示它们。这样就可以帮助用户在繁多的代码中辨识需要寻找的位置，如图 4.45 所示。

```
296 #footer .pl{
297     line-height:29px;
298 }
299
300 </style>
301 </head>
302 <body>
303     <div id="header">
304         <h1><span>CSS Bookstore</span></h1>
305         <div class="decoration-1"></div>
306         <div class="decoration-2"></div>
```

图 4.45

（2）快速选择代码

一个页面可能会很长，几百甚至几千行，这时如果需要找到某一个特定功能位置，就很麻烦。一个方便的方法是利用代码上端的“快速标记选择器”进行选择，如图 4.46 所示。

```
home-add-more.htm    home.htm*
<body> <div#content> <div#mainContent> <div.recommendatio...> <h3>
323         <div class="recommendation img-left">
324             <h2>本周推荐</h2>
325             <a href="#"><img src="book1.png"/></a>
326             <h3>CSS设计彻底研究——核心原理、技巧与设计实战</h3>
327             <p>本书是一本深入研究和揭示CSS设计技术的书籍。本书在透彻地讲解CSS核心技术的基础
328             <p>本书详细介绍了CSS核心基础、盒子模型等知识，力求把道理和方法讲清楚，采用“探
```

图 4.46

（3）代码提示（智能感知）

在代码视图中，在需要输入属性名称的地方，会自动出现一个下拉框，列出属性名称。这时列出的属性是按字母顺序排列的，可以使用键盘的上下键选择。如果要选择比较靠后的属性，则可以先输入一个属性的第一个字母，如“color”的第一个字母是“c”，这时下拉框中就会跳到字母“c”开头的属性了。选中需要的属性以后，按回车键，这个属性就输入代码中了。这样既可以避免拼写错误，又可以提高输入的效率，是非常方便的功能，如图 4.47 所示。

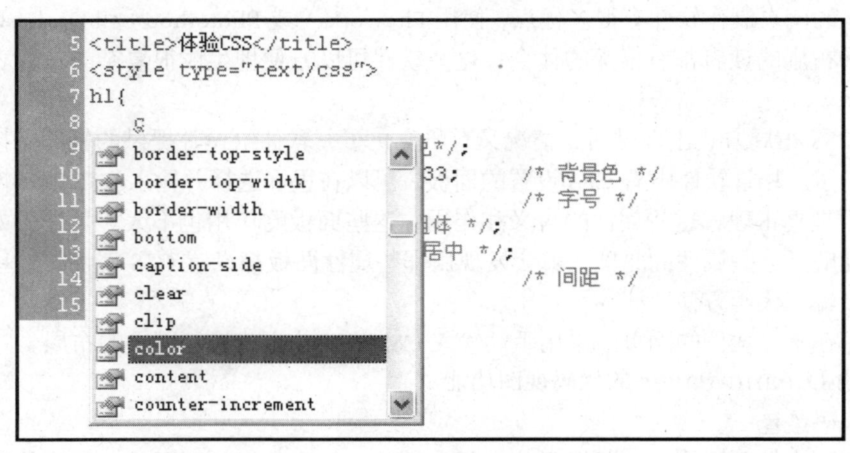

图 4.47

（4）错误提示

即使采用上面的措施都没有避免输入了错误的属性名称或属性值，软件还会给出提示。例如，如果把“color”属性名输入为“colorr”，那么在它的下面会出现红色波浪线。如果希望知道错误的原因，只要把鼠标指针放到单词上面，软件就会给出错误原因的提示。如果把属性值“bold”输入为“boold”，也会出现提示。因此只要在代码中看到有错误提示的地方，都应该改正，如图 4.48 所示。

```
5  <title>体验CSS</title>
6  <style type="text/css">
7  hl{
8     colorr: whitte;                /* 文字颜色*/;
9     bac  此属性标记被标记为无效，因为当前架构不支持该属性。
10    font-size: 30px;               /* 字号 */
11    font-weight: boold;            /* 粗体 */;
12    text-align: center;            /* 居中 */;
13    padding: 15px;                 /* 间距 */
14    margin-top:0px;
15 }
```

图 4.48

模块二　“盛和·景园”房产网站的制作方法

能力目标

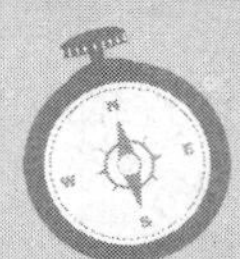

- 了解什么是站点
- 掌握站点的创建
- 掌握布局规划与切图
- 掌握 XHTML 代码的编写
- 掌握 CSS 样式代码的编写

任务目标

通过本模块的学习，学生应掌握站点的创建、网页的布局规划与切图，能利用 XHTML 代码和 CSS 样式代码完成网页的布局。

一、创建“盛和·景园”站点

核心知识

站点是存放一个网站所有文件的场所，由若干文件和文件夹组成。用户在进行网站开发时，首先要建立站点，以便于组织和管理网站的文件和文件夹。

1. 创建站点

站点按站点文件夹所在位置分为两类：本地站点和远程站点。本地站点是指本地计算机上的一组网站文件，远程站点是指远程 Web 服务器上的一组网站文件。

用户在进行网站开发时，一般先建立本地站点，站点建立好后再上传到 Web 服务器上。因而我们首先了解创建本地站点的操作步骤。

① 选择菜单“站点”→“新建站点”，或选择“管理站点”，在“管理站点”对话框中单击“新建”按钮，打开“站点设置对象”对话框。在左边选择“站点”选项，在右侧输入站点名称和本地站点文件夹路径，如图 4.49 所示。

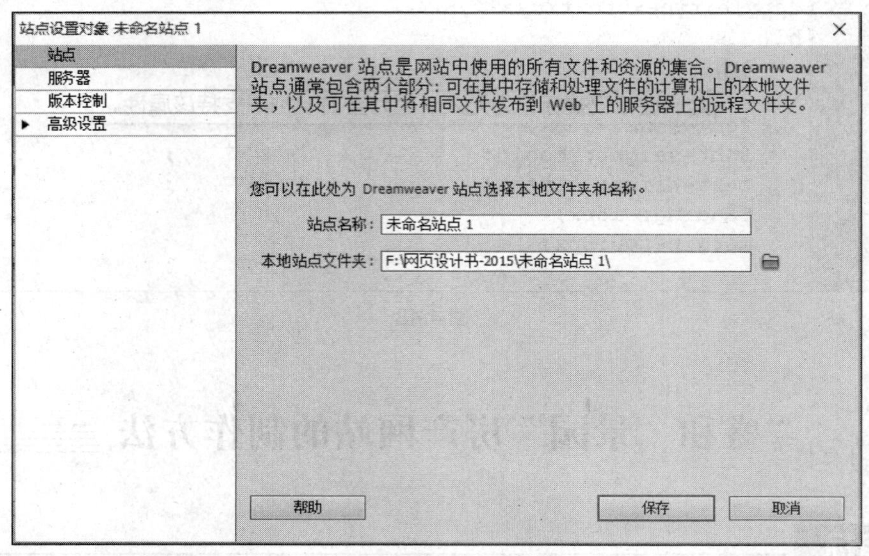

图 4.49

② 单击左侧“高级设置”，展开其他选项，选择“本地信息”选项，在右侧设置相应的属性，如图 4.50 所示。

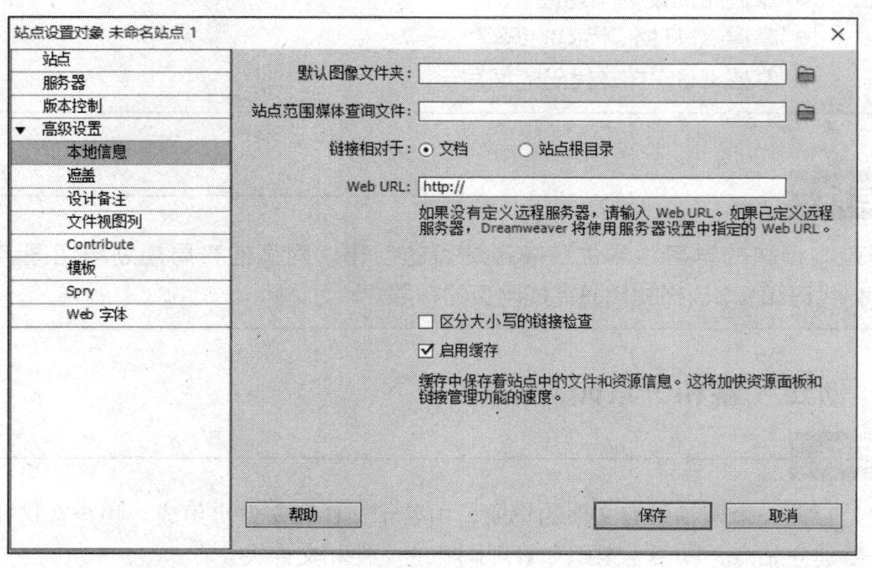

图 4.50

在“本地信息”对话框中，各选项的含义如下。

- “默认图像文件夹”：用于设置站点图片存放的文件夹的默认位置。
- “Web URL”：用于输入网站完整的 URL。
- “区分大小写的链接检查”：选择此项，在检查链接时，则会区分字母大小写。
- “启用缓存”：选择此项，会创建一个缓存以加速资源面板和链接管理功能的速度。

2. 创建站点内的文件夹和文件

创建站点后，需要分别新建文件和文件夹，操作步骤如下。

① 在站点上直接单击鼠标右键，在弹出的快捷菜单中选择“文件”，即可创建网页文件，选择“文件夹”即可创建站点文件夹。

② 对创建的文件或文件夹按需要进行命名即可。

3. 管理站点

建立站点后，可以对站点进行打开、编辑、删除等各种操作。

（1）打开站点

Dreamweaver 中允许建立多个站点并可以通过切换打开需要编辑的站点，打开站点的操作步骤如下。

① 启动 Dreamweaver CS6。

② 选择菜单“窗口”→“文件”，或按 F8 键打开“文件”面板，单击左边的下拉列表框，在打开的下拉列表中选择要打开的站点，打开站点后，在“本地文件”下显示该站点内的所有文件和文件夹，如图 4.51 所示。

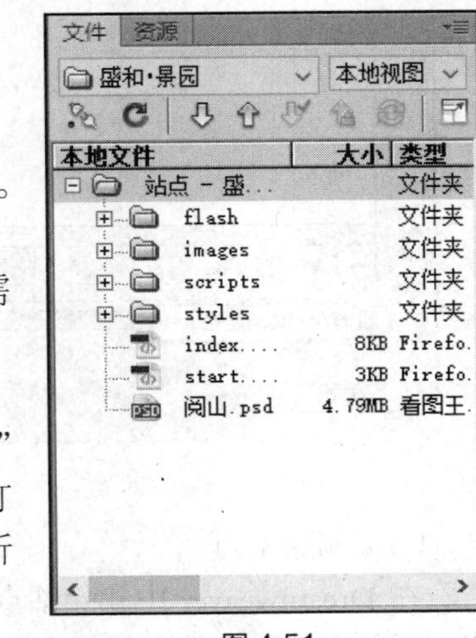

图 4.51

（2）编辑站点

编辑站点可以重新设置站点的属性，操作步骤如下。

① 选择菜单“站点”→“管理站点”，或在“文件”面板中单击左边的下拉列表框，在打开的下拉列表中选择“管理站点”，在“管理站点”对话框中选择要编辑的站点名称，单击“编辑”按钮，如图 4.52 所示。

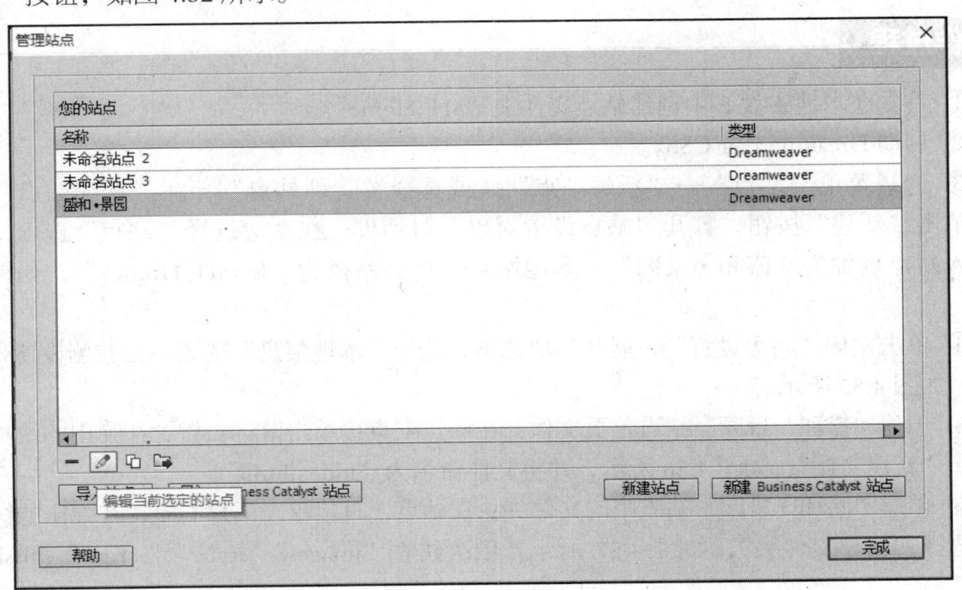

图 4.52

② 在“站点设置对象”对话框中进行必要的修改即可，如图 4.53 所示。

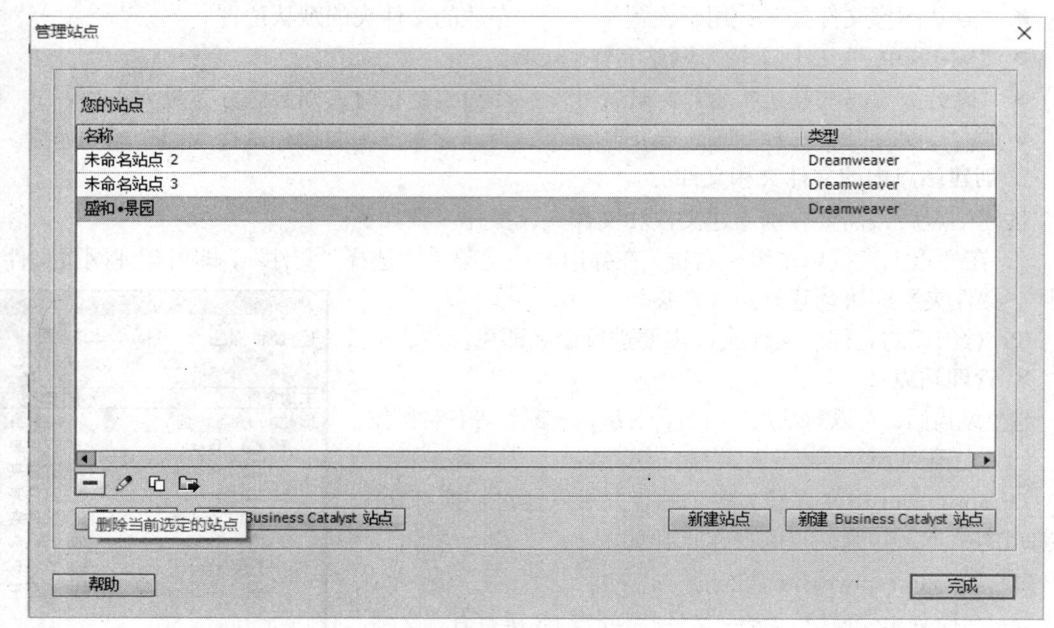

图 4.53

（3）删除站点

在 Dreamweaver 中删除站点，只是删除了 Dreamweaver 同本地站点之间的关系。本地站点包括的文件和文件夹仍然会保存在硬盘中，并没有被删除，操作步骤如下。

① 选择菜单“站点”→“管理站点”，或在“文件”面板中，单击左边的下拉列表框，在打开的下拉列表中选择“管理站点”，在“管理站点”对话框中选择要删除的站点名称，单击“删除”按钮。

② 在打开的“Dreamweaver”对话框中单击“是”按钮即可。

操作过程

① 首先在本地磁盘 E 中创建站点文件夹“SH_Home”。

② 启动 Dreamweaver CS6。

③ 选择菜单“站点”→“新建站点”，或选择“管理站点”，在“管理站点”对话框中单击“新建”按钮，打开“站点设置对象”对话框。在左边选择“站点”选项，在右侧输入站点名称为“盛和·景园”，本地站点文件夹路径为“E:\SH_Home\”，如图 4.54 所示。

④ 单击左侧“高级设置”，展开其他选项，选择“本地信息”选项，在右侧设置相应的属性，如图 4.55 所示。

⑤ 创建“盛和·景园”站点首页文件：在站点上直接单击鼠标右键，在弹出的快捷菜单中选择“新建文件”，如图 4.56 所示，并将文件命名为“index.html”。

⑥ 创建“盛和·景园”站点中的文件夹：在站点上直接单击鼠标右键，在弹出的快捷菜单中选择“新建文件夹”，如图 4.57 所示，依次建立“images”“styles”“scripts”“flash”文件夹。

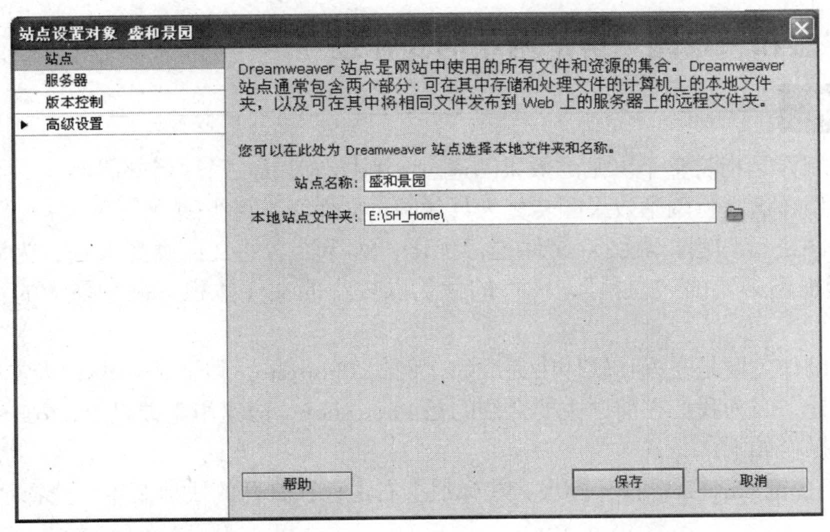

图 4.54

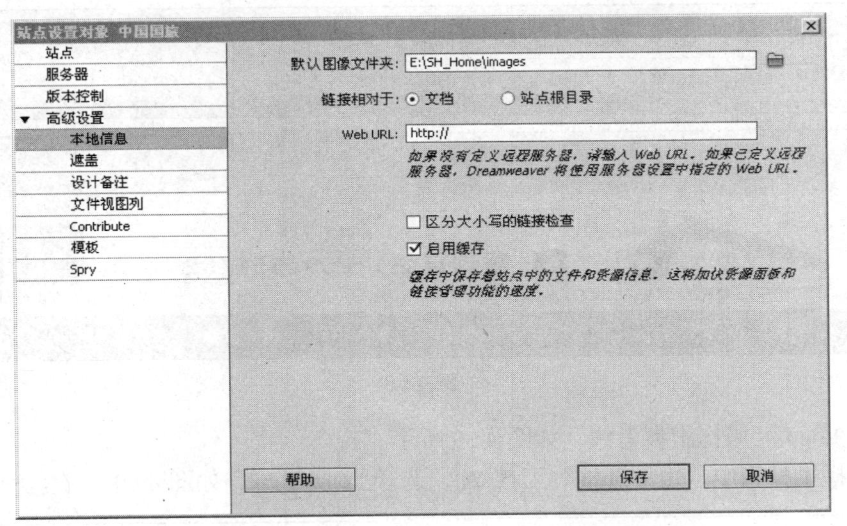

图 4.55

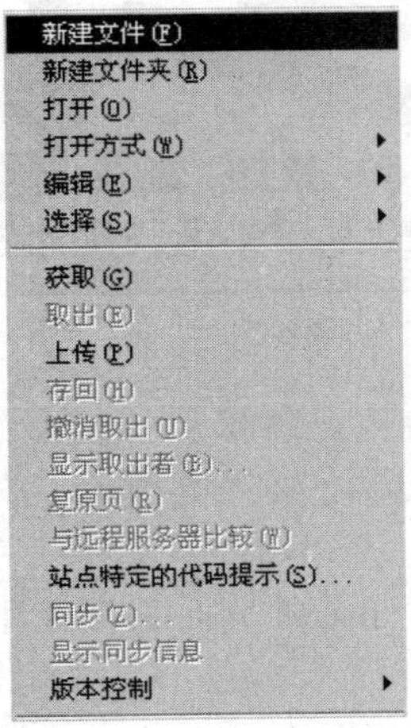

新建文件(F)
新建文件夹(R)
打开(O)
打开方式(W)
编辑(E)
选择(S)
获取(G)
取出(C)
上传(P)
存回(H)
撤消取出(U)
显示取出者(B)...
复原页(R)
与远程服务器比较(W)
站点特定的代码提示(S)...
同步(Z)...
显示同步信息
版本控制

图 4.56

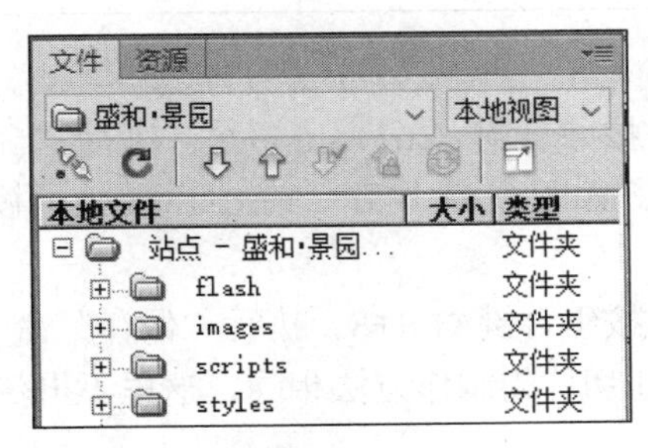

图 4.57

二、“盛和·景园”房产网站的制作过程

核心知识

切片的制作是指将整个网站的效果图通过分割操作生成一个一个的小图，以供后期网站页面制作使用，这是将网站效果图转化为具体网页文件必不可少的一步。

对效果图进行切割，对图片文件进行优化，选择恰当的文件类型保存，为后面的编码与页面成形提供必要的“原料”，图片的优化以较小的文件体积，照顾最大的视觉效果为宗旨。

切片的制作主要是在设计软件中完成的，例如 Photoshop 和 Fireworks，大家可以根据自己的喜好选择，因为我们在前面主要介绍的是 Photoshop，故这里主要以 Photoshop 为例进行介绍，具体操作如下。

① 按组合键 Ctrl+R，打开标尺，在标尺上右击，在打开的快捷菜单中选择“像素”，如图 4.58 所示。

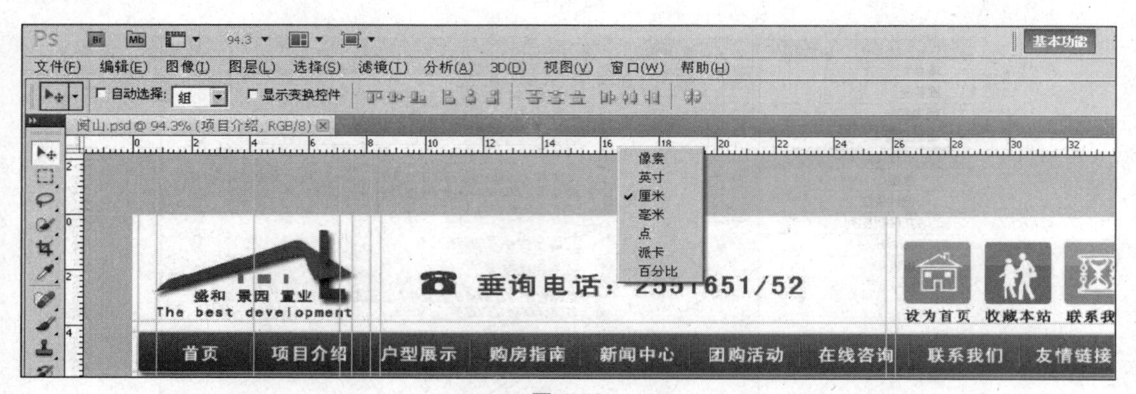

图 4.58

② 在 Logo 区域拖出参考线，如图 4.59 所示。

③ 选择工具箱中“矩形选框”工具，选择 Logo 区域，如图 4.60 所示。

图 4.59

图 4.60

④ 按组合键 Ctrl+Shift+C，执行“合并拷贝”命令，再按组合键 Ctrl+N，新建一空白文档，如图 4.61 所示，在空白文档中按组合键 Ctrl+C，执行“粘贴”命令，如图 4.62 所示。

⑤ 按组合键 Ctrl+S，执行“保存”命令，将图像保存为“images\logo.jpg”文件。

其他切片的制作方法相同，这里不再赘述。

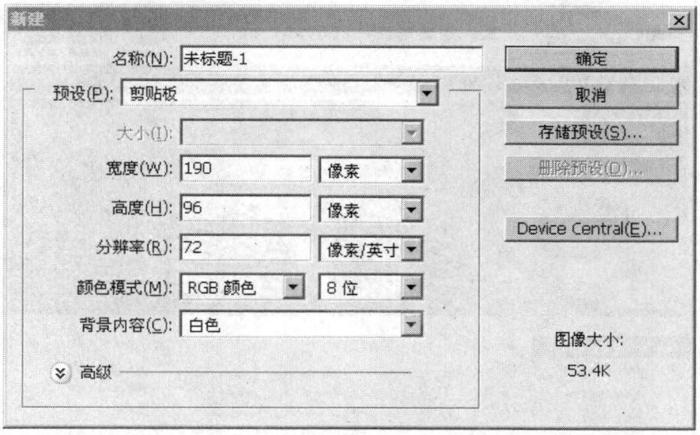

图 4.61

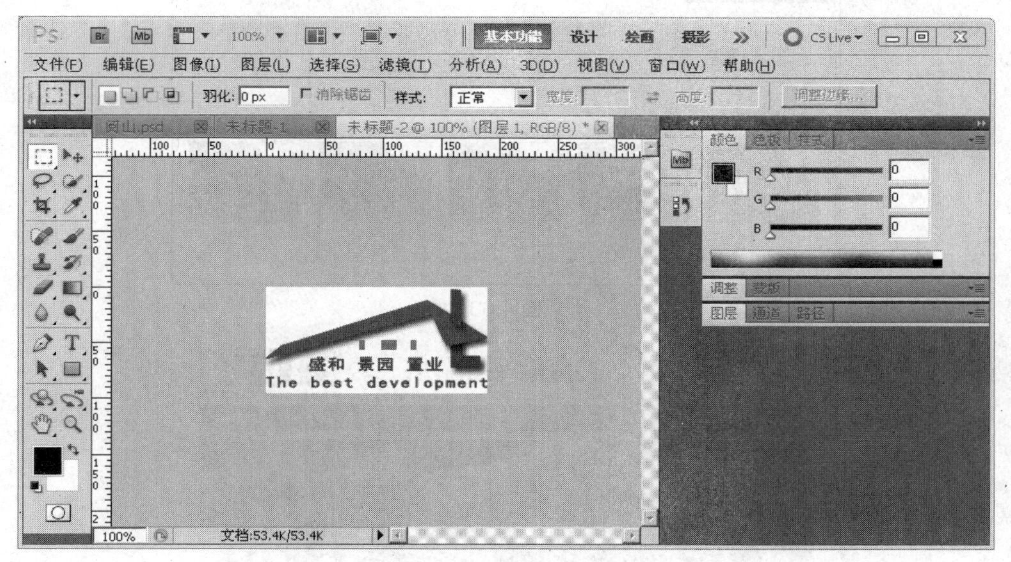

图 4.62

操作过程

1. 案例效果图分析

页面制作人员在切割图片以及进行 XHTML、CSS 编码前，应当对页面效果图进行详细的观察与分析，将页面各元素的组成关系理顺，在脑海中形成大致的轮廓。然后根据这样的思路去切割图片，编写页面的 XHTML 文件，最后应用 CSS 样式将 XHTML 页面还原成与效果图一致的网页文件。

“盛和 · 景园”房产网站首页效果图如图 4.63 所示。

从图 4.60 中可以看出，这是一个典型的“国”字形布局。页面的顶部包括 Logo、联系方式、次导航，然后是通栏的导航和网站的 Banner，紧接着是网页的主体内容部分，最下面是网页页脚。下面大致勾勒出网页的布局结构，如图 4.64 所示。

盛和 景园 置业
The best development
垂询电话：2551651/52
收藏本站 友情链接 联系我们
首页 项目介绍 户型展示 购房指南 新闻中心 团购活动 在线咨询 联系我们 友情链接
宜居 天下 绿色 生态
盛和景园展示
盛和景园户型图
盛和景园效果图
盛和景园配套设施
盛和景园交通图
盛和景园实景图
项目介绍 更多…
购房指南 更多…
联系我们
售楼处电话：
0534-2551651
免费看房车专线：
0534-2551651
电子地图>> 联系方式>>
项目动态 更多…
团购活动 更多…
实景展示 更多…
盛和景园 版权所有 鲁ICP备1301770 售楼处电话:0534-2251651/52 24小时垂询电话：18205341234
开发商：德州天元房地产开发有限公司 项目地址：德州经济技术开发区

图 4.63

网页顶部
网页导航
网页宣传
网页主体
网页页脚
盛和 景园 置业
The best development
垂询电话：2551651/52
设为首页 友情链接 联系我们
首页 项目介绍 户型展示 购房指南 新闻中心 团购活动 在线咨询 联系我们 友情链接
宜居 天下 绿色 生态
盛和景园展示
项目介绍 更多…
购房指南 更多…
联系我们
项目动态 更多…
团购活动 更多…
实景展示 更多…
盛和景园 版权所有 鲁ICP备1301770 售楼处电话:0534-2251651/52 24小时垂询电话：18205341234
开发商：德州天元房地产开发有限公司 项目地址：德州经济技术开发区

图 4.64

2. 布局规划与切图

在拿到一份设计方案的效果图后不要立即开始编码，而是首先清理各元素之间的关系，然后思考以什么标签来组织所需表现的内容。充分地分析与规划是 XHTML 与 CSS 编码的基础，这个过程也是自己对页面充分理解的过程，需要认真准备。

（1）页面布局规划

前面已经分析出页面的基本构成，主要分为 5 个区域：网页顶部、网页导航、网页 Banner、网页主体和网页的页脚，如图 4.65 所示。

图 4.65

下面进行布局规划，组织这些内容形成最终的页面。将网页顶部规划到 top 层；将网页导航规划到 nav 层；将网页 Banner 规划到 banner 层；将网页主体规划到 main 层；将网页页脚规划到 footer 层。依据这样的思路，便形成了如图 4.65 所示的页面主体元素布局规划。

（2）切割与导出表现层图片

对效果图进行切割，选择恰当的文件类型保存，为后面的编码与页面成形提供必要的“原料”。网页的切割以较小的文件体积，照顾最大的视觉效果为宗旨。

首先对网站表现层的图片进行切割与优化，然后再进行网站内容层图片的切割。网站表现层的图片主要用来表现网站的外观，并非是网站的实际内容，这部分图片主要用于装饰、划分页面的不同区域等，一般这类图片由 CSS 引入到页面中。如栏目标题的背景、各种边框和区域划分背景图片等。而内容层的图片是将作为页面内容插入网页中，它是网站所展示信息的一部分，一般应用 img 标签插入到页面中。如网页 Banner、地图图片等。

根据上面的规划，下面对“盛和・景园”房产网站首页表现层的图片进行切割与优化。

① 切割网页素材图片

a. 打开“盛和・景园”房产网站首页.psd 格式文件，如图 4.66 所示。

图 4.66

b. 按组合键 Ctrl+R，打开标尺，在标尺上右击，在打开的快捷菜单中选择“像素”，如图 4.67 所示。

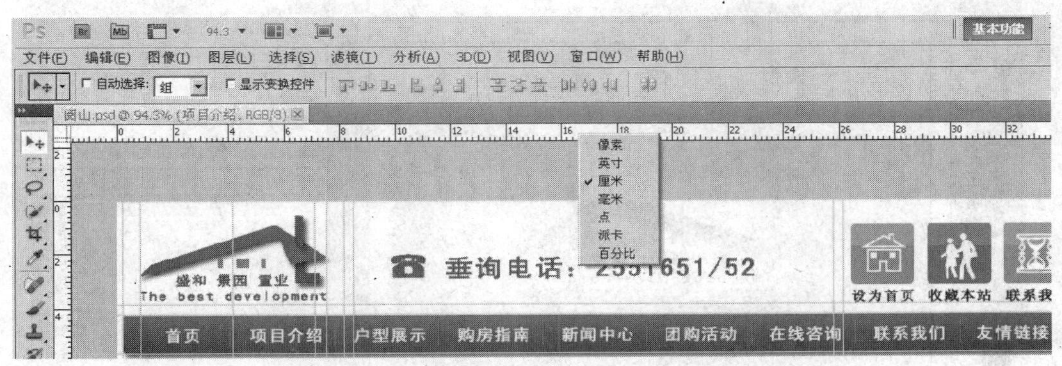

图 4.67

c. 在 Logo 区域拖出参考线，如图 4.68 所示。

d. 选择工具箱中“矩形选框”工具，选择 Logo 区域，如图 4.69 所示。

图 4.68

图 4.69

e. 按组合键 Ctrl+Shift+C，执行“合并拷贝”命令，再按组合键 Ctrl+N，新建一空白文档，如图 4.70 所示，在空白文档中，按组合键 Ctrl+C，执行“粘贴”命令，如图 4.71 所示。

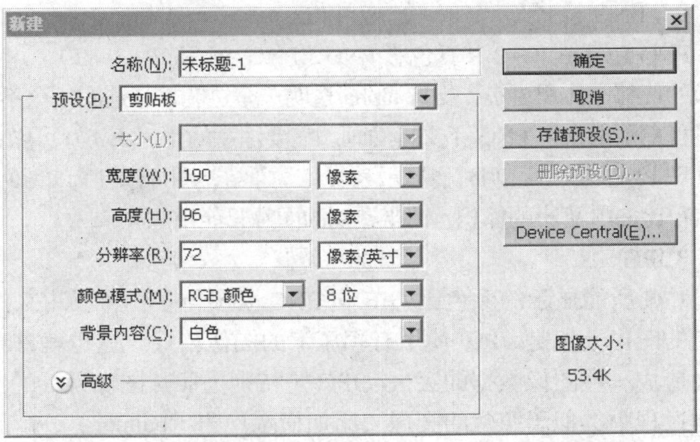

新建

名称(N): 未标题-1

预设(P): 剪贴板

大小(I):

宽度(W): 190 像素

高度(H): 96 像素

分辨率(R): 72 像素/英寸

颜色模式(M): RGB 颜色 8 位

背景内容(C): 白色

高级

确定

取消

存储预设(S)...

删除预设(D)...

Device Central(E)...

图像大小:

53.4K

图 4.70

f. 按组合键 Ctrl+S，执行“保存”命令，将图像保存为“images\logo.jpg”文件。

g. 用相同的方法切割出页面中其他需要的图像素材，完成页面图像素材的切割。

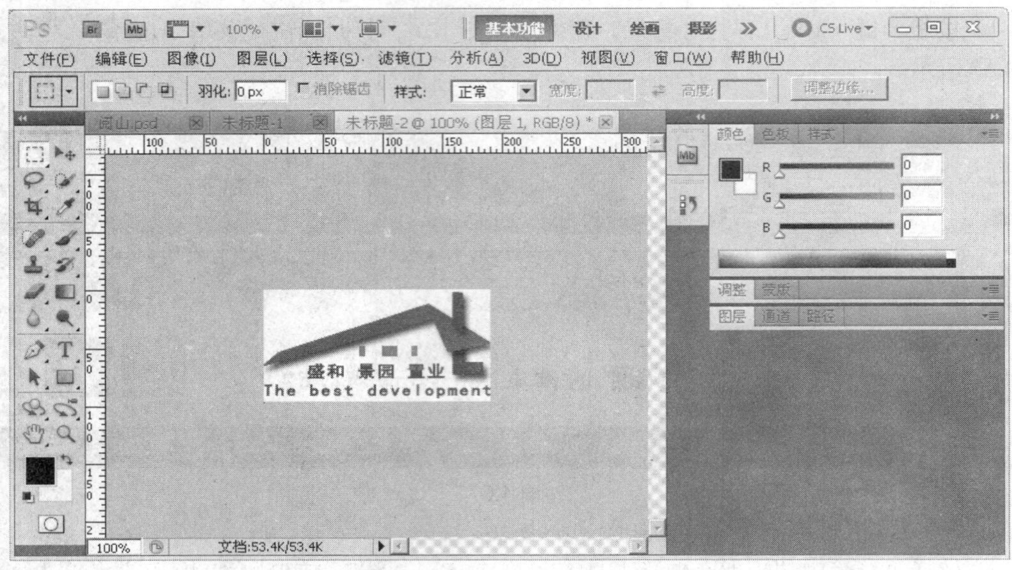

图 4.71

注意

网页中常用图像格式

网页中图像太大会造成载入速度缓慢，太小又会影响图像的质量，那么哪种图像格式能够让图像更小，却拥有更好的质量呢？下面将介绍几种常用的图像格式，以及如何选择合适的图像格式应用于网页。

目前，网页上常用的图像格式主要有 GIF、JPG 和 PNG 三种，具体区别如下：

1.GIF 格式

GIF 最突出的优点就是它支持动画，同时 GIF 也是一种无损的图像格式，也就是说修改图片之后，图片质量几乎没有损失。而且 GIF 支持透明（全透明），因此很适合在互联网上使用。但 GIF 只能处理 256 种颜色，在网页制作中，GIF 格式通常用于 Logo、小图标及其他色彩相对单一的图像。

2. PNG 格式

PNG 包括 PNG–8 和真色彩 PNG（PNG–24 和 PNG–32）。相对于 GIF，PNG 最大的优势是体积更小，支持 alpha 透明（全透明、半透明、全不透明），并且颜色过度更平滑，但 PNG 不支持动画。需要注意的是，IE 6.0 可以支持 PNG–8，但在处理 PNG–24 的透明时会显示为灰色。通常，图片保存为 PNG–8 会在同等质量下获得比 GIF 更小的体积，而半透明的图片只能用 PNG–24。

3.JPG

JPG 所能显示的颜色比 GIF 和 PNG 要多得多，可以用来保存超过 256 种颜色的图像，但是 JPG 使用有损压缩的图像格式，这也就意味着每修改一次都会造成一些图像数据的丢失。JPG 是特别为照片图像设计的文件格式，网页制作过程中类似于照片的图像，比如横幅广告（banner）、商品图片、较大的插图等都可以保存为 JPG 格式。

简而言之，在网页中小图片或网页中的基本元素，如图标、按钮等考虑 GIF 或 PNG–8，半透明图像考虑 PNG–24，类似照片的图像则考虑 JPG。

② 页面图像的优化

切割后的图像往往会很大，影响图像的下载和显示速度。可以利用页面优化将图像缩小，从而加快图像的下载和显示速度。

a. 启动 Photoshop，按组合键 Ctrl+O，执行“打开”命令，打开“images\logo.jpg”文件，如图 4.72 所示。

b. 执行“文件”→“存储为 Web 和设备所用格式”，打开“存储为 Web 和设备所用格式”对话框，如图 4.73 所示。

c. 在“预设”选项区中进行相应的设置，如图 4.74 所示。

图 4.72

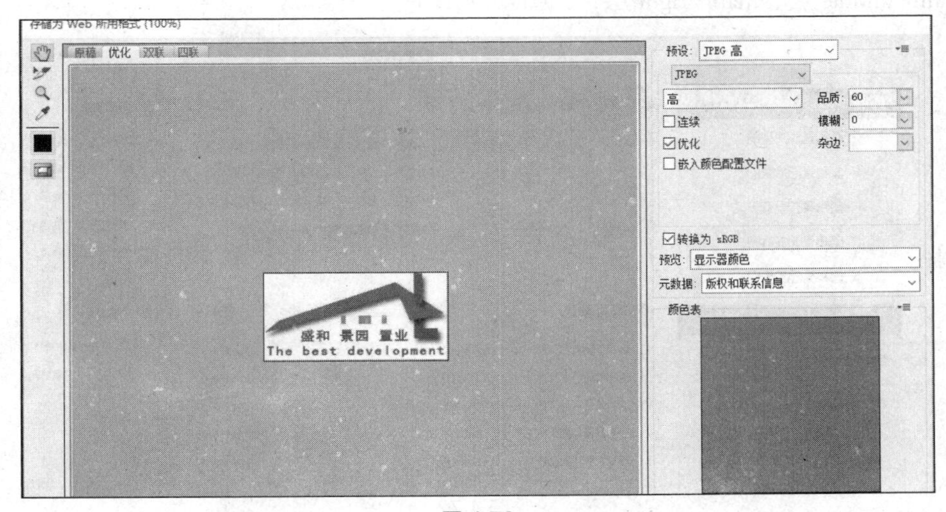

图 4.73

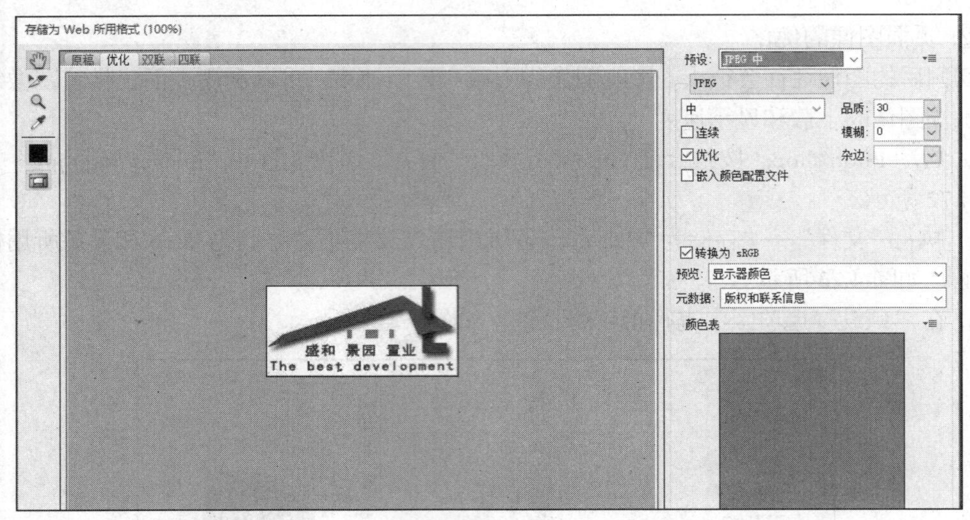

图 4.74

③ 网页表现层的图片集合

首先是网页顶部（top 层），包括 Logo、联系方式和次导航，如图 4.75 所示。

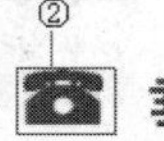

垂询电话：2551651/52

① logo.jpg 网站 logo　②tel.jpg 联系电话图片　③home.jpg 设为首页图片　④fri.jpg 友情链接图片　⑤contect.jpg 联系我们图片

图 4.75

第二个是网页导航（nav 层），如图 4.76 所示。

首页　项目介绍　户型展示　购房指南　新闻中心　团购活动　在线咨询　联系我们　友情链接

图 4.76

第三个是网页的主体，这部分又可以分为三个区域：左边、中间、右边，对应为 main-left 层、main-middle 层、main-right 层，如图 4.77 所示。

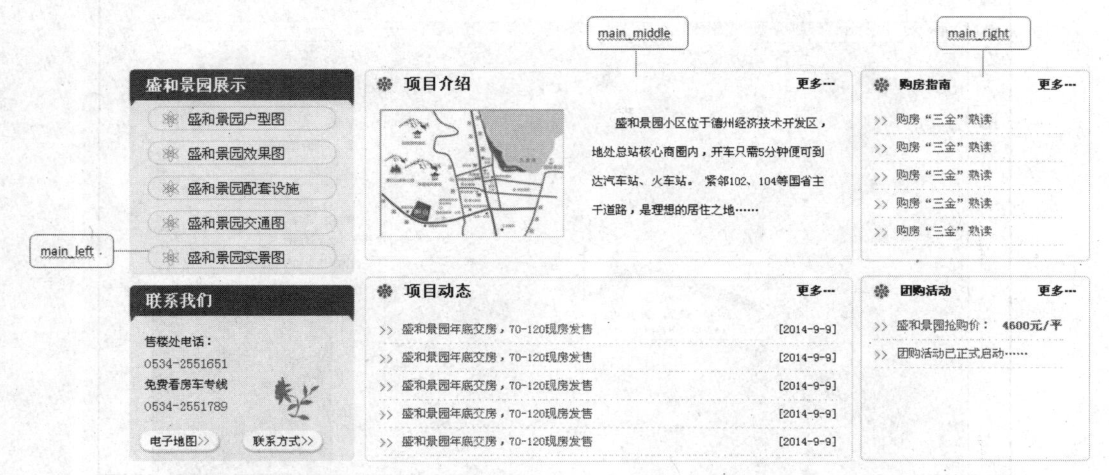

图 4.77

其中 main-left 表现层的图片如图 4.78 所示。

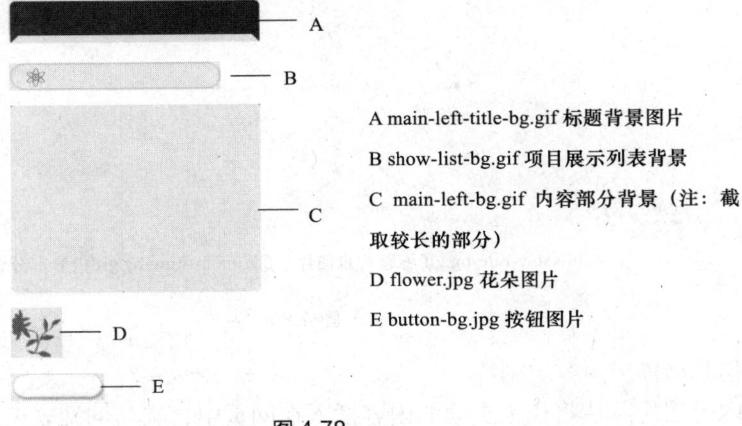

A main-left-title-bg.gif 标题背景图片

B show-list-bg.gif 项目展示列表背景

C main-left-bg.gif 内容部分背景（注：截取较长的部分）

D flower.jpg 花朵图片

E button-bg.jpg 按钮图片

图 4.78

main-middle 表现层的图片如图 4.79 所示。

① main-middle-title-bg.gif 标题背景图片 ② main-middle-bg.gif 内容部分背景（注：截取较长的部分）

图 4.79

main-right 表现层的图片如图 4.80 所示。

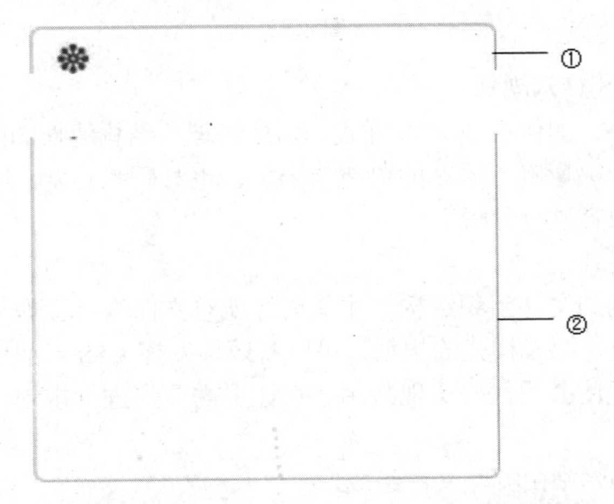

① main-right-title-bg.gif 标题背景图片 ② main-right-bg.gif 内容部分背景（注：截取较长的部分）

图 4.80

main-show 表现层的图片如图 4.81 所示。

① main-show-title-bg.gif 标题背景图片 ② main-show-bg.gif 内容部分背景

图 4.81

（3）切割与导出内容层图片

网站内容层的图片将作为页面的内容插入在网页中，它与网站表现层图片最大的区别在于，它是网站所展示信息的一部分，即内容层图片是实实在在的网页内容，而且必须用 img 标签插入页面。

网站内容层图片的切割方法与表现层图片的一样。

网站内容层的图片集合如图 4.82 所示。

① map.jpg 地图图片 ② buildding.jpg 楼宇建筑图片

图 4.82

3. 网站文件与 CSS 样式规划

如何组织网站文件，如何规划 CSS 样式，形成条理、结构清晰的网站，这是需要深入考虑的问题。这些问题将会影响到网站的更新与维护，也对后续开发、团队协作有着很大的影响，下面对这两部分内容进行分析。

（1）网站文件的规划

只有具备合理的网站文件组织结构，才能更好地对文件进行管理与区分，使目录结构更加合理，运动更加高效。CSS 样式的规划，可以有效地发挥 CSS 代码的作用，做到下载最有效的代码并且尽可能地使公用代码实现共用。在这里需要先进行规划，然后编码，这也是一般网站开发的步骤。

首先分析本案例的网站由哪些文件组成。

第一部分：网站首页，一般命名为 index.htm 或 index.html。

第二部分：网站内容图片文件，作为网页内容的一部分，一般放置于 images 文件夹中。

第三部分：网站外观表现图片文件，这些文件将由 CSS 引入页面中，一般放置于

styles\images 文件夹中。

第四部分：其他文件，包括网站 Flash 动画文件盒 JavaScript 客户端脚本文件等，分别放置于 flash 文件夹和 scripts 文件夹。

（2）CSS 样式规划

CSS 样式规划的原则是尽量将公用的代码精简至一个文件中，尽可能地发挥共用的特点，不要加入任何其他非共用的代码。

CSS 样式文件，是网站外观表现的核心部分，放置于 styles 文件夹中，主要包括如下两个文件。

① base.css 基本样式文件。

② home.css 网站首页的样式文件。

最终网站结构如图 4.83 所示。

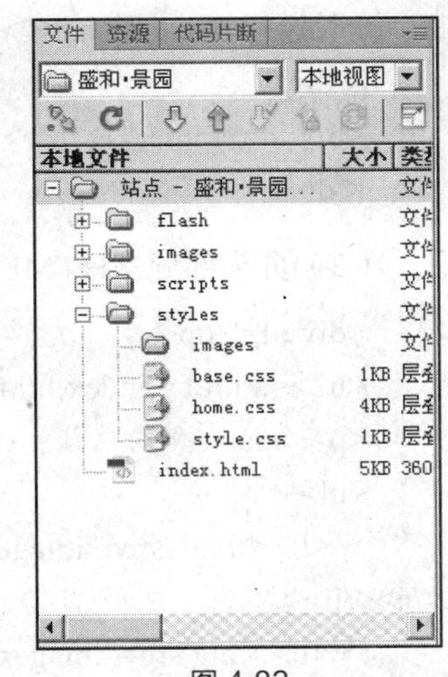

图 4.83

4. XHTML 编码

网站的基本要素已具备，规划已经到位，下面开始进行 XHTML 编码。在页面布局与规划中，可以看出文档清晰的机构，根据这样的思路一步一步深入，先编写主体框架与容器，勾勒出文档结构，然后编写细部页面元素，完善页面代码。

（1）页面主体布局 XHTML 编码

页面 XHTML 主体结构如图 4.84 所示。

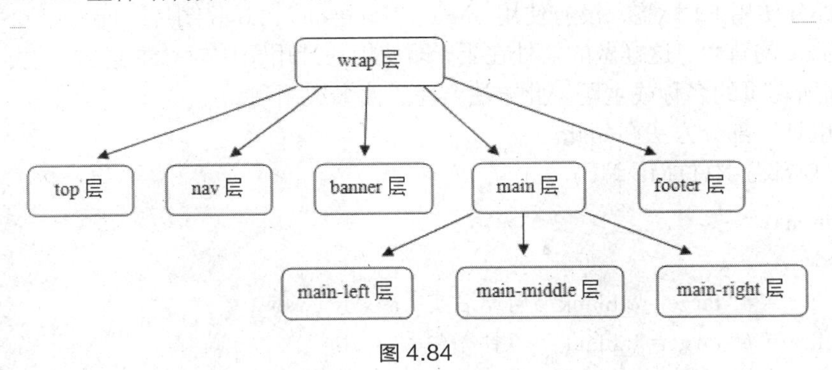

图 4.84

XHTML 主体结构由 5 个层组成，分别是 top 层、nav 层、banner 层、main 层、footer 层。页头元素置入 top 层，导航置入 nav 层，网站宣传置入 banner 层，网页主体置入 main 层，页脚元素置入 footer 层。因网页的主体内容居中，故又将以上 5 个层置入一个外围 wrap 层，便于居中。

依据上面的思路，编写如下主体结构 XHTML 代码。

```
<div id="wrap">
<div id="top"></div>
<div id="nav"></div>
<div id="banner"></div>
<div id="main">
  <div id="main_left"></div>
  <div id="main_middle"></div>
  <div id="main_right"></div>
```

```
    <div id="main_show"></div>
  </div>
  <div id="footer"></div>
  </div>
```

（2）页头部分 XHTML 编码

```
<div id="top">
<h2><a href="index.html">盛和景园</a></h2>
<p><span>垂询电话：0534-2551651/52</span></p>
<ul>
  <li><img src="images/save us.jpg" /><a href="#" target="_blank"><br />收藏本站
</a></li>
  <li><img src="images/fri.jpg" /><a href="#" target="_blank"><br />友情链接</a></li>
  <li><img src="images/contect us.jpg" /><a href="#" target="_blank"><br />联系我们
</a></li>
</ul>
</div>
```

Logo 部分使用 h2 标签，没有使用 img 标签直接插入 Logo 图片，而是在 CSS 中将 Logo 图片设置为 h2 的背景，这样做的益处在于，即使用户禁用图片与 CSS 样式，也能让用户准确地知道目前所在页的名称或主题。此方法会在后面多次用到。

“垂询电话”部分方法亦如此。

（3）导航部分 XHTML 编码

```
<div id="nav">
  <ul>
<li><a href="#" target="_blank">网站首页</a></li>
<li><a href="#" target="_blank">项目介绍</a></li>
<li><a href="#" target="_blank">户型展示</a></li>
<li><a href="#" target="_blank">购房指南</a></li>
<li><a href="#" target="_blank">新闻中心</a></li>
<li><a href="#" target="_blank">团购活动</a></li>
<li><a href="#" target="_blank">在线咨询</a></li>
<li><a href="#" target="_blank">联系我们</a></li>
<li><a href="#" target="_blank">友情链接</a></li>
</ul>
</div>
```

导航是一组没有特定顺序的相关条目的集合，在 XHTML 中这正是无序列表 ul 的释义，因此这里建立无序列表 ul，将导航栏目作为列表项 li 写入在无序列表中，以此形式进行编码具有更强的语义。

（4）banner 部分 XHTML 编码

banner 部分将使用特效，特效部分内容将在后面章节讲解，在本部分只添加最基本的

XHTML 编码。

（5）main 部分 XHTML 编码

① main_left 部分 XHTML 编码

此区域的上下两部分样式相类似，但是因为每一个区域中都是用无序列表 ul，故不能使用 class 来标识区域。

a. project_show 部分 XHTML 编码

```
<div id="project_show">
    <h3>盛和景园展示</h3>
    <ul>
    <li><a href="#">盛和景园户型图</a></li>
    <li><a href="#">盛和景园效果图</a></li>
    <li><a href="#">盛和景园配套设施</a></li>
    <li><a href="#">盛和景园交通图</a></li>
    <li><a href="#">盛和景园实景图</a></li>
    </ul>
</div>
```

“栏目标题”部分用 h3 标题标签，“栏目项”部分采用无序列表 ul。

b. contact_us 部分 XHTML 编码

```
<div id="contact_us">
    <h3>联系我们</h3>
<div id="tel">
<p class="tel_1">售楼处电话：</p>
<p class="tel_2">0534-2551651</p>
<p class="tel_1">免费看房车专线</p>
<p class="tel_2">0534-2551789</p>
</div>
<img src="images/flower.jpg" />
<ul>
    <li><a href="#">电子地图</a><span>>></span></li>
    <li><a href="#">联系方式</a><span>>></span></li>
</ul>
</div>
```

“栏目标题”部分用 h3 标题标签，“联系方式”部分采用 p 段落标签，“按钮”部分采用无序列表 ul。

② main-middle 部分 XHTML 编码

“项目介绍”与“项目动态”的样式类似，包括圆角边框和标题，不同之处在于整体的高度和内容部分，因此，我们可以定义此部分的 XHTML 代码如下。

```
<div id="main_middle">
    <div class="project_inform">
    <h3><span><a href="#">更多…</a></span>项目介绍</h3>
    <img src="images/center-map.jpg" />
    <p>盛和景园小区位于德州经济技术开发区，地处总站核心商圈内，开车只需 5 分钟便可到达汽车站、火车站。
      紧邻 102、104 等国省主干道路，是理想的居住之地……</p>
    </div>
    <div class="project_inform" id="project_news">
     <h3><span><a href="#">更多…</a></span>项目动态</h3>
     <ul>
     <li><span>[2014-9-9]</span><a href="#">盛和景园年底交房，70-120 现房发售</a></li>
     <li><span>[2014-9-9]</span><a href="#">盛和景园年底交房，70-120 现房发售</a></li>
     <li><span>[2014-9-9]</span><a href="#">盛和景园年底交房，70-120 现房发售</a></li>
     <li><span>[2014-9-9]</span><a href="#">盛和景园年底交房，70-120 现房发售</a></li>
     <li><span>[2014-9-9]</span><a href="#">盛和景园年底交房，70-120 现房发售</a></li>
     </ul>
    </div>
</div>
```

注意

class 和 id 在定义样式时的区别，class 适用于同一类的 div 区域，id 适用于唯一的 div 区域。

③ main−right 部分 XHTML 编码

```
<div id="main_right">
    <div class="main_right_c">
    <h3><span><a href="#">更多…</a></span>购房指南</h3>
    <ul>
     <li><a href="#">购房“三金”熟读</a></li>
     <li><a href="#">购房“三金”熟读</a></li>
     <li><a href="#">购房“三金”熟读</a></li>
     <li><a href="#">购房“三金”熟读</a></li>
     <li><a href="#">购房“三金”熟读</a></li>
     </ul>
    </div>
    <div class="main_right_c" id="activity">
    <h3><span><a href="#">更多…</a></span>团购活动</h3>
    <ul>
     <li><span>4600 元/平</span><a href="#">盛和景园抢购价格：</a></li>
     <li><a href="#">团购活动已正式启动……</a></li>
```

```
        </ul>
      </div>
    </div>
```

④ main-show 部分 XHTML 编码

```
<div id="main_show">
  <h2><span><a href="#">更多…</a></span>项目展示</h2>
  <ul>
  <li><a href="#"><img src="images/house.jpg"/></a></li>
  <li><a href="#"><img src="images/house.jpg"/></a></li>
  <li><a href="#"><img src="images/house.jpg"/></a></li>
  <li><a href="#"><img src="images/house.jpg"/></a></li>
  <li><a href="#"><img src="images/house.jpg"/></a></li>
  </ul>
</div>
```

（6）footer 部分 XHTML 编码

```
<div id="footer">
<hr   align="center" width="862px"/>
<p>盛和景园 版权所有   鲁ICP备1301770   售楼处电话:0534-2251651/52   24小时垂询电话：18205341234<br />开发商：德州天元房地产开发有限公司   项目地址：德州经济技术开发区</p>
</div>
```

5. 应用 CSS 样式组建网页

完成 XHTML 的编码后，下面着手应用 CSS 样式组建网页的编码。分析规划到位，切割出经过优化的图片，编写好结构合理、语义明确的 XHTML 文档后，网页布局中的核心部分——CSS 就要发挥强的作用。在编码时结合前面的知识，通过 CSS 将图片和看似杂乱的 XHTML 文档不可思议地“还原”出与效果图一致的页面效果。

（1）页面布局整体 CSS 样式

首先开始总体页面布局 CSS 样式编写，在分析与规划中已经确立“国”字型页面布局结构。通过总体 CSS 样式控制，基本勾勒出页面格局，再一步一步细化深入，最终“还原”出与效果图一致的页面效果。

在总体页面布局 CSS 样式中，还要进行一些通用的 CSS 样式定义，以消除浏览器默认属性，这为页面后续 CSS 编码打下良好的基础。将通用的 CSS 样式写入 styles 目录中的 base.css 文件中。

首先是“整体布局声明”，应用通配符选择器“*”进行全局设置。定义外边距 margin 和内边距 padding 均为 0；字号大小为 12px，具体编码如下。

```
*{
   font-size:12px;
   margin:0;
```

```
    padding:0;
}
```

并不是所有的浏览器均默认页面背景颜色为白色，以 body 为选择器，顶叶页面背景色为白色（#fff），避免个别浏览器可能出现状况，具体编码如下。

```
body{
    background:#fff;
}
```

浏览器在某些状态下默认将图片存在边框属性，故定义图片边框为 0，消除浏览器默认属性。具体编码如下：

```
img{
    border:0;
}
```

浏览器默认链接元素有下划线作为装饰，在本例中，定义 a 元素装饰线无；在链接悬停状态，以下划线作为装饰。具体 CSS 编码如下：

```
a{
  color:#000;
  text-decoration:none;
}
a:hover{
      text-decoration:underline;
}
```

浏览器有序列表和无序列表是有装饰符号的，在本案例中，要去掉这些修饰符。具体编码如下：

```
ul,ol{
    list-style-type:none;
}
```

为了保证网页内容水平居中，需设置 wrap 层外边距左右自动（auto），wrap 层的宽度为 980px，左右 5 像素的留白，通过内边距设置，具体编码如下。

```
#wrap{
    margin:0 auto;
    width:980px;
    padding:0 5px;
}
```

（2）页面顶部 top 层 CSS 样式

页面总体布局 CSS 样式完成后，开始对页面元素开始 CSS 样式定义。首先是页面顶部 top 层，top 层包括网站的 Logo（h2）、垂询电话（p）、网站次导航（ul），其布局与尺寸如图 4.85 所示。

967px

110px

☎ 垂询电话：2551651/52

10px

图 4.85

编写 top 层总体布局 CSS 样式。定义宽度为 967px，高度为 110px；设置下外边距为 10px；设置溢出隐藏，防止在 top 层内容过多时将盒子撑开而导致布局变形。具体 CSS 编码如下：

```
#top{
    float:left;
    width:967px;/*宽度定义*/
    height:110px;/*高度定义*/
    margin-bottom:10px;/*下外边距度定义*/
    overflow:hidden;/*溢出隐藏*/
    }
```

网站的 Logo 位于 top 层左侧，使用“以图换字”的方法，将 h2 内的文字“推”到可视区域以外，通过背景图片引入 Logo 图片。网站 Logo(h2) 布局与尺寸如图 4.86 所示。

设置 h2 向左浮动，实现网站 Logo 居于 top 层左侧。将 h2 内的链接元素 a 转换为块元素；定义宽度为 197px，高度为 94px；设置背景图片为 logo.jpg，引入网站 Logo 图片，不重复平铺，坐标为（0，0）；设置文本缩进为 210px，大于容器的宽度 197px；强制不换行；设置溢出隐藏，最终将文字去掉，即“以字换图”。具体 CSS 编码如下所示。

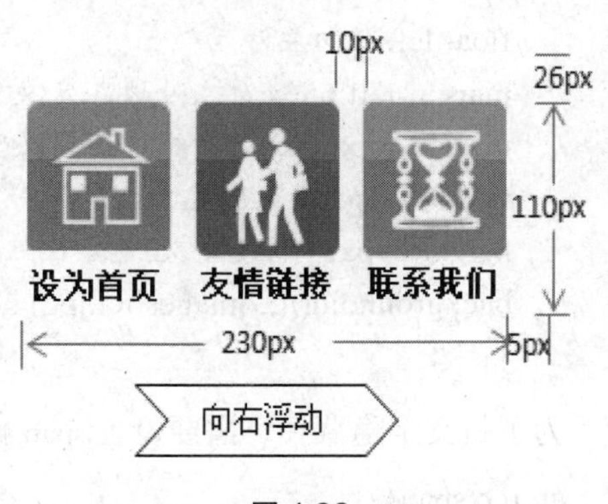

图 4.86

```
#top h2{
    float:left;/*向左浮动*/
    }
#top h2 a{
    display:block;/*定义为块元素*/
    width:197px;/*宽度定义*/
    height:94px;/*高度定义*/
    background:url(../images/logo.jpg) no-repeat 0 0;/*背景图片定义*/
    margin-left:16px;/*左外边距定义*/
    margin-top:16px;/*上外边距定义*/
    text-indent:210px;/*文本缩进*/
```

```
white-space:nowrap;/*强制不换行*/
overflow:hidden;/*溢出隐藏*/
}
```

“垂询电话”位于 top 层的中间，依然使用“以字换图”的方法，但是在这里，我们是把文字隐藏掉，在 XHTML 编码时应用段落 p 标签和 span 来定义它。垂询电话（p）布局与尺寸如图 4.87 所示。

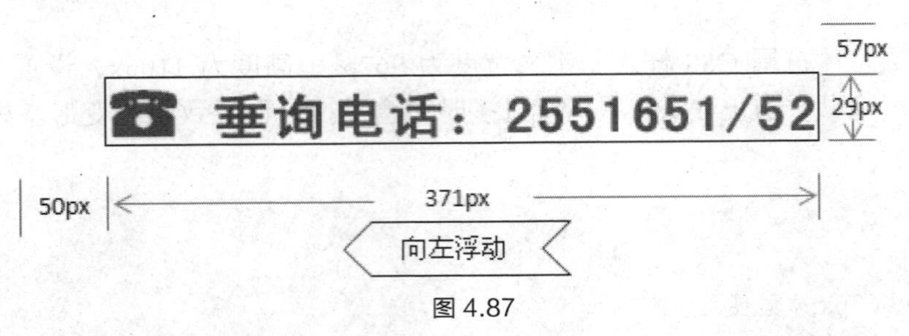

图 4.87

设置 p 向左浮动，通过设置左外边距为 65px、上外边距为 57px，实现“垂询电话”居于合适位置；定义宽度为 371px、高度为 29px；设置背景图片为 tel.jpg，引入垂询电话图片，不重复平铺，坐标为（0，0）。具体 CSS 编码如下所示。

```
#top p{
    float:left;/*向左浮动*/
    margin-left:65px;/*左外边距定义*/
    margin-top:57px;/*上外边距定义*/
    width:371px;/*宽度定义*/
    height:29px;/*高度定义*/
    background:url(../images/tel.jpg) no-repeat 0 0;/*背景图片定义*/
    }
```

为了将文字隐藏掉，需要设置 span 标签的修饰为 none。具体 CSS 编码如下所示。

```
#top p span{
    display:none;/*显示定义*/
    }
```

网站次导航（ul）居于 top 层右侧，它是无序列表，是页面重要元素之一，其中次导航向右浮动，而各菜单项（列表项 li）向左浮动，从而实现菜单项的横向排列。它们的布局与尺寸情况如图 4.85 所示。

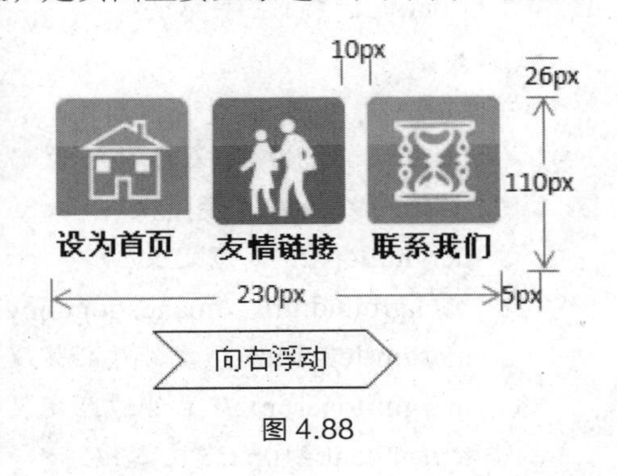

图 4.88

设置 ul 向右浮动，定义宽度为 230px、高度为 85px；上边距为 25px、右边距 5px，实现对 ul 整体布局控制。

列表项 li 向左浮动；左外边距为 10px，实现各列表项 li 之间有一定的水平间隔；文本水平对其方式为居中——center；设置为内联，消除 IE 6.0 双倍边距 bug。

设置超链接 a，字体为加粗显示（bold），字体颜色为黑色（#000），字体大小为 14px，行高为 25px。

设置超链接 a 鼠标滑过效果，字体颜色为橙色（#f63）。

具体 CSS 编码如下。

```
#top ul{
    float:right;/*向右浮动*/
    width:230px;/*宽度定义*/
    height:85px;/*高度定义*/
    margin-top:22px;/*上外边距定义*/
    margin-right:5px;/*右外边距定义*/
    display:inline;/*设置内联*/
    }
#top ul li{
    float:left;/*向左浮动*/
    margin-left:10px;/*左外边距定义*/
    text-align:center;/*文本水品对齐方式定义*/
    }
#top ul li a{
    font-weight:bold;/*字体粗细定义*/
    color:#000;/*字体颜色定义*/
    font-size:14px;/*文字大小定义*/
    line-height:25px;/*行高定义*/
    }
#top ul li a:hover{
    color:#F63;/*字体颜色定义*/
    }
```

（3）页面导航 nav 层 CSS 样式

网站导航（nav）居于 top 层的下方，它是无序列表，是页面重要元素之一，其中各菜单项（列表项 li）向左浮动，从而实现菜单项的横向排列。它们的布局与尺寸情况如图 4.89 所示。

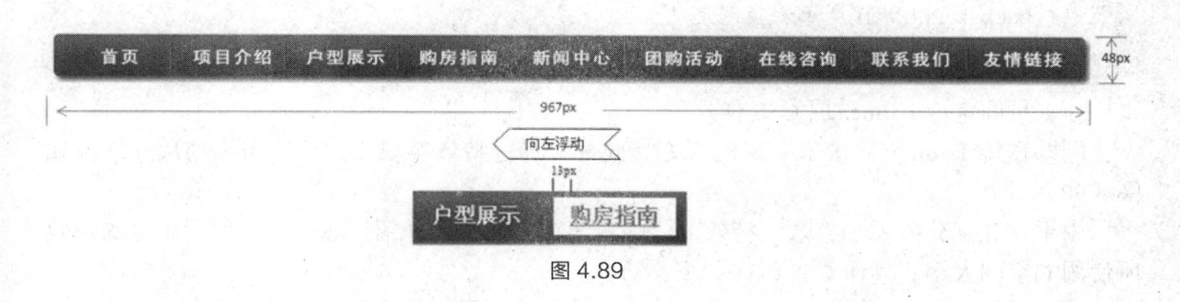

图 4.89

设置 nav 向左浮动，定义宽度为 973px、高度为 48px。实现对 nav 整体布局的控制，具体

CSS 编码如下。

```
#nav{
    float:left;/*向左浮动*/
    width:973px;/*宽度定义*/
    height:48px;/*高度定义*/
    background:url(../images/nav.jpg) no-repeat 0 0;/*背景图片定义*/
}
```

通过列表项 li 向左浮动，实现列表项的横向排列；为了实现鼠标悬停交换的效果，如图 4.89 所示，将列表项 li 中的链接元素 a 转换为块元素，定义内边距上下为 0,左右为 13px，行高为 30px，由于未设置宽度只定义内边距，标签 a 的宽度就随着内部文字的多少而变化，实际的宽度就是文字的宽度加上左右内边距，然后再依次设置字体为黑体，大小为 16px，字体颜色为白色（#fff）；通过定义列表向之间的外边距，实现列表项之间的分隔，左外边距为 9px，右外边距为 8px。链接标签 a 悬停状态。设置背景颜色为#fff，文字颜色为 1181c2，这样就实现了方案中的悬停交换效果。具体 CSS 编码如下。

```
#nav ul li{
    float:left;/*向左浮动*/
    display:inline;/*设置内联*/
    margin:5px 8px 0 9px;/*外边距定义*/
    }
#nav ul li a{
    display:block;/*定义为块元素*/
    padding:0 13px;/*内边距定义*/
    line-height:30px;/*行高定义*/
    font-family:"黑体";/*字体定义*/
    font-size:16px;/*字体大小定义*/
    color:#FFF;/*字体颜色定义*/
    }
#nav ul li a:hover{
    color:#1181c2;/*字体颜色定义*/
    background:#fff;/*背景颜色定义*/
    }
```

（4）页面宣传 Banner 层 CSS 样式

网站宣传 Banner 居于 nav 层的下方，此部分通过特效实现。它们的布局与尺寸情况如图 4.90 所示。

由于在此部分要添加特效，特效部分内容将在后面单独介绍，故在此只保留相应的特效所使用的空间大小。具体 CSS 编码如下：

```
#banner{
    float:left;/*向左浮动*/
```

```
    width:967px;/*宽度定义*/
    height:323px;/*高度定义*/
}
```

图 4.90

（5）主体内容（main）层 CSS 样式

在结构上，主体内容层从左向右依次分为左、中、右、展示四个区域，四个区域的名称依次为：main_left、main_middle、main_right、main_show。它们的布局与尺寸情况如图 4.88 所示。

图 4.91

设置 main 层向左浮动；定义宽度为 967px，考虑到以后网页的变化，此处高度不定义；上边距为 18px，使主体内容和宣传 Banner 之间有一定的垂直间距。具体 CSS 编码如下：

```
#main{
    float:left;/*向左浮动*/
    width:967px;/*宽度定义*/
    margin-top:18px;/*外边距定义*/
}
```

① main_left 层 CSS 样式

main_left 层从结构上又分为上下两层，其中上层定义为 project_show，下层定义为 contact_us。它们的布局与尺寸情况如图 4.92 所示。

设置 main_left 层向左浮动；定义宽度为 227px，考虑到以后网页的变化，此处高度不定义。具体 CSS 编码如下：

```
#main_left{
    float:left;/*向左浮动*/
    width:227px;/*宽度定义*/
}
```

“盛和景园展示”部分 project_show 位于 main_left 层的上部，由标题 h3 和无序列表 ul 构成。它们的布局与尺寸情况如图 4.93 所示。

图 4.92

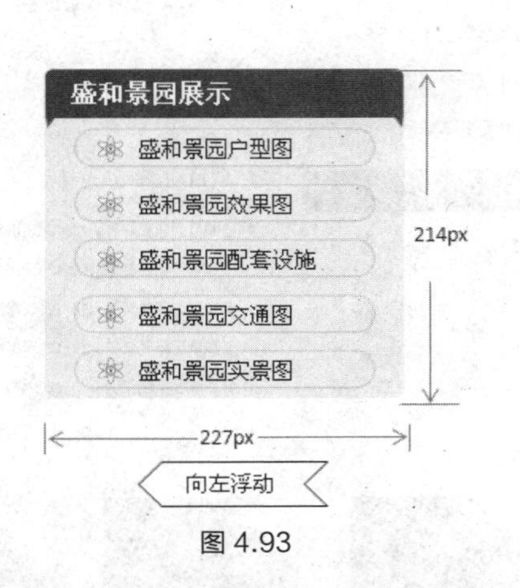

图 4.93

设置 project_show 层向左浮动；定义宽度为 227px、高度为 214px；下边距为 10px；设置背景图片为 show-bg.jpg，不重复，定位于左下（lfet，bottom）。具体 CSS 编码如下：

```
#project_show{
    float:left;/*向左浮动*/
```

```
    width:227px;/*宽度定义*/
    height:214px;/*高度定义*/
    background:url(../images/show-bg.jpg) no-repeat left bottom;/*背景图片定义*/
    margin-bottom:10px;/*外边距定义*/
    }
```

"盛和景园展示"部分 project_show 的标题使用 h3 标签。它的布局与尺寸情况如图 4.94 所示。

设置标题 h3 元素向左浮动；定义宽度为 227px、高度为 38px；定义字体颜色为白色（#fff），文字大小为16px；定义行高为32px，使文字在垂直方向上居于合适的位置；文字距左边为17px，定义左侧内边距 padding-left 为 17px，此时标题 h3 的宽度变为 227px+17px，宽度溢出，因此应将 h3 的宽度重新定义为 227px-17px，即为 210px；设置背景图片为 show-title.jpg，不重复，定位于左上（0，0）。具体 CSS 编码如下：

```
#project_show h3{
    float:left;/*向左浮动*/
    width:210px;/*宽度定义*/
    height:38px;/*高度定义*/
    color:#FFF;/*字体颜色定义*/
    font-size:16px;/*字体大小定义*/
    line-height:32px;/*行高定义*/
    padding-left:17px;/*内边距定义*/
    background:url(../images/show-title.jpg) no-repeat 0 0;/*背景图片定义*/
}
```

注意

通过定义行高 line-height 控制文字的垂直位置，定义内边距控制文字的水平位置。

"盛和景园项目展示"部分 project_show 的内容由无序列表 ul 构成，设置其向左浮动，并定义外边距使它居于合适位置。它的布局与尺寸情况如图 4.95 所示。

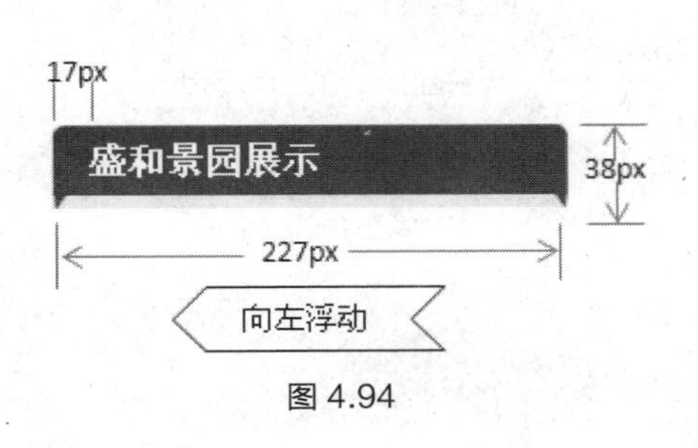

图 4.94

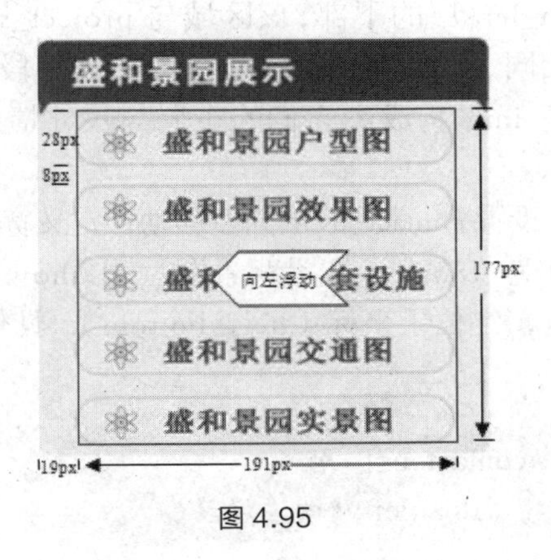

图 4.95

设置 ul 向左浮动；定义宽度为 191px、高度为 177px；左外边距定义为 19px；定义为内联，以消除 IE 6.0 双倍边距的 bug，具体 CSS 编码如下。

```
#project_show ul{
    float:left;/*向左浮动*/
    width:191px;/*宽度定义*/
    height:177px;/*高度定义*/
    margin-left:19px;/*外边距定义*/
    display:inline;
    }
```

定义 ul 中的列表项 li 宽度为 191px、高度为 28px；定义行高为 28px，使文字在垂直方向上居于合适的位置；定义列表项之间外边距为 8px；设置背景图片为 showli-bg.jpg，不重复，定位于左下（0，0）；文字距左边为 47px，定义左侧内边距 padding-left 为 47px，此时列表项 li 宽度变为 191px+ 47px，宽度溢出，因此应将 li 的宽度重新定义为 191px-47px，即为 144px，具体 CSS 编码如下。

```
#project_show ul li{
    width:150px;/*宽度定义*/
    height:28px;/*高度定义*/
    margin-bottom:8px;/*外边距定义*/
    background:url(../images/showli-bg.jpg) no-repeat 0 0;/*背景图片定义*/
    line-height:28px;/*行高定义*/
    padding-left:41px;/*内边距定义*/
    }
```

设置链接文本的颜色为黑色（#000），字体大小为 14px，具体 CSS 编码如下。

```
#project_show ul li a{
    font-size:14px;/*字体大小定义*/
    color:#000;/*字体颜色定义*/
    }
```

盛和景园“联系我们”部分 contact_us 位于 main_left 层的下部，该区域与 project_show 区域样式相同，由标题 h3、无序列表 ul、段落 p、图片标签 img 构成。它们的布局与尺寸情况如图 4.96 所示。

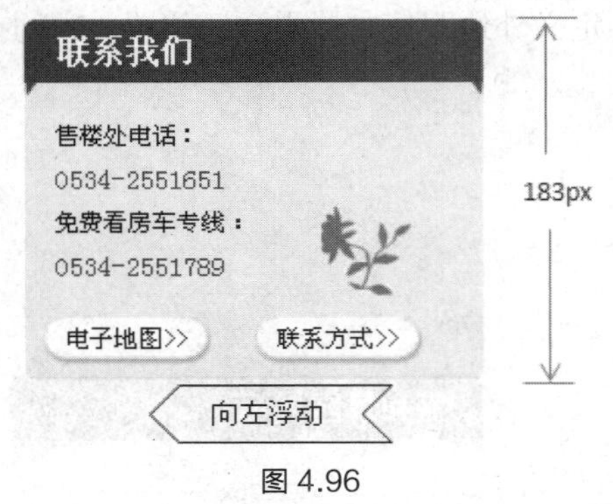

图 4.96

设置 contact_us 层向左浮动；定义宽度为 227px、高度为 183px；设置背景图片为 show-bg.jpg，不重复，定位于坐标（lfet，bottom），具体 CSS 编码如下。

```
#contact_us{
    float:left;/*向左浮动*/
```

```
    width:227px;/*宽度定义*/
    height:183px;/*高度定义*/
    background:url(../images/show-bg.jpg) no-repeat left bottom;/*背景图片定义*/
    }
```

标题部分的样式设置与 project_show 区域标题样式相同，具体 CSS 编码如下。

```
#contact_us h3{
    float:left;/*向左浮动*/
    width:210px;/*宽度定义*/
    height:38px;/*高度定义*/
    color:#FFF;/*字体颜色定义*/
    font-size:16px;/*字体大小定义*/
    line-height:32px;/*行高定义*/
    padding-left:17px;/*内边距定义*/
    background:url(../images/show-title.jpg) no-repeat 0 0;/*背景图片定义*/
    margin-bottom:10px;/*外边距定义*/
    }
```

“联系我们”部分 contact_us 的内容由“联系电话、花、按钮”组成，其中联系电话置于“tel”区域，“花”用图片标签 img，“按钮”用无序列表 ul。它的布局与尺寸情况如图 4.94 所示。

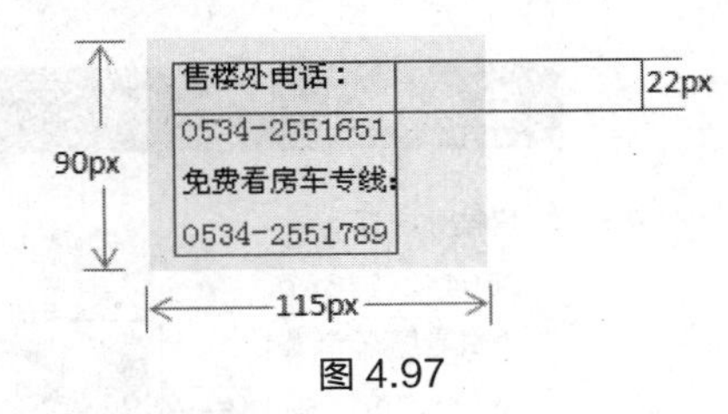

图 4.97

设置 tel 层向左浮动；定义宽度为 115px、高度为 90px；定义外边距为 16px。具体 CSS 编码如下。

```
#tel{
    float:left;/*向左浮动*/
    width:115px;/*宽度定义*/
    height:90px;/*高度定义*/
    margin-left:16px;/*外边距定义*/
    line-height:22px;/*行高定义*/
    }
```

通过图 4.97 可以看出，联系电话部分第 1 行与第 3 行样式相同，第 2 行与第 4 行样式相同。因而使用 class 类来定义它们的标签名称。tel_1 设置向左浮动，宽度为 115px，行高为 22px。tel_2 设置向左浮动，宽度为 115px，行高为 22px，字体大小定义为 14px，字体颜色为红色（#b10808）。具体 CSS 编码如下。

```
#contact_us .tel_1{
    float:left;/*向左浮动*/
    width:115px;/*宽度定义*/
    }
#contact_us .tel_2{
```

```
    float:left;/*向左浮动*/
    width:115px;/*宽度定义*/
    font-size:14px;/*字体大小定义*/
    color:#b10808;/*字体颜色定义*/
    }
```

“花”位于 tel 层的右侧，使用 img 标签表示。它的布局与尺寸情况如图 4.98 所示。

设置“花”——img 向左浮动；上外边距定义为 45px、左外边距定义为 15px。具体 CSS 编码如下。

```
#contact_us img{
    float:left;/*向左浮动*/
    margin-top:45px;/*外边距定义*/
    margin-left:15px;/*外边距定义*/
    }
```

“按钮”位于“联系我们”区域下方，由无序列表 ul 构成，设置其向左浮动，并定义外边距使它居于合适位置。它的布局与尺寸情况如图 4.99 所示。

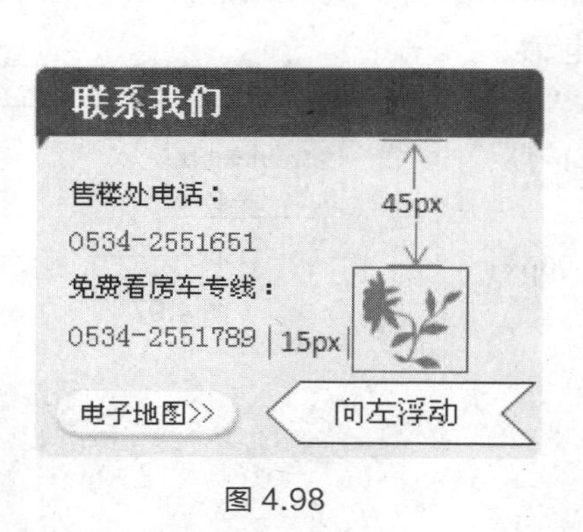

图 4.98

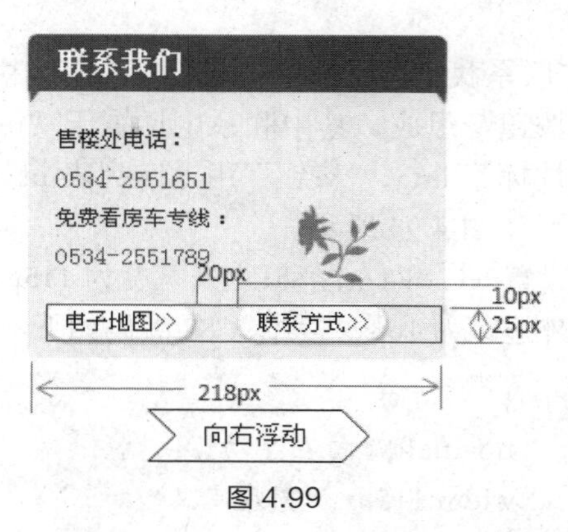

图 4.99

设置 ul 向右浮动；定义宽度为 218px、高度为 25px；上外边距定义为 10px；定义为内联，以消除 IE 6.0 双倍边距的 bug。具体 CSS 编码如下。

```
#contact_us ul{
    float:right;/*向右浮动*/
    width:218px;/*宽度定义*/
    height:25px;/*高度定义*/
    margin-top:10px;/*外边距定义*/
    }
```

定义 ul 中的列表项 li 宽度为 84、高度为 24px；定义行高为 22px，使文字在垂直方向上居于合适的位置；定义列表项之间外边距为 20px；设置背景图片为 button.jpg，不重复，定位于左下（0，0）。具体 CSS 编码如下。

```
#contact_us ul li{
    float:left;/*向左浮动*/
```

```
    background:url(../images/button.jpg) no-repeat 0 0;/*背景图片定义*/
    margin-right:20px;/*外边距定义*/
    width:84px;/*宽度定义*/
    height:24px;/*高度定义*/
    line-height:22px;/*行高定义*/
    text-align:center;/*水平对齐方式定义*/
    }
```

设置链接文本的颜色为黑色（#000）。具体 CSS 编码如下。

```
#contact_us ul li a{
    color:#000;/*字体颜色定义*/
    }
```

设置链接"箭头文本"的颜色为红色（#b10808）。具体 CSS 编码如下。

```
#contact_us ul li span{
    color:#b10808;/*字体颜色定义*/
    }
```

② main_middle 层 CSS 样式

main_middle 层从结构上又分为上下两层，其中上层定义为 project_introduce，下层定义为 project_news。它们的布局与尺寸情况如图 4.100 所示。

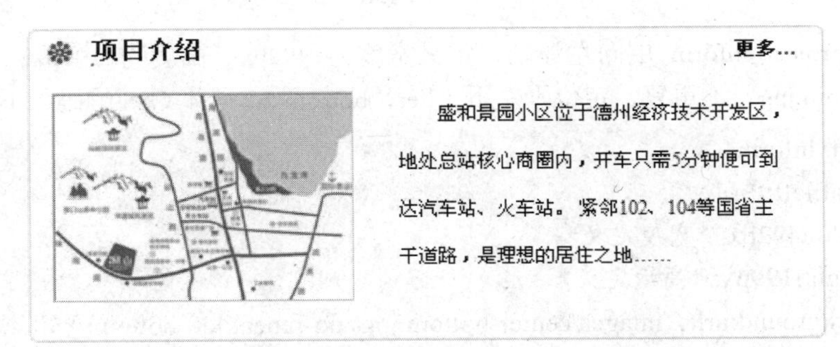

图 4.100

设置 main_middle 层向左浮动；定义宽度为 492px，距离左边 10px。具体 CSS 编码如下。

```
#main_middle{
    float:left;/*向左浮动*/
    width:492px;/*宽度定义*/
    margin-left:10px;/*外边距定义*/
    }
```

“项目介绍”部分 project_introduce 位于 main-middle 层的上部，由标题 h3、img 图片和无序列表 ul 构成。它们的布局与尺寸情况如图 4.101 所示。

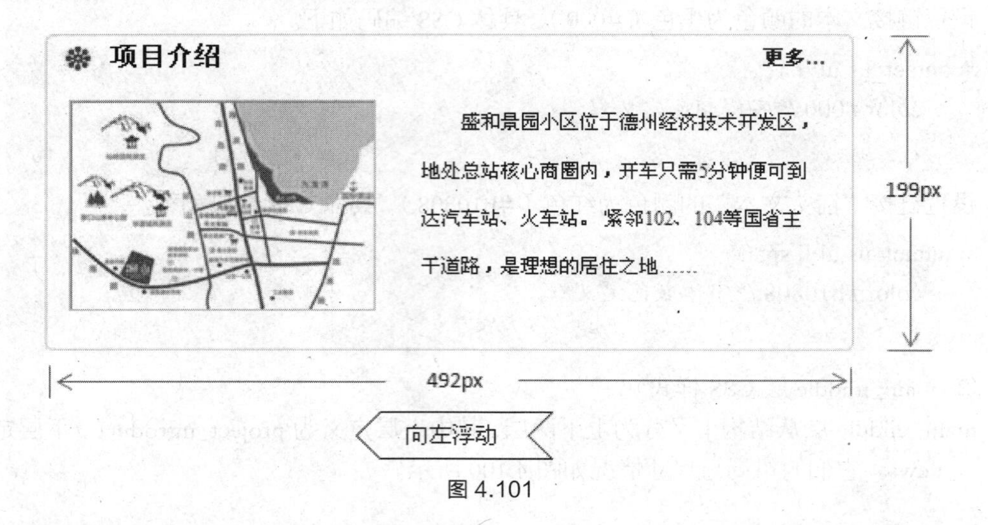

图 4.101

设置 project_inform 层向左浮动；定义宽度为 492px、高度为 199px；设置背景图片为 center-bottom.jpg，不重复，定位于左下（lfet，bottom）。具体 CSS 编码如下。

```
.project_inform{
    float:left;/*向左浮动*/
    width:492px;/*宽度定义*/
    height:199px;/*高度定义*/
    background:url(../images/center-bottom.jpg) no-repeat left bottom;/*背景图片定义*/
    }
```

“项目介绍”部分 project_inform 的标题使用 h3 标签。它的布局与尺寸情况如图 4.102 所示。

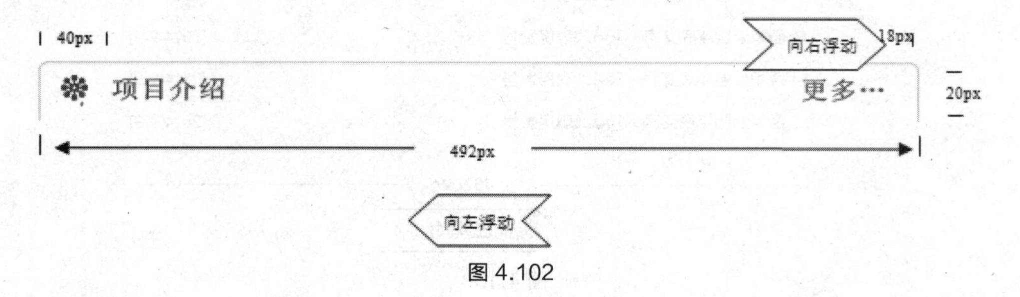

图 4.102

设置标题 h3 元素向左浮动；定义宽度为 492px、高度为 20px；定义文字大小为 16px；定义行高为 20px，同时设置向上的内边距为 5px，使文字在垂直方向位于合适的位置上；文字距左边为 40px，定义左侧内边距 padding-left 为 40px，此时标题 h3 的宽度变为 492px+40px，宽度溢出，因此应将 h3 的宽度重新定义为 492px−40px，即为 452px；定义下外边距为 27px，使标题和下面的内容之间留有一段距离；设置背景图片为 center-title.jpg，不重复，定位于左上（0，0）。具体 CSS 编码如下。

```
.project_inform h3{
    float:left;/*向左浮动*/
    width:452px;/*宽度定义*/
    height:20px;/*高度定义*/
    background:url(../images/center-title.jpg) no-repeat 0 0;/*背景图片定义*/
    font-size:16px;
    line-height:20px;/*行高定义*/
    padding-left:40px;/*内边距定义*/
    padding-top:5px;/*内边距定义*/
    margin-bottom:16px;/*外边距定义*/
    }
```

设置“更多…”向右浮动，向右的外边距为 18px。具体的 CSS 编码如下。

```
.project_inform h3 span{
    float:right;/*向左浮动*/
    margin-right:18px;/*外边距定义*/
    }
```

地图位于“项目介绍”区域的左下方，直接使用 html 标签 img。它的布局与尺寸情况如图 4.103 所示。

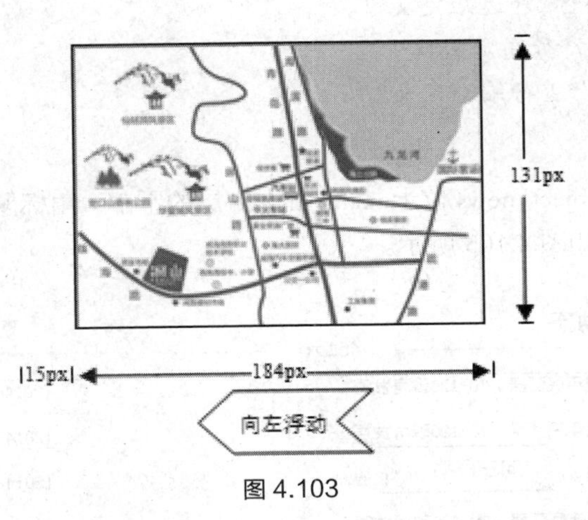

图 4.103

设置“地图”图片向左浮动；图片大小即宽度为 184px、高度为 131px；定义向左的外边距为 15px；定义图片的边框宽度为 1px，线形为实线，颜色为灰色#ccc。具体 CSS 编码如下。

```
.project_inform img{
    float:left;/*向左浮动*/
```

```
    width:184px;/*宽度定义*/
    height:131px;/*高度定义*/
    margin-left:15px;/*外边距定义*/
    border:1px solid #CCC;/*边框定义*/
    }
```

“项目介绍”的文字内容位于其右下，直接使用段落标签 p。它的布局与尺寸情况如图 4.104 所示。

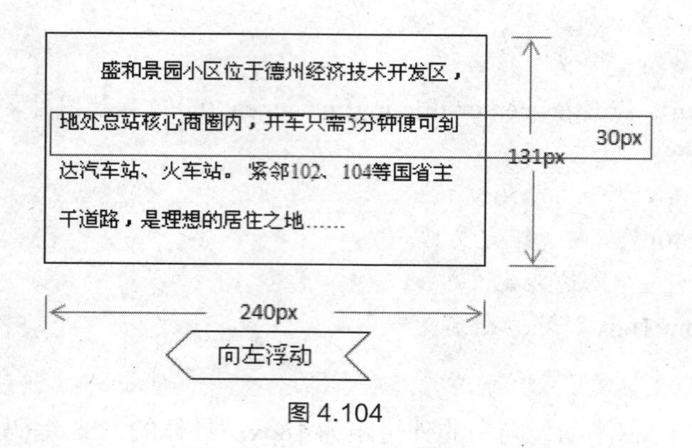

图 4.104

设置文字内容部分向右浮动；定义宽度为 240px，高度为 131px；定义向右的外边距为 23px；定义首行缩进两个字符 2em；定义行高为 30px。具体 CSS 编码如下。

```
.project_inform p{
    float:right;/*向右浮动*/
    width:240px;/*宽度定义*/
    height:130px;/*高度定义*/
    margin-right:23px;/*外边距定义*/
    line-height:30px;/*行高定义*/
    text-indent:2em;/*首行缩进定义*/
    }
```

“项目动态”部分 project_news 位于 main_middle 层的下部，由标题 h3 和无序列表 ul 构成。它们的布局与尺寸情况如图 4.105 所示。

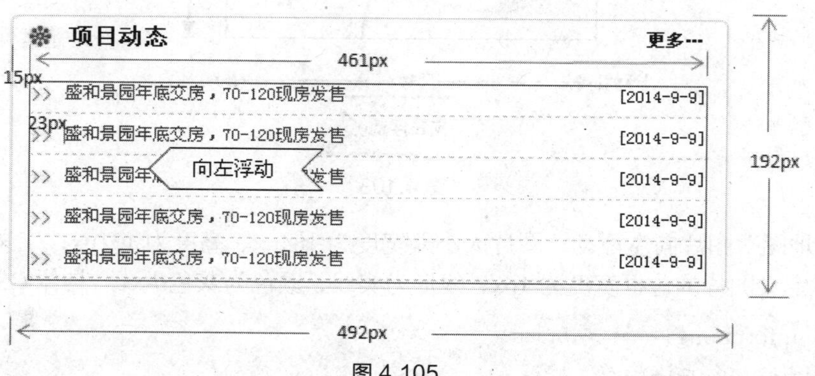

图 4.105

注意

"项目介绍"与"项目动态"的样式类似，包括圆角边框和标题，不同之处在于整体的高度和内容部分，因此，只需要设置此部分的尺寸和 ul 无序列表即可。

设置 project_news 层向左浮动；定义宽度为 492px、高度为 192px；设置 ul 向左浮动；定义宽度为 473px、高度为 140px，左外边距定义为 15px；列表项距左边为 23px，定义左侧内边距 padding-left 为 23px，定义行高为 28px，底端边框为 1px dashed #CCC 的线，背景为 icon.jpg，特别是要让图片垂直方向向下 10px。具体 CSS 编码如下。

```
#project_news{
    float:left;/*向左浮动*/
    width:492px;/*宽度定义*/
    height:192px;/*高度定义*/
    margin-top:16px;/*外边距定义*/
    }
#project_news ul{
    float:left;/*向左浮动*/
    width:461px;/*宽度定义*/
    height:145px;/*高度定义*/
    margin-left:15px;/*外边距定义*/
    }
#project_news ul li{
    line-height:28px;/*行高定义*/
    border-bottom:1px dashed #CCC;/*底端边框定义*/
    padding-left:23px;/*内边距定义*/
    background:url(../images/icon.jpg) no-repeat 0 10px;/*背景定义*/
    }
#project_news ul li a{
    color:#404040;/*颜色定义*/
    }
#project_news span{
    float:right;/*向右浮动*/
    }
```

③ main_right 层 CSS 样式

main_right 层从结构上分为上下两层，其中上层定义为 main_right_c，因上下两层的样式效果类似，因此使用 class 选择器定义两个区域，同时两个区域又有差异，所以又给下层一个 ID 选择器。它们的布局与尺寸情况如图 4.106 所示。

设置 main_right 层向右浮动；定义宽度为 231px。具体 CSS 编码如下。

```
#main_right{
    float:right;/*向右浮动*/
```

```
    width:231px;/*宽度定义*/
    }
```

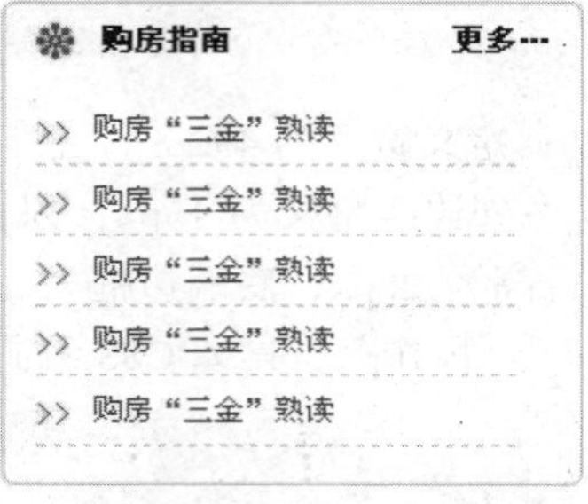

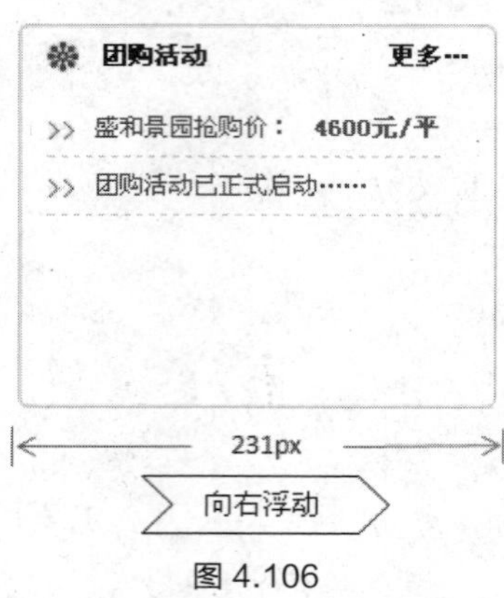

图 4.106

main_right 区域的上下两层标题用 h3，内容用无序列表 ul。具体 CSS 编码如下。

```
}
.main_right_c{
    float:left;/*向左浮动*/
    width:231px;/*宽度定义*/
    height:199px;/*高度定义*/
    background:url(../images/guide_bg.jpg) no-repeat left bottom;/*背景定义*/
    }
.main_right_c h3{
    float:left;/*向左浮动*/
    width:191px;/*宽度定义*/
    height:17px;/*高度定义*/
    background:url(../images/house_guide.jpg) no-repeat 0 0;/*背景定义*/
    line-height:17px;/*行高定义*/
    padding-left:40px;/*内边距定义*/
    padding-top:8px;/*内边距定义*/
    }
.main_right_c h3 span{
    float:right;/*向右浮动*/
    margin-right:13px;/*外边距定义*/
```

```
}
.main_right_c    ul{
        float:left;/*向左浮动*/
        width:190px;/*宽度定义*/
        height:160px;/*高度定义*/
        margin-left:14px;/*外边距定义*/
        margin-top:13px;/*外边距定义*/
        }
.main_right_c ul li{
        line-height:28px;/*行高定义*/
        border-bottom:1px dashed #CCC;/*边框定义*/
        padding-left:23px;/*内边距定义*/
        background:url(../images/icon.jpg) no-repeat 0 10px;/*背景定义*/
        }
.main_right_c ul li a{
        color:#404040;/*字体颜色定义*/
        }
.main_right_c ul li span{
        float:right;/*向右浮动*/
        color:#F00;/*字体颜色定义*/
        font-weight:bold;/*加粗定义*/
        }
#activity{
        height:192px;/*高度定义*/
        margin-top:15px;/*外边距定义*/
        }
#activity ul{
        height:69px;/*高度定义*/
        }
```

④ main_show 层 CSS 样式

main_show 层位于 content 层的下部。它只包括标题和图片列表。它们的布局与尺寸情况如图 4.107 所示。

图 4.107

设置 main_show 层向左浮动；定义宽度为 967px，高度为 192px；定义上方外边距为 17px；定义背景为图片 showc_c.jpg，不重复 no-repeat，位置为左下（left，bottom）。具体 CSS 编码如下。

```
#main_show{
    float:left;/*向左浮动*/
    width:967px;/*宽度定义*/
    height:192px;/*高度定义*/
    margin-top:17px;/*外边距定义*/
    background:url(../images/show_c.jpg) no-repeat left bottom;/*背景定义*/
    }
```

标题部分的样式同“项目动态”部分的标题样式相同。具体 CSS 编码如下。

```
#main_show h2{
    float:left;/*向左浮动*/
    width:927px;/*宽度定义*/
    height:16px;/*高度定义*/
    line-height:16px;/*行高定义*/
    padding-left:40px;/*内边距定义*/
    background:url(../images/show_h.jpg) no-repeat 0 0;/*背景定义*/
    padding-top:8px;/*内边距定义*/
    }
#main_show h2 span{
    float:right;/*向右浮动*/
    margin-right:19px;/*外边距定义*/
    }
```

图片列表由无序列表 ul 构成，设置其向左浮动。它的布局与尺寸情况如图 4.107 所示。

设置 ul 向左浮动；定义宽度为 940px，高度为 130px；定义上方外边距为 20px；定义左侧外边距为 25px。具体 CSS 编码如下。

```
#main_show ul{
    float:left;/*向左浮动*/
    width:940px;/*宽度定义*/
    height:130px;/*高度定义*/
    margin-left:25px;/*外边距定义*/
    margin-top:20px;/*外边距定义*/
    }
```

设置列表项 li 向左浮动；列表项右侧外边距为 27px。具体 CSS 编码如下。

```
#main_show ul li{
    float:left;/*向左浮动*/
    margin-right:25px;/*外边距定义*/
    }
```

(6) 页脚（foot）层 CSS 样式

页脚部分位于整个网页的底部，它由水平线和段落组成。它的布局与尺寸情况如图 4.108 所示。

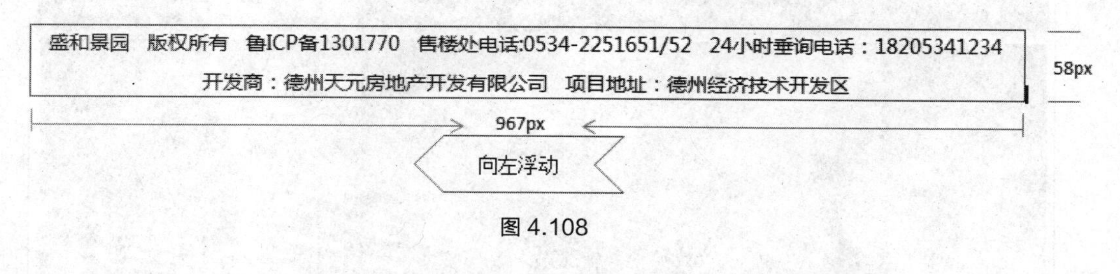

图 4.108

设置 foot 层向左浮动；定义宽度为 967px，高度为 58px；定义上方外边距为 10px；定义文本对齐方式为水平对齐 center；定义行高为 28px，字体大小为 14px。具体 CSS 编码如下。

```
#footer{
    float:left;/*向左浮动*/
    width:967px;/*宽度定义*/
    height:58px;/*高度定义*/
    margin-top:10px;/*外边距定义*/
    }
#footer p{
    text-align:center;/*文本对齐方式定义*/
    line-height:28px;/*行高定义*/
    font-size:14px;/*字体大小定义*/
    }
```

6. 内页设计

网站的风格在整体上应该统一，因此，内页的设计与首页的设计基本一致，操作步骤就不再赘述，最终效果如图 4.109 所示。

拓展实训

(1) 万豪装饰首页制作

① 实训任务

制作“万豪装饰有限公司”企业网站主页 index.html，如图 4.109 所示。

② 实训目的

通过实训使学生更加熟练应用 DIV 划分页面、使用 DIV+CSS 完成页面布局，理解“结构与表现相分离”的重要思想，从而制作符合 Web 标准的网页。

③ 实训要求

- 使用 DreamWeaver cs6 制作如图 4.109“万豪装饰有限公司”企业网站首页；

图 4.109

- 使用 Div+Css 技术对网页进行布局；
- 分别在 IE、火狐（Firefox）、谷歌浏览器（Google Chrome）进行测试，保证各个浏览器的显示效果符合规范。

（2）山东华宇工学院首页制作

① 实训任务

制作“山东华宇工学院”学校网站主页 index.html，如图 4.110 所示。

② 实训目的

通过实训使学生更加熟练应用 DIV 划分页面、使用 DIV+CSS 完成页面布局，理解“结构与表现相分离”的重要思想，从而制作符合 Web 标准的网页。

图 4.110

③ 实训要求

- 使用 DreamWeaver CS6 制作图 4.108 所示“山东华宇工学院”学校首页；
- 使用 DIV+CSS 技术对网页进行布局；
- 分别在 IE、火狐（Firefox）、谷歌浏览器（Google Chrome）进行测试，保证各个浏览器的显示效果符合规范。

（3）汇烁有限公司网站制作

① 实训任务

制作“汇烁有限公司”企业网站主页 index.html，如图 4.111 所示。

② 实训目的

通过实训使学生更加熟练应用 DIV 划分页面、使用 DIV+CSS 完成页面布局，理解“结构与表现相分离”的重要思想，从而制作符合 Web 标准的网页。

③ 实训要求

- 使用 DreamWeaver CS6 制作图 4.109“汇烁有限公司”企业网站首页；
- 使用 DIV+CSS 技术对网页进行布局；
- 分别在 IE、火狐（Firefox）、谷歌浏览器（Google Chrome）进行测试，保证各个浏览器的显示效果符合规范。

›首页 ›设为首页 ›加入收藏 产品搜索 SEARCH

HUISHUO 匯爍

首 页 关于汇烁 照明系统 采暖系统 管道系统 配电系统 联系方式

最新消息

2011-01-11
热点新闻标题热点新闻标题热点新闻标题!

2011-01-11
热点新闻标题热点新闻标题热点新闻标题!

2011-01-11
热点新闻标题热点新闻标题热点新闻标题!

› 热烈庆祝汇烁实业有限公司网站成开通! 01/11
› 热烈庆祝中国汇烁实业有限公司 01/11
› 热烈庆祝中国汇烁实业有限公司网站成功 01/11
› 热烈庆祝汇烁实业有限公司网站开通! 01/11

推荐产品

产品名称

产品名称

产品名称

产品名称

销售网络
GO
财富热线：
0755-121345678-1234/3456

中国汇烁实业有限公司 （C）2011 版权所有 技术支持：瑟汝
电话直播：0755-12345678 邮箱：zs111514@126.com QQ: 274021362

图 4.111

PART 5 任务五 制作"盛和·景园"网站中首页的特效

能力目标

- 了解网页特效
- 了解 JavaScript 脚本语言
- 掌握特效的应用

任务目标

通过本模块的学习，学生应掌握 JavaScript 脚本语言的基本语法，并可以在网页中应用特效。

核心知识

网页中的特效对于网页制作来说可以起到"画龙点睛"的作用，使页面具有一定的交互性和动态性，能吸引浏览者的眼球，从而提高页面的观赏性和趣味性。特效的实现是通过将 JavaScript 程序嵌入或调入 HTML 代码中，实现对网页元素的控制，从而实现网页动态交互的特殊效果。

JavaScript 是一种脚本编程语言，它的基本语法与 C 语言类似，因此对于学习过 C 语言的读者来说，是比较容易接受的，但是它运行过程中不需要单独编译，而是逐行解释执行，运行速度快。JavaScript 具有跨平台性，与操作环境无关，只依赖于浏览器本身，能支持 JavaScript 的浏览器就能正确执行。

一、JavaScript 基本数据结构

JavaScript 脚本语言同其他语言一样，有它自身的基本数据类型、表达式和算术运算符以及程序的基本框架结构。JavaScript 提供了四种基本的数据类型用来处理数字和文字，而变量提供存放信息的地方，表达式则可以完成较复杂的信息处理。

1．基本数据类型

在 JavaScript 中四种基本的数据类型：数值（整数和实数）、字符串型（用"" 号或 '' 括起来的字符或数值）、布尔型（用 True 或 False 表示）和空值。在 JavaScript 的基本类型中的数据可以是常量，也可以是变量。由于 JavaScript 采用弱类型的形式，因而一个数据的变量或

常量不必首先作声明，而是在使用或赋值时确定其数据的类型。当然也可以先声明该数据的类型，它是通过在赋值时自动说明其数据类型的。

2．常量

（1）整型常量

JavaScript 的常量通常又称字面常量，它是不能改变的数据。其整型常量可以使用十六进制、八进制和十进制表示其值。

（2）实型常量

实型常量是由整数部分加小数部分表示，如 12.32、193.98。可以使用科学或标准方法表示：5E7、4e5 等。

（3）布尔值

布尔常量只有两种状态：True 或 False。它主要用来说明或代表一种状态或标志，以说明操作流程。它与 C++是不一样的，C++可以用 1 或 0 表示其状态，而 JavaScript 只能用 True 或 False 表示其状态。

（4）字符型常量

使用单引号（'）或双引号（"）括起来的一个或几个字符。如"This is a book of JavaScript" "3245" "ewrt234234" 等。

（5）空值

JavaScript 中有一个空值 null，表示什么也没有。如试图引用没有定义的变量，则返回一个 null 值。

（6）特殊字符

同 C 语言一样，JavaScript 中同样有些以反斜杠（/）开头的不可显示的特殊字符，通常称为控制字符。

3．变量

变量的主要作用是存取数据、提供存放信息的容器。对于变量必须明确变量的命名、变量的类型、变量的声明及其变量的作用域。

（1）变量的命名

JavaScript 中的变量命名同其计算机语言非常相似，这里要注意以下两点。

① 必须是一个有效的变量，即变量以字母开头，中间可以出现数字如 test1、text2 等。除下画线（–）作为连字符外，变量名称不能有空格、（+）、（–）、（，）或其他符号。

② 不能使用 JavaScript 中的关键字作为变量。

在 JavaScript 中定义了 40 多个关键字，这些关键字是 JavaScript 内部使用的，不能作为变量的名称。如 Var、int、double、true 不能作为变量的名称。

变量命名时最好做到“见名知义”。

（2）变量的类型

在 JavaScript 中，变量可以用命令 Var 作声明，如：

```
var mytest;
```

该例子定义了一个 mytest 变量。但没有赋予它的值。

```
var mytest=98
```

该例子定义了一个 mytest 变量，同时赋予了它的值。

在 JavaScript 中，变量可以不作声明，而在使用时再根据数据的类型来确定其变量的类型。如：

x=100

y="125"

z= True

t=19.5 等。

其中 x 整数，y 为字符串，z 为布尔型，t 为实型。

4．表达式和运算符

（1）表达式

在定义完变量后，就可以对它们进行赋值、改变、计算等一系列操作了，这一过程通常由表达式来完成，可以说它是变量、常量、布尔及运算符的集合，因此表达式可以分为算术表述式、字串表达式、赋值表达式以及布尔表达式等。

（2）运算符

运算符完成操作的一系列符号，在 JavaScript 中有算术运算符，如＋、−、*、/等；有比较运算符，如!=、==、>、>=等；有逻辑布尔运算符如!（取反）、&&、||；有字串运算如＋、＋=等。

二、JavaScript 程序构成

JavaScript 脚本语言是由控制语句、函数、对象、方法、属性等来实现编程的。

1．程序控制流

在任何一种语言中，程序控制流是必须的，它能使得整个程序减小混乱，使之顺利按其一定的方式执行。下面是 JavaScript 常用的程序控制流结构及语句。

（1）if 条件语句

基本格式：

```
if（表述式）
语句段 1；
......
else
语句段 2；
.....
```

功能：若表达式为 true，则执行语句段 1；否则执行语句段 2。

if-else 语句是 JavaScript 中最基本的控制语句，通过它可以改变语句的执行顺序。表达式中必须使用关系语句来实现判断，它是作为一个布尔值来估算的。

它将零和非零的数分别转化成 false 和 true。

（2）for 循环语句

基本格式：

```
for（初始化；条件；增量）
语句集；
```

功能：实现条件循环，当条件成立时，执行语句集，否则跳出循环体。

初始化参数：告诉循环的开始位置，必须赋予变量的初值；

条件：是用于判别循环停止时的条件。若条件满足，则执行循环体，否则跳出。

增量：主要定义循环控制变量在每次循环时按什么方式变化。

三个主要语句之间，必须使用分号分隔。

（3）while 循环

基本格式：

```
while（条件）
语句集；
```

该语句与 for 语句一样，当条件为真时，重复循环，否则退出循环。

for 与 while 语句

两种语句都是循环语句，使用 for 语句在处理有关数字时更易看懂，也较紧凑；而 while 循环对复杂的语句效果更特别。

（4）break 和 continue 语句

与 C++语言相同，使用 break 语句使得循环从 for 或 while 中跳出，continue 使得跳过循环内剩余的语句而进入下一次循环。

2．函数

函数为程序设计人员提供了一个非常方便的能力。通常在进行一个复杂的程序设计时，总是根据所要完成的功能，将程序划分为一些相对独立的部分，每部分编写一个函数。从而使各部分充分独立，任务单一，程序清晰，易懂、易读、易维护。JavaScript 函数可以封装那些在程序中可能要多次用到的模块。并可作为事件驱动的结果而调用的程序。从而实现一个函数把它与事件驱动相关联。这是与其他语言不同的地方。

JavaScript 函数的定义如下。

```
Function 函数名（参数 1,参数 2,...）{
函数体;.
Return 表达式;
}
```

函数由关键字 Function 定义。函数名为定义自己函数的名字。参数表是传递给函数使用或操作的值，其值可以是常量，变量或其他表达式。可通过指定函数名（实参）来调用一个函数。必须使用 Return 将值返回。函数名对大小写是敏感的。

三、事件驱动及事件处理

1．基本概念

JavaScript 是基于对象（object-based）的语言。这与 Java 不同，Java 是面向对象的语言。而基于对象的基本特征，就是采用事件驱动（event-driven），在图形界面的环境下，一切输入简单化。通常鼠标或热键的动作称之为事件（Event），而由鼠标或热键引发的一连串程序的动作，称之为事件驱动（Event Driver）。而对事件进行处理程序或函数，我们称之为事件处理程序（Event Handler）。

2．事件处理程序

在 JavaScript 中对象事件的处理通常由函数（Function）担任。其基本格式与函数全部一样，可以将前面所介绍的所有函数作为事件处理程序。

格式如下：

```
Function 事件处理名（参数表）{
事件处理语句集;
……
}
```

3．事件驱动

JavaScript 事件驱动中的事件是通过鼠标或热键的动作引发的。它主要有以下几个事件。

（1）单击事件 onClick

当用户单击鼠标按钮时，产生 onClick 事件。同时 onClick 指定的事件处理程序或代码将被调用执行。通常在下列基本对象中产生：

- button（按钮对象）
- checkbox（复选框）
- radio（单选钮）
- reset buttons（重置按钮）
- submit buttons（提交按钮）

例如：可通过下列按钮激活 change()文件。

```
<Form>
<Input type="button" Value=" "onClick="change()">
</Form>
```

在 onClick 等号后，可以使用自己编写的函数作为事件处理程序，也可以使用 JavaScript 中内部的函数，还可以直接使用 JavaScript 的代码等。例如：

```
<Input type="button" value=" " onclick=alert("严重警告！");
```

（2）onChange 改变事件

当利用 text 或 texturea 元素输入字符值改变时引发该事件，同时当在 select 表格项中一个选项状态改变后也会引发该事件。

例如：

```
<Form>
```

```
<Input type="text" name="Test" value="Test" onChange="check('this.text)">
</Form>
```

（3）选中事件 onSelect

当 Text 或 Textarea 对象中的文字被加亮后，引发该事件。

（4）获得焦点事件 onFocus

当用户单击 Text 或 textarea 以及 select 对象时，产生该事件。此时该对象成为前台对象。

（5）失去焦点 onBlur

当 text 对象或 textarea 对象以及 select 对象不再拥有焦点而退到后台时，引发该文件，它与 onFocus 事件是一个对应的关系。

（6）载入文件 onLoad

当文档载入时产生该事件。onLoad 的一个作用就是在首次载入一个文档时检测 cookie 的值，并用一个变量为其赋值，使它可以被源代码使用。

（7）卸载文件 onUnload

当 Web 页面退出时引发 onUnload 事件，并可更新 Cookie 的状态。

操作过程

1. 图片切换特效

为了更好地宣传和让客户更直观地了解“盛和 · 景园”项目更多的信息，我们在网站的宣传（banner）部分选择多张图片不间断的切换特效，一方面可以引起客户的注意，吸引他们的眼球，另一方面可以更好、更多地宣传该项目。

（1）利用搜索引擎搜索特效

在“百度”“谷歌”等搜索引擎中输入关键字“JavaScript 网页图片切换特效”，在打开的搜索结果页面中，选择“懒人之家”“素材家园”“a5 源码”等网站，都可免费下载所需要的图片切换特效，当然这些网站上还包括其他特效的 JavaScript 脚本代码。

（2）将下载后的特效应用到网页中

要将下载后的特效应用到当前网页中，首先需要解压缩，然后修改相应的参数即可。

根据前面章节可知，banner 区域的大小宽度为 967px、高度为 323px。

① 从网站上下载所需要的图片切换特效，文件为“jiaoben181157.rar”，双击打开并解压“jiaoben181157.rar”文件，文件目录如图 5.1 所示，双击打开 index.html，页面效果如图 5.2 所示。

图 5.1

② 在页面空白处右击，在打开的快捷菜单中选择“查看源代码”选项，如图 5.3 所示。

图 5.2

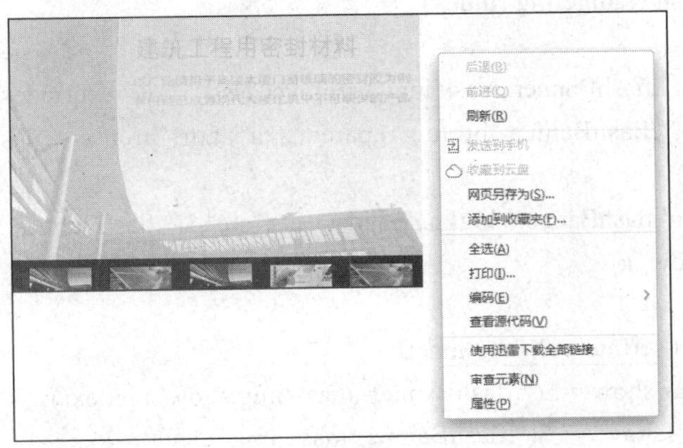

图 5.3

③ 观察下面源代码结构。

```
<head>
<meta http-equiv="Content-Type" content="text/html; charset=utf-8" />
<title>jQuery 淡出淡入带缩略图幻灯片</title>
<link href="css/style.css" type="text/css" rel="stylesheet" />
<script type="text/javascript" src="js/jquery-1.4.4.min.js"></script>
<script type="text/javascript">
$(function(){
      $(".flashBanner").each(function(){
            var timer;
            $(".flashBanner .mask img").click(function(){
                  var index = $(".flashBanner .mask img").index($(this));
                  changeImg(index);
            }).eq(0).click();
            $(this).find(".mask").animate({
                  "bottom":"0"
            },700);
            $(".flashBanner").hover(function(){
                  clearInterval(timer);
            },function(){
                  timer = setInterval(function(){
                        var show = $(".flashBanner .mask img.show").index();
```

```
                        if (show >= $(".flashBanner .mask img").length-1)
                            show = 0;
                        else
                            show ++;
                        changeImg(show);
                    },3000);
                });
                function changeImg (index)
                {
                    $(".flashBanner .mask img").removeClass("show").eq(index).addClass("show");
                    $(".flashBanner .bigImg").parents("a").attr("href",$(".flashBanner .mask img").
eq(index).attr("link"));
                    $(".flashBanner .bigImg").hide().attr("src",$(".flashBanner .mask img").eq(index).
attr("uri")).fadeIn("slow");
                }
                timer = setInterval(function(){
                    var show = $(".flashBanner .mask img.show").index();
                    if (show >= $(".flashBanner .mask img").length-1)
                        show = 0;
                    else
                        show ++;
                    changeImg(show);
                },3000);
            });
        });
        </script>

        </head>
        <body>


            <div class="flashBanner">
                <a href="http://sc.admin5.com/"><img class="bigImg" width="782" height="326"
/></a>
                <div class="mask">
                    <img src="images/1.jpg" uri="images/1.jpg" link="http://sc.admin5.com/" width="60"
height="22"/>
                    <img src="images/2.jpg" uri="images/2.jpg" link="http://sc.admin5.com/" width="60"
height="22"/>
                    <img src="images/3.jpg" uri="images/3.jpg" link="http://sc.admin5.com/" width="60"
height="22"/>
```

```
                <img src="images/4.jpg" uri="images/4.jpg" link="http://sc.admin5.com/" width="60"
height="22"/>
                <img src="images/5.jpg" uri="images/5.jpg" link="http://sc.admin5.com/" width="60"
height="22"/>
            </div>
        </div>
    <div style="text-align:center;margin:50px 0; font:normal 14px/24px 'MicroSoft YaHei';">
    </div>
```

④ 从源代码结构可知，要显示的图片信息在“flashBanner”区域，此区域的样式是在“css/styles.css”文件中，动态特效的实现是通过两部分的 JavaScript 代码，一个是直接内嵌在 head 部分，另一个是调入的 src="js/jquery-1.4.4.min.js"JQuery 文件。

jquery 是一个 JavaScript 函数库，是一个“写的更少，但做的更多”的轻量级 JavaScript 库，Jquery 极大地简化了 JavaScript 编程。

⑤ 首先把“flashBanner”区域部分的代码复制到 banner 区域，并修改相应的参数，代码如下。

```
<div id="banner">
<div class="flashBanner">
        <a href="#"><img class="bigImg" width="967" height="323" /></a>
        <div class="mask">
            <img src="images/1.jpg" uri="images/1.jpg" link="#"  width="60" height="22"/>
            <img src="images/2.jpg" uri="images/2.jpg" link="#"  width="60" height="22"/>
            <img src="images/3.jpg" uri="images/3.jpg" link="#"  width="60" height="22"/>
            <img src="images/4.jpg" uri="images/4.jpg" link="#"  width="60" height="22"/>
            <img src="images/5.jpg" uri="images/5.jpg" link="#"  width="60" height="22"/>
            </div>


</div>
</div>
```

⑥ 把 css 文件夹中的 styles.css 文件复制一份到“盛和·景园”站点中的 styles 文件夹中，然后把它链接到 index.html 文件中，同时要修改相应的参数，即把样式应用到“flashBanner”区域代码如下。

```
<link href="styles/base.css" rel="stylesheet" type="text/css" />
<link href="styles/home.css" rel="stylesheet" type="text/css" />
<link href="styles/style.css" type="text/css" rel="stylesheet" />


@charset "utf-8";
```

```
/* flashBanner */
.flashBanner{width:967px;height:323px;overflow:hidden;margin:0 auto;}
.flashBanner{position:relative;}
.flashBanner  .mask{height:32px;line-height:32px;background-color:#000;width:100%;text-align:right;position:absolute;left:0;bottom:-32px;filter:alpha(opacity=70);-moz-opacity:0.7;opacity:0.7;overflow:hidden;}
.flashBanner .mask img{vertical-align:middle;margin-right:10px;cursor:pointer;}
.flashBanner .mask img.show{margin-bottom:3px;}
```

⑦ 把js文件夹中的jquery-1.4.4.min.js文件复制一份到“盛和·景园”站点中的scripts文件夹中，然后把它调入index.html文件中，即把特效代码应用到“flashBanner”区域，代码如下。

```
<script type="text/javascript" src="Scripts/jquery-1.4.4.min.js"></script>
```

⑧ 把head部分的JavaScript代码直接复制一份到“盛和·景园”站点中的index.html文件的head部分，代码如下。

```
<script type="text/javascript">
$(function(){
    $(".flashBanner").each(function(){
        var timer;
        $(".flashBanner .mask img").click(function(){
            var index = $(".flashBanner .mask img").index($(this));
            changeImg(index);
        }).eq(0).click();
        $(this).find(".mask").animate({
            "bottom":"0"
        },700);
        $(".flashBanner").hover(function(){
            clearInterval(timer);
        },function(){
            timer = setInterval(function(){
                var show = $(".flashBanner .mask img.show").index();
                if (show >= $(".flashBanner .mask img").length-1)
                    show = 0;
                else
                    show ++;
                changeImg(show);
            },3000);
        });
        function changeImg (index)
        {
            $(".flashBanner .mask img").removeClass("show").eq(index).addClass("show");
```

```
                $(".flashBanner .bigImg").parents("a").attr("href",$(".flashBanner .mask img").
eq(index).attr("link"));
                $(".flashBanner .bigImg").hide().attr("src",$(".flashBanner .mask img").eq(index).
attr("uri")).fadeIn("slow");
            }
            timer = setInterval(function(){
                var show = $(".flashBanner .mask img.show").index();
                if (show >= $(".flashBanner .mask img").length-1)
                    show = 0;
                else
                    show ++;
                changeImg(show);
            },3000);
        });
    });
    </script>
```

⑨ 按 F12 键浏览网页，最终效果如图 5.4 所示。

2. 图片滚动特效

为了让客户看到关于“盛和·景园”项目更多的实景信息，在项目展示部分应用了若干张图片不停滚动的特效，当客户点击某个图片时，就会打开相应的大图及关于图片的项目说明。

图 5.4

（1）利用搜索引擎搜索特效

方法同上，找到所需的特效。

（2）将下载后的特效应用到网页中

要将下载后的特效应用到当前网页中，首先需要解压缩，然后修改相应的参数即可。

根据前面章节可知，项目展示区域的大小宽度为 967px、高度为 192px。

图 5.5

① 从网站上下载所需要的图片滚动特效文件为“原生 JS 图片无缝滚动代码.rar”，双击打开并解压“原生 JS 图片无缝滚动代码.rar”文件，文件目录如图 5.5 所示，双击打开 index.html，页面效果如图 5.6 所示。

图 5.6

② 在页面空白处右击，在打开的快捷菜单中选择“查看源代码”选项，如图 5.7 所示。

图 5.7

③ 观察如下源代码结构。

```
<head>
<meta http-equiv="Content-Type" content="text/html;charset=UTF-8"/>
<title>原生 JS 图片无缝滚动代码</title>
<style>
*{margin: 0;padding:0;list-style: none;border:none;}
.content{padding:0 5px;width:920px;float:left;}/*主要用来美化样式*/
#scrollpic{position:relative;height:166px;width:920px;overflow: hidden;}
#prev,#next{display:block;height:166px;width:250px;background:#fff;position:absolute;top:0;
opacity: 0;z-index:10;}
#prev{left:0;}
#next{right:0;}
#scrollpic ul{position:absolute;height:166px;}
#scrollpic ul li{float:left;padding:5px;height:156px;width:220px;}
#scrollpic ul li img{width:220px;height:156px;}

</style>
</head>
<body>
    <div class="content">
    <div id="scrollpic">
```

```
            <a href="javascript:;" id="prev"></a>
            <ul>
                <li><a href="http://www.sucaijiayuan.com"><img src="images/1.gif"/></a></li>
                <li><a href="http://www.sucaijiayuan.com"><img src="images/2.gif"/></a></li>
                <li><a href="http://www.sucaijiayuan.com"><img src="images/3.gif"/></a></li>
                <li><a href="http://www.sucaijiayuan.com"><img src="images/4.gif"/></a></li>
            </ul>
            <a href="javascript:;" id="next"></a>
        </div>
        </div>

<!--js-->
<script type="text/javascript">
window.onload = function(){
    //操作 dom
    var oPicList = document.getElementById("scrollpic");
    var oUl = oPicList.getElementsByTagName("ul")[0];
    var aLi = oUl.getElementsByTagName("li");
    var aPrev = document.getElementById("prev");
    var aNext = document.getElementById("next");
    oUl.innerHTML+=oUl.innerHTML;
    oUl.style.width = aLi[0].offsetWidth * aLi.length + "px";
    oUl.style.left =-oUl.offsetWidth/2;
    var speed = 1;
    //控制滚动
    function movePic(){
        if(oUl.offsetLeft<=-oUl.offsetWidth/2){
            oUl.style.left = "0";
        }
        if(oUl.offsetLeft>0){
            oUl.style.left = -oUl.offsetWidth/2+"px";
        }
        oUl.style.left = oUl.offsetLeft + speed +"px";
    }
    var timer = setInterval(movePic,20);
    //鼠标操作 暂停/滚动
    oUl.onmouseover = function(){
        clearInterval(timer);
    }
    oUl.onmouseout = function(){
        timer = setInterval(movePic,20);
```

```
        }
        //控制图片左右滚动
        aPrev.onmouseover=function(){
            speed=1;
        }
        aNext.onmouseover=function(){
            speed=-1;
        }
    }
    </script>
```

④ 从源代码结构可知，要显示的图片信息在“content”区域，此区域的样式是在 head 中“style”部分，动态特效的实现是通过直接内嵌在下方的 JavaScript 脚本实现的。

⑤ 首先把“main_show”区域部分的代码复制并修改，如图 5.8 所示。

```
<div id="scrollpic">
    <a href="javascript:;" id="prev"></a>
        <ul>
            <li><a href="#"><img src="images/house.jpg"/></a></li>
            <li><a href="#"><img src="images/house.jpg"/></a></li>
            <li><a href="#"><img src="images/house.jpg"/></a></li>
            <li><a href="#"><img src="images/house.jpg"/></a></li>
            <li><a href="#"><img src="images/house.jpg"/></a></li>
        </ul>
    <a href="javascript:;" id="next"></a>
</div>
```

⑥ 把源代码结构中 head 部分的“style”样式复制到 index.html 文件的样式文件“div.css”，并进行修改，代码如下。

```
#scrollpic{position:relative;
margin-left:15px;
padding-top:20px;
height:140px;
width:940px;overflow: hidden;}
#prev,#next{display:block;height:140px;width:160px;background:#fff;position:absolute;top:0;
opacity: 0;z-index:10;}
#prev{left:0;}
#next{right:0;}
#scrollpic ul{
    position:absolute;
    height:140px;
    }
```

```
#scrollpic ul li{
    float:left;
    padding:0 10px;
    height:127px;
    width:160px;
    }
#scrollpic ul li img{width:160px;height:127px;
}
```

⑦ 把源代码结构中 js 部分复制到 index.html 文件的“head”部分，代码如下。

```
<script type="text/javascript">
window.onload = function(){
    //操作 dom
    var oPicList = document.getElementById("scrollpic");
    var oUl = oPicList.getElementsByTagName("ul")[0];
    var aLi = oUl.getElementsByTagName("li");
    var aPrev = document.getElementById("prev");
    var aNext = document.getElementById("next");
    oUl.innerHTML+=oUl.innerHTML;
    oUl.style.width = aLi[0].offsetWidth * aLi.length + "px";
    oUl.style.left =-oUl.offsetWidth/2;
    var speed = 1;
    //控制滚动
    function movePic(){
        if(oUl.offsetLeft<=-oUl.offsetWidth/2){
            oUl.style.left = "0";
        }
        if(oUl.offsetLeft>0){
            oUl.style.left = -oUl.offsetWidth/2+"px";
        }
        oUl.style.left = oUl.offsetLeft + speed +"px";
    }
    var timer = setInterval(movePic,20);
    //鼠标操作 暂停/滚动
    oUl.onmouseover = function(){
        clearInterval(timer);
    }
    oUl.onmouseout = function(){
        timer = setInterval(movePic,20);
    }
    //控制图片左右滚动
```

```
        aPrev.onmouseover=function(){
            speed=1;
        }
        aNext.onmouseover=function(){
            speed=-1;
        }
    }
</script>
```

⑧ 按 F12 键浏览网页，最终效果如图 5.8 所示。

图 5.8

PART 6 任务六 “盛和·景园”网站中开场动画的制作

模块一 “盛和·景园”开场动画文档的创建

能力目标

- 了解 Flash 开发环境
- 掌握 Flash 文档的创建

任务目标

通过本模块的学习，学生应了解 Flash 开发环境和文档的创建，并完成“盛和·景园”开场动画文档的创建。

核心知识

Flash 是一款优秀的网页动画制作软件，它是基于网络开发的交互性矢量动画设计软件，可以将音乐、声效、位图等元素融合在一起。现在，大家浏览网页时看到的绝大部分动画都是 Flash 动画。与其他格式的动画（如.gif 动画）相比，Flash 动画具有尺寸小、制作简单等特点。

一、认识 Flash CS6

1. 启动 Flash CS6

启动 Flash 主要有如下两种方法。

① 执行“开始”→“所有程序”→“Adobe”→“Adobe Flash Professional CS6”命令。

② 直接双击桌面上“Adobe Flash Professional CS6”快捷图标。

2. Flash CS6 界面介绍

启动 Flash CS6 后，首先看到的是图 6.1 所示的起始页。在该页中选择 ActionScript 3.0 创建基于 3.0 动作脚本的 Flash 文档。

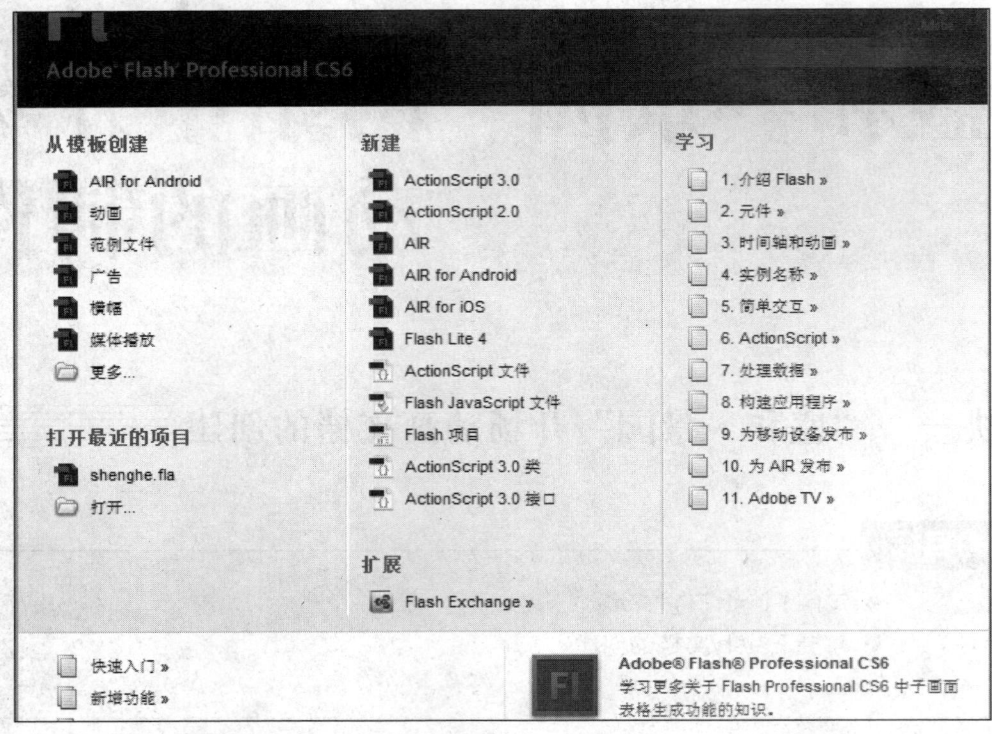

图 6.1

Flash CS6 的工作界面主要由标题栏、菜单栏、舞台、时间轴面板、工具箱、“属性”面板等组成，如图 6.2 所示。

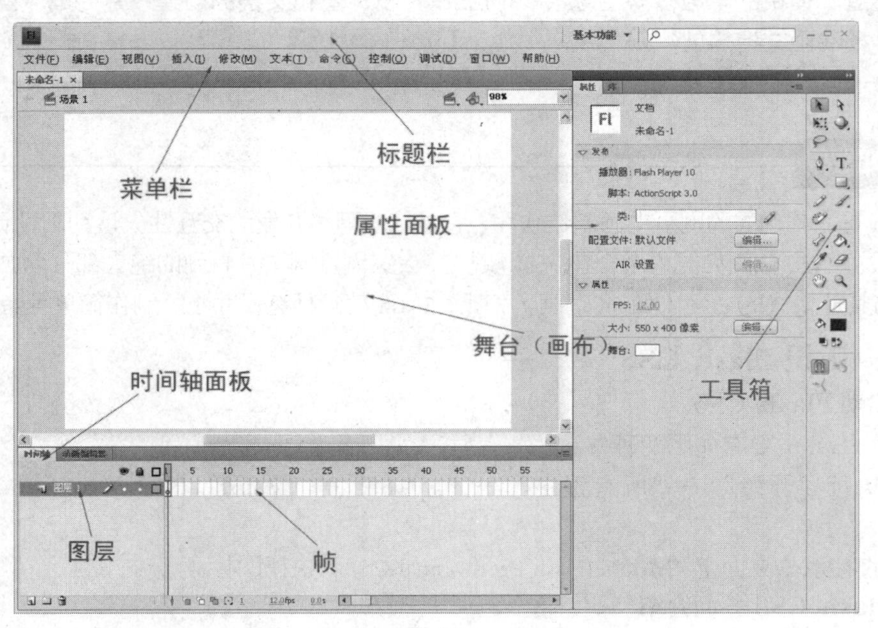

图 6.2

（1）菜单栏

菜单栏中是 Flash CS6 中的各种操作。

（2）舞台

舞台也称场景，它是用户创作作品的编辑区。发布动画后，只有位于舞台上的内容才能显示，而位于舞台外的内容不会显示。可以通过图 6.3 所示的“属性”面板设置舞台的大小、背景色等。

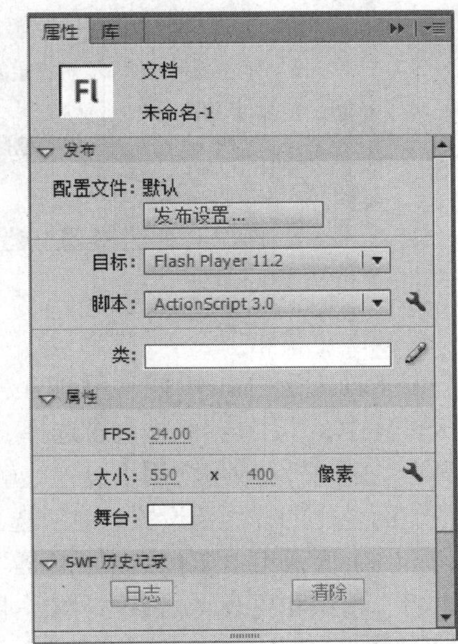

图 6.3

（3）时间轴面板

时间轴用于组织动画内容，Flash 动画是以帧为单位，通过在每个帧上改变各层的内容，多个帧连续播放，便形成了动画。

帧是构成 Flash 动画的基本单位。各个帧的内容不同，不同的帧表示了不同的含义，如图 6.4 所示。

① 空白帧：该帧是空的，没有任何对象，而且也不能在其中创建对象。

② 空白关键帧：帧单元格内是一个空心的圆圈，则表示该帧是一个没有内容的关键帧，称为空白关键帧。空白关键帧可以创建各种对象，在空白帧上右击，在打开的快捷菜单中选择“插入空白关键帧”（按 F7 键）即可插入空白关键帧。

③ 关键帧：帧单元格内是一个实心的圆圈，表示该帧是一个关键帧，帧内有对象，可以进行编辑。在空白帧上右击，在打开的快捷菜单中选择“插入关键帧”（按 F6 键）即可插入关键帧。

④ 普通帧：在关键帧边的浅灰色帧单元格是普通帧，表示它的内容与左边的关键帧内容一样。单击选中关键帧右边的一个空白帧，右击，在打开的快捷菜单中选择“插入帧”（按 F5 键）即可插入普通帧。

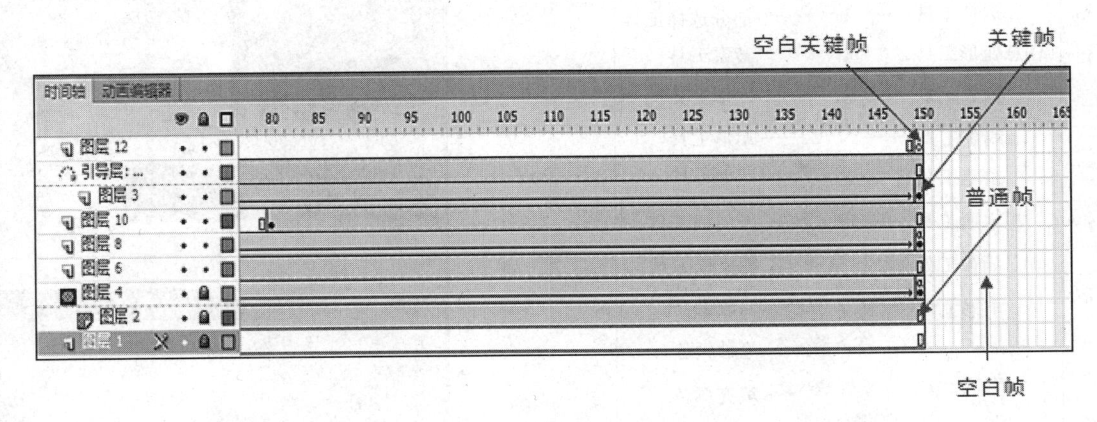

图 6.4

图层就像堆叠在一起的多张透明幻灯胶片一样，在舞台上一层层地向上叠加。如果上面一个图层上没有内容，那么就可以透过它看到下面的图层。每个图层都有独立的时间轴，多个图层的综合应用便形成了复杂的动画。时间轴的面板组成如图 6.5 所示。

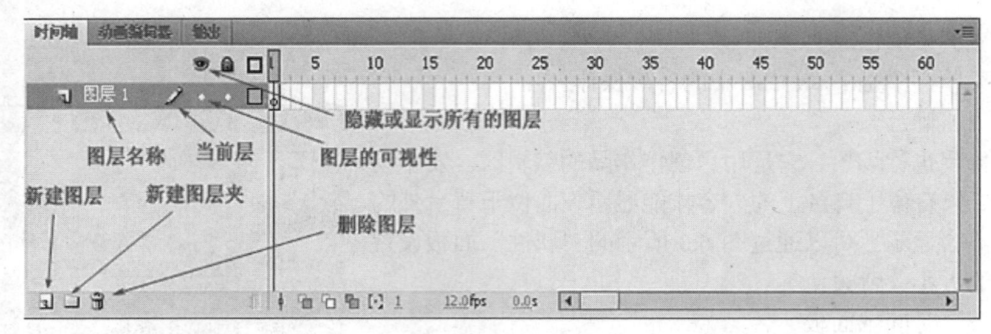

图 6.5

（4）工具箱

工具箱是 Flash 中最常用到的一个面板，由“工具”“查看”“颜色”和“选项”四部分组成。其中，“工具”区域包含选择、绘图等工具；“查看”区域包含用于缩放和移动舞台的工具；“颜色”区域包含用于设置笔触颜色和填充颜色的工具；“选项”区域是随着所选工具的变化而变化的，用于设置当前所选工具的属性。工具箱的组成如图 6.6 所示。

（5）面板组主要包括“混色器”面板、“库”面板和“信息”面板等，这些面板可以帮助查看、组织和更改文档中的对象。图 6.7 所示为面板组。

（6）面板组之一——“属性”面板

使用“属性”面板可以方便地查看或更改当前选定项（包括文档位于舞台上的对象、动画帧和工具箱中的工具）的属性，图 6.8 所示为“文本”工具的“属性”面板。

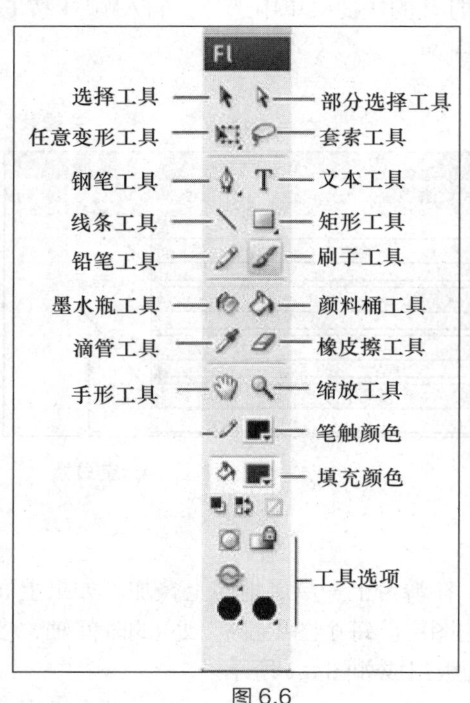

图 6.6

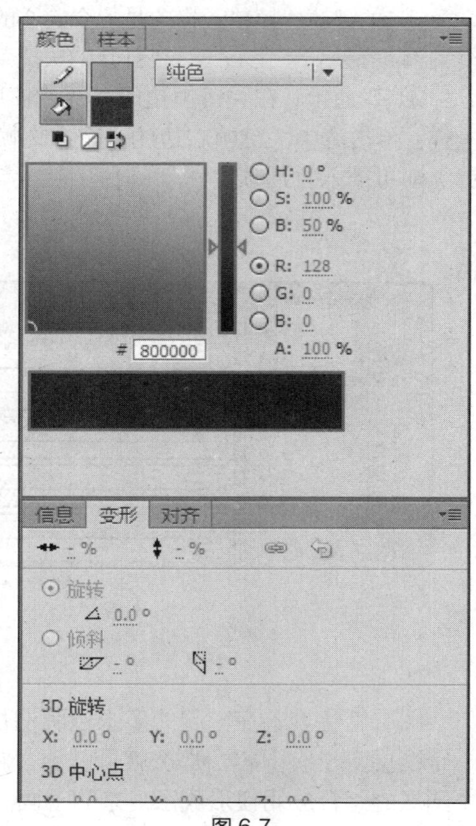

图 6.7

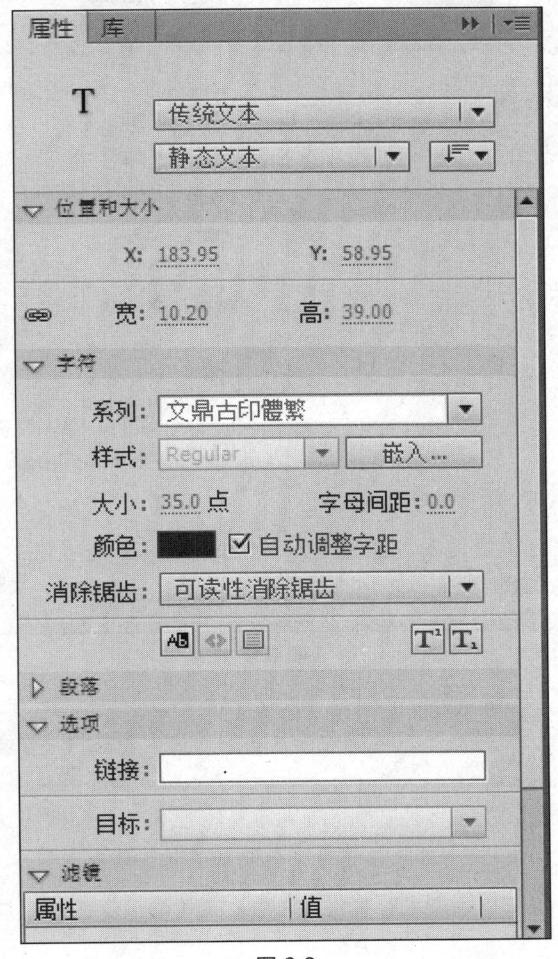

图 6.8

二、新建 Flash 文档

除了通过在起始页的“创建新项目”列中单击“Flash 文档”来创建新文档外，通过选择“文件”→“新建”菜单也可以创建新文档。操作步骤如下。

① 启动 Flash CS6 后，选择“文件”→“新建”命令（或按组合键 Ctrl+N），打开图 6.9 所示的“新建文档”对话框。

② 在“新建文档”对话框中，首先选定文档类型，然后可以设置文档的大小、标尺单位、帧频、背景色等，最后单击“确定”按钮即可完成新文档的创建。

③ 选择“文件”→“保存”命令（或按组合键 Ctrl+S），打开“另存为”对话框，如图 6.10 所示，在其中完成文件的保存。

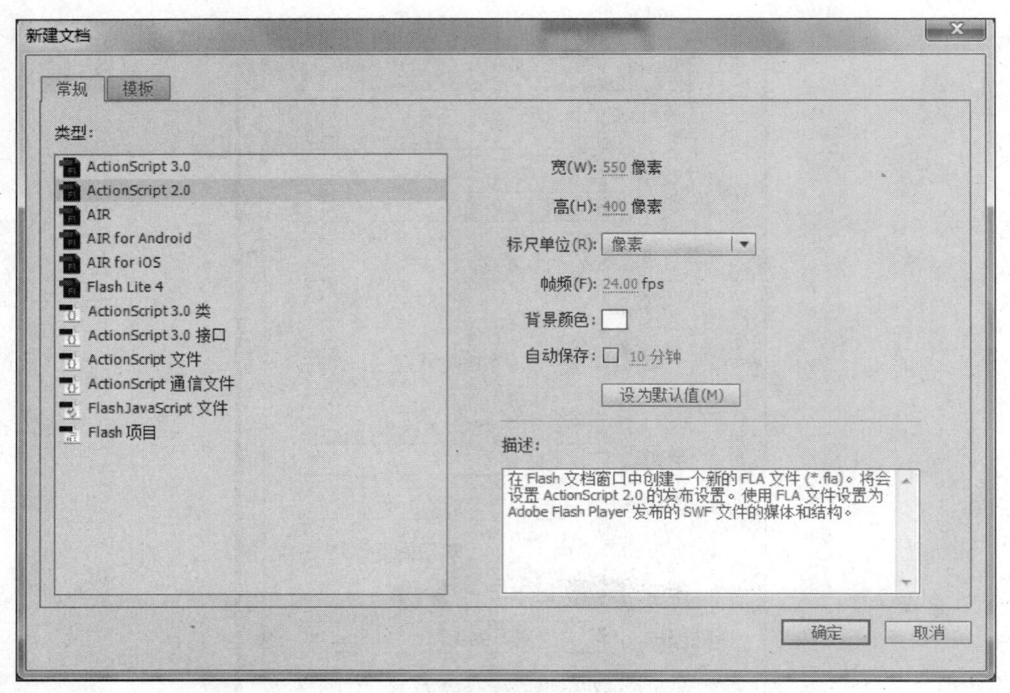

图 6.9

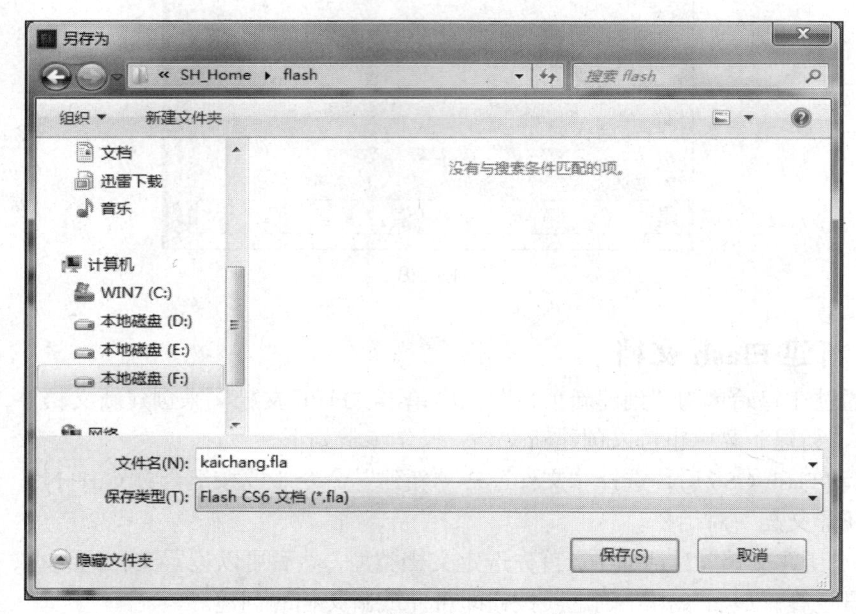

图 6.10

操作过程

① 启动 Flash CS6 后，选择“文件”→“新建”命令（或按组合键 Ctrl+N），打开如图 6.9 所示的“新建文档”对话框。

② 在“新建文档”对话框中，选定文档类型为 ActionScript 2.0，文档的大小宽度为 1000px、

高度为 600px，标尺单位为“像素”、帧频为 24fps，背景色为“黑色”（#000000），其他使用默认值，单击“确定”按钮完成文档的创建。

③ 选择“文件”→“保存”命令（或按组合键 Ctrl+S），打开“另存为”对话框，保存文件名称为“shenghe.fla”。

模块二 “盛和·景园”开场动画的制作

能力目标

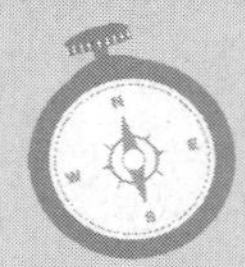

- 掌握元件的制作
- 掌握遮罩动画
- 掌握运动补间动画
- 掌握引导动画

任务目标

通过本模块的学习，学生应掌握 Flash 中元件、各种动画的制作。

核心知识

一、元件

Flash 中的元件是指在 Flash 文档中可以反复使用的一种动画元素。

Flash 中的元件分为三类，它们创建后全部保存“库”中。

① 图形：图形元件用于制作需要重复使用的静态图形（或图像），以及附属于主影片时间轴的可重复使用的动画片段。

② 影片剪辑：影片剪辑元件具有独立的时间轴，本身便是一段独立的动画。当需要制作独立于主影片时间轴的动画片段时，最好使用影片剪辑；当需要制作带有动作脚本或声音的交互式动画片段时，也应该使用影片剪辑。

③ 按钮：按钮是用来响应鼠标事件的，用来创建按钮元件的对象可以是图形元件实例、影片剪辑实例、位图、组合、分散的矢量图形等。要让按钮发生作用，需要为按钮实例添加动作脚本。

注意

除了可以新建元件外，也可以将现有的对象转换为元件，只需在选中对象后，选择“修改”→“转换为元件”命令（或按按 F8 快捷键），然后在弹出的对象框中设置相关属性即可。

如果要应用“库”面板中的元件，只需从“对象列表”中将其拖至舞台上即可，此时舞台上的对象称为实例。

注意

实例虽然来源于元件，但是每一个实例都有其自身的、独立于元件的属性，例如，可以改变某个实例的色调、透明度和亮度，重新定义实例的类型等。

创建元件的操作步骤如下。

① 在打开的 Flash 文档中，选择“插入”→“新建元件”命令（或按 Ctrl+F8 组合键），打开如图 6.11 所示的“创建新元件”对话框。

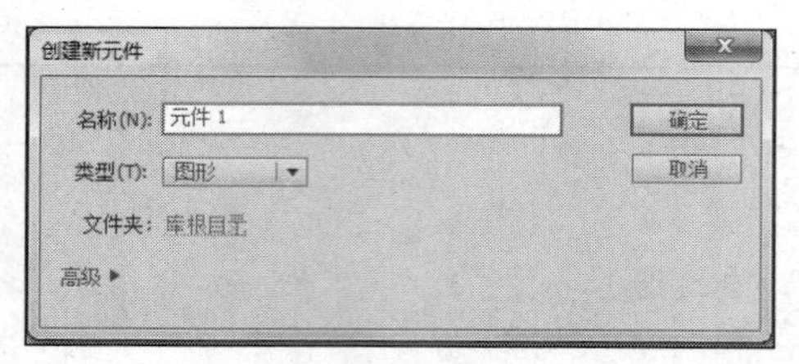

图 6.11

② 在“创建新元件”对话框中，设置“新元件”的名称、类型、保存路径等信息。

二、补间动画、传统补间动画与补间形状动画

在 Flash 中，为了制作出图像运动的动画，需要在两个帧之间制作“补间动画”，补间动画功能强大，有很强的动画效果。

1. 补间动画

补间动画又叫中间帧动画，在创建补间动画时，只要建立起始和结束的画面，中间部分由 Flash 软件自动生成，省去了制作中间动画的复杂过程。

Flash 动画制作中补间动画分两类：一类是形状补间，用于形状的动画；另一类是动画补间，用于图形及元件的动画。

2. 传统补间动画

传统补间动画是将图层中的对象或实体作为一个整体，通过定义整体在运动过程中的初始帧和结束帧的状态，由 Flash 自动生成如位置、大小、旋转、颜色、透明度等变化的动画效果。

注意

传统补间动画所处理的对象必须以整体形式出现，可以是群组后的矢量图形、字符等，也可以是引入到舞台的元件或其他导入的素材对象。

3. 补间形状动画

补间形状动画是在开始帧和结束帧端点之间，通过改变矢量图形的形状、色彩、大小、位置等而实现的动画。

注意

补间形状动画由矢量图形构成，如果使用图形元件、按钮、文字，则必须先打散，即转化为矢量图形再变形。

4. 引导动画

一般来说，运动动画产生补间动画时，都是按照直线运动的方式。然而在一些动画制作中，会给一些物体添加不规则的动作，让这些物体按照设定的路径轨迹运动，这就是引导层动画。

注意

（1）被引导层中的对象可以是影片剪辑、图形元件、按钮、文字等，但不能应用形状（矢量图），最常用的动画形式是传统补间动画。

（2）引导层中的对象可以是用钢笔、铅笔、线条、椭圆工具、矩形工具或画笔工具等绘制出的线段。

5. 遮罩动画

遮罩层也叫蒙版，是一种特殊图层，遮罩层就像一张被镂空的纸，在遮罩层中的物体所处的区域，相当于纸中被镂空的部分，透过镂空区域就可以看到下面被遮罩的内容。

注意

遮罩层中对象的许多属性是被忽略的，如渐变色、透明度、颜色和线条样式等。

三、ActionScript 动作脚本

ActionScript 动作脚本是 Flash 中提供的一种动作脚本语言，也是 Flash 软件非常重要的组成部分，它提供了独有的脚本编写语言，其语法与 JavaScript 基本相同。使用 ActionScript 可以给 Flash 动画添加交互性，用户可以变被动接受信息为主动查找信息，这就是交互功能，应用交互功能的动画叫交互动画。

“动作”面板是动画制作过程中进行脚本编写的重要场所，可以通过执行“窗口”→“动作”命令（或按 F9 快捷键）打开“动作”面板。

1. 语法规则

（1）点运算

在 ActionScrip 中，点运算符被用来指明与某个对象或电影剪辑相关的属性和方法，它也用于标识指向电影剪辑或变量的目标路径。如：

```
getURL("../index.html","_blank");
```

（2）大括号

ActionScrip 语句用大括号“{}”分割每段代码，大括号是成对出现的，必须是完整的。如：

```
on (release) {
        getURL("../index.html","_blank");
}
```

（3）分号

ActionScrip 语句用分号结束，每条语句的结尾都应该加上分号。如：

```
getURL("../index.html","_blank");
```

（4）圆括号

圆括号具有运算符的最优先级别。它可以控制表达式中操作符的运行顺序，还可以将变

量传递给圆括号外的函数作为函数的参数值。如：

```
getURL("../index.html","_blank");
```

（5）字母大小写

在 ActionScrip 语法中，字母的大小写并不严格区分，只有关键字区分大小写。如：

```
hat=true 和 HAT=true 是等价的。
```

（6）注释

在 Flash 中，沿用了 C 语言的注释语法符号“//”，凡是在这个符号之后的语句都被视作注释。如：

```
getURL("../index.html","_blank"); //跳转到首页
```

2. 主要命令

（1）goto 命令

goto 命令是无跳转语句，它不受任何条件的约束，可跳转到任意场景的任意一帧。

命令格式 1：gotoAndPlay（场景，帧）

作用：跳转到指定场景的指定帧，并开始播放。如果没有指定场景，则跳转到当前场景的指定帧。

如：跳转到场景 2 的第 1 帧开始播放。

```
on (press) {
gotoAndPlay (场景 2, 1)
}
```

命令格式 2：gotoAndStop（场景，帧）

作用：跳转到指定场景的指定帧，并从该帧停止播放。如果没有指定场景，则跳转到当前场景的指定帧。

（2）nextFrame 命令

命令格式：nextFrame（）

作用：跳到下一帧并停止播放。如：

```
on (press) {
g nextFrame( )}
```

（3）prveFrame 命令

命令格式：prveFrame（）

作用：跳到前一帧并停止播放。

（4）play 命令

命令格式：play（）

作用：使影片从当前帧开始继续播放。

（5）stop 命令

命令格式：stop（）

作用：使影片停止在当前时间轴的当前帧。

（6）on 命令

命令格式：on（）

作用：按钮脚本命令，是事件处理函数，当特定事件发生时要执行的代码。如：

```
on (realease) {
}
```

3. 事件和动作

事件是触发动作的信号，比如，用户单击按钮、移动鼠标、播放影片剪辑实例等都会产生一个事件。Flash 中可以通过两种方式来触发事件的发生：一种是“对象触发事件”，比如单击鼠标或按下键盘的键；另一种则是“帧触发事件”，比如当动画播放到某一帧时，事件自动被触发。

（1）对象触发事件

① 按钮触发事件

当鼠标在按钮上单击、滑过、弹起等时都会触发相应的事件发生。

按钮可以触发的事件包括以下几种。

- press：鼠标单击按钮
- release：鼠标单击按钮后放开
- releaseOutside：鼠标在按钮上左键按下后在按钮外部放开
- rollOver：鼠标滑过按钮
- rollOut：鼠标滑出按钮
- dragOver：鼠标拖动滑过按钮
- dragOver：鼠标拖动滑出按钮
- keyPress：单击键盘上指定的键名时，便可以触发指定的动作。keyPress 命令后边总是跟着键盘上的某个键的名称，比如“left”“right”等。

② 影片剪辑元件触发事件

当影片剪辑被载入或被播放到某一帧的时候会触发事件的发生。

- mouseDown：当鼠标左键按下时触发事件
- mouseMove：当鼠标移动时触发事件
- mouseUp：当放开鼠标左键时触发事件
- keyDown：当键盘上某个键按下时触发事件
- keyUp：当键盘上某个键放开时触发事件
- data：鼠标拖动滑过按钮

（2）帧触发事件

定义帧触发事件就是给某个特定的帧指定一个动作，当影片播放到该帧的时候就会响应事件，并执行特定的动作。当需要影片在进行到某一关键帧时执行特定的动作，就要在这一帧添加代码。

如：gotoAndPlay（“场景 2”，10）;//到“场景 2”的第 10 帧开始播放。

操作过程

一、画轴展开动画的制作

为了给客户神秘的感觉，因此制作了一个慢慢展开的画卷效果，让客户一点点地看到“盛和”房产项目的全貌，给人一种“豁然开朗”的感觉。

（1）首先，打开“文件”菜单，选择“导入”→“导入库”命令，导入“SH_Home\flash”

内的素材，如图 6.12 和图 6.13 所示。

注意

① 素材中的“shenghe.jpg”图片需要自己在 Photoshop 中进行创建。

② 素材中的“huazhou.jpg”“hudie.jpg”图片从网上下载即可。

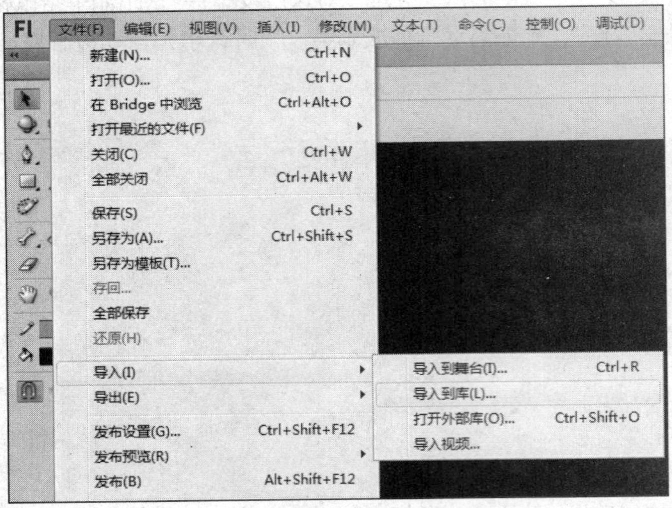

图 6.12

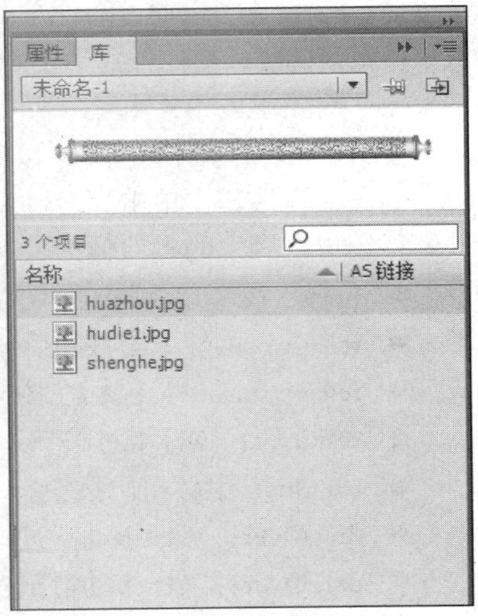

图 6.13

（2）画卷展开效果实现的最终效果如图 6.14 所示。

图 6.14

① 选择“图层 1”，双击“图层 1”名称位置，使名称处于可编辑状态，输入新的名称“舞台”，如图 6.15 所示。

② 单击时间轴面板中的“新建图层”按钮，如图 6.16 所示，添加新的图层，并将图层名称改为“背景”，如图 6.16 所示。

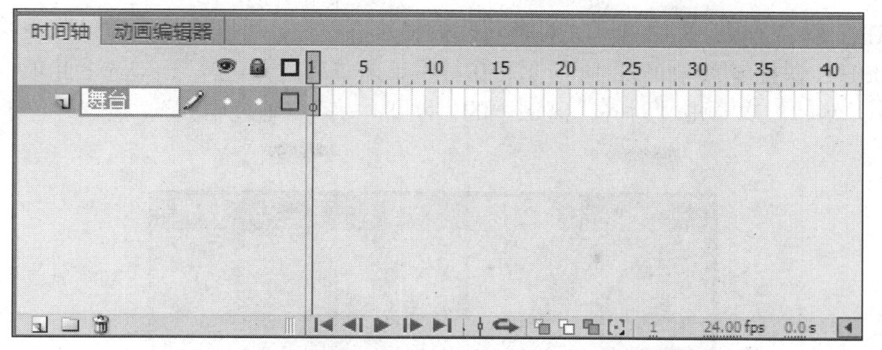

图 6.15

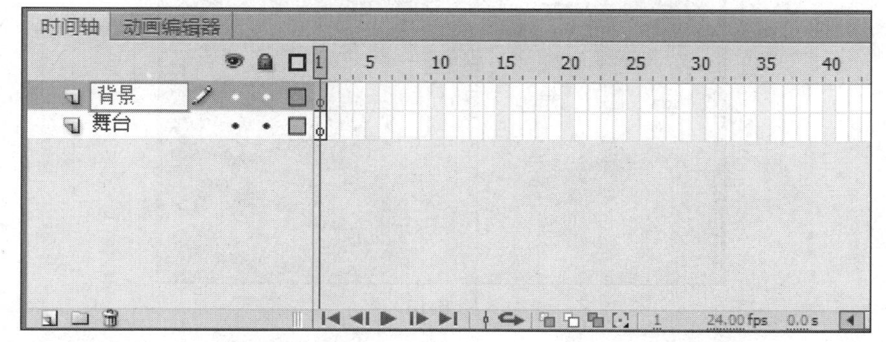

图 6.16

③ 在右侧“面板组”中打开“库”面板（若不存在，可以选择“窗口”→“库”命令或按组合键 Ctrl+L），将其中的“shenghe.jpg”图片拖放到舞台，如图 6.17 所示。

图 6.17

“库”面板中可以存放舞台中使用的元素，也可以是创建的元件。

④ 在右侧“面板组”中打开“对齐”面板（若不存在，可以选择“窗口”→“对齐”命令或按 Ctrl+K 快捷键），如图 6.18 所示，在其中单击“与舞台对齐”，勾选上此项，以舞台为对齐对象；然后依次单击“对齐”区域中的“水平中齐”“垂直中齐”，把图片置于舞台的中心位置。

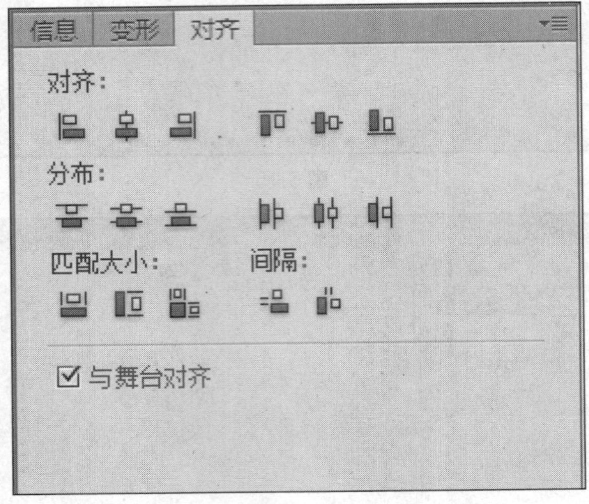

图 6.18

注意

“对齐”面板分为以下 5 个区域。

与舞台对齐：勾选后可以调整选定对象相对于舞台尺寸的对齐方式、分布、匹配大小和间隔；如果没有按下此按钮则是两个以上对象之间的相互对齐和分布。

对齐：用于调整选定对象的左对齐、水平对齐、右对齐、上对齐、垂直对齐和底对齐。

分布：用于调整选定对象的顶部、水平居中和底部分布，以及左侧、垂直居中和右侧分布。

匹配大小：用于调整选定对象的匹配宽度、匹配高度或匹配宽和高。

间隔：用于调整选定对象的水平间隔和垂直间隔。

⑤ 新建“遮罩”图层，选择工具箱中的“矩形工具”，如图 6.19 所示，打开属性面板，在其中选择“笔触颜色”，如图 6.20 所示，选择“无笔触”按钮，将“笔触”去掉，即无边框。

注意

“笔触”主要是指图形对象的边框，包括颜色、粗细、样式等。

⑥ “填充颜色”任意，在舞台上绘制一任意大小的“矩形”，在“矩形”上右击，在弹出的快捷菜单中选择“转换为元件”命令（或按 F8 快捷键），在图 6.21 所示的“转换为元件”对话框中，设置名称为“矩形”，类型为“图形”，对齐为“中心”，其他使用

默认。

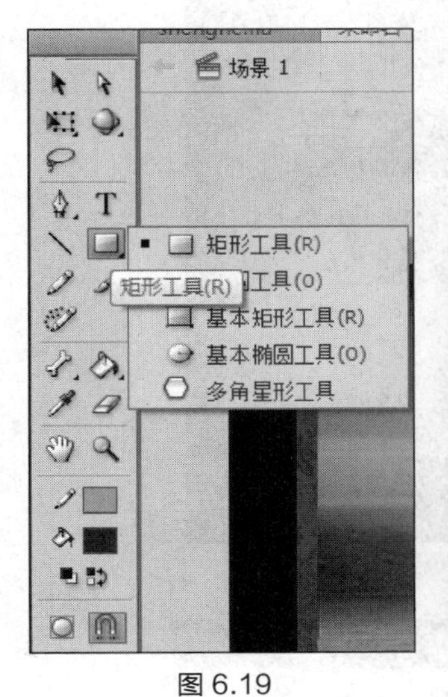

图 6.19

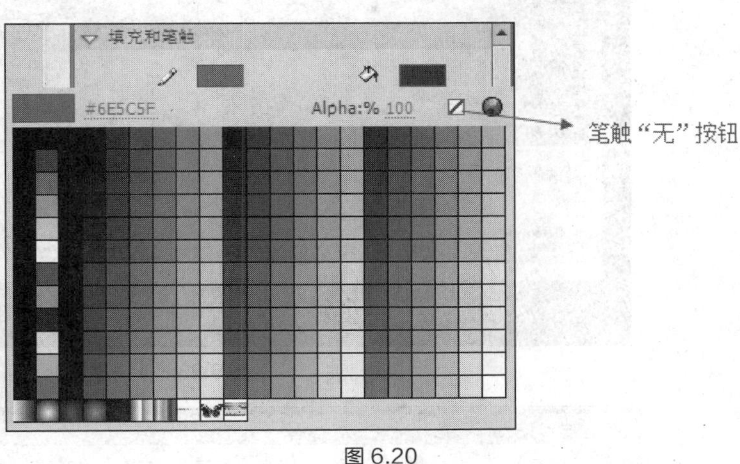

图 6.20

转换为元件
名称(N): 元件 1
类型(T): 图形 对齐:
文件夹: 库根目录
高级 ▸
确定
取消

图 6.21

图 6.21 中的“对齐”为设置元件的中心位置。

⑦ 选择“矩形”元件，在“属性”面板中设置宽度为 1px，高度为 560px。

⑧ 先选择“背景”图层，按 Ctrl 键再选择“遮罩”层，即同时选中这两个图层。按组合键 Ctrl+K，打开“对齐”面板，在其中单击“与舞台对齐”，去掉勾选此项，如图 6.22 所示，然后依次单击“对齐”区域中的“左对齐”“顶对齐”，把“矩形”元件与“背景”图片左对齐、顶端对齐，如图 6.23 所示。

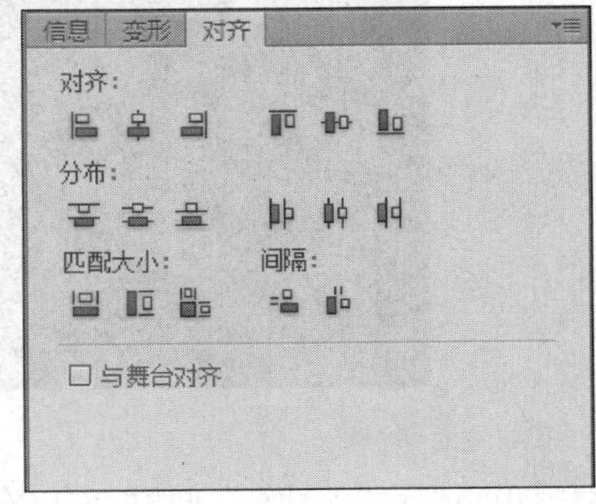

图 6.22

⑨ 在第 150 帧的位置依次分别在“舞台”层插入“普通帧”、在“背景”层插入“普通帧”、在“遮罩”层插入“关键帧”，如图 6.24 所示。

⑩ 设置窗口的显示比例为 400%，如图 6.25 所示，便于调整矩形大小。

图 6.23

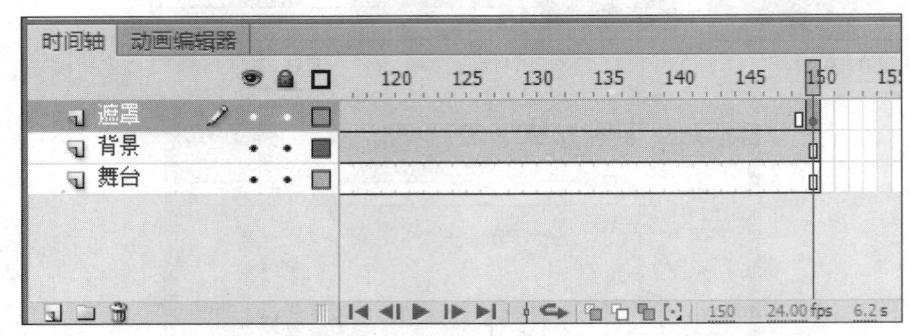

图 6.24

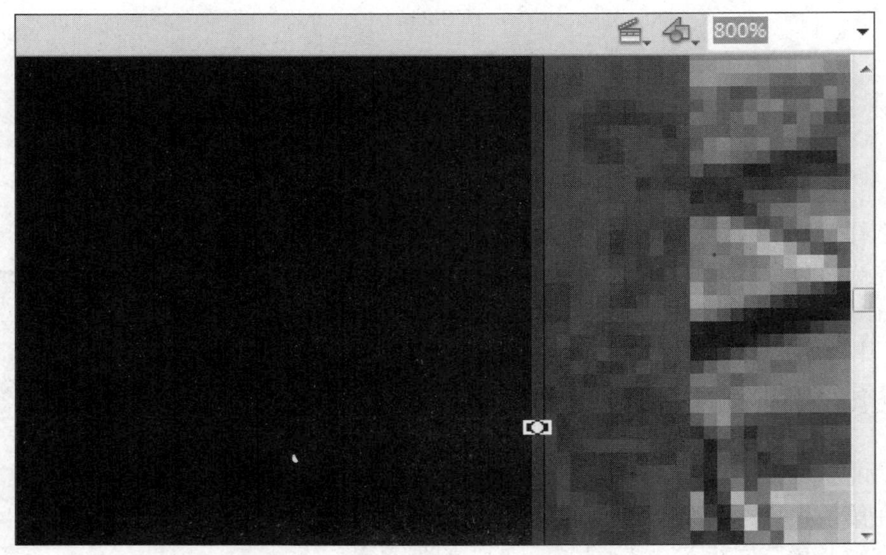

图 6.25

⑪ 选择“工具箱”面板中的“任意变形工具”，按住 Alt 键，将“矩形”元件向右拖动，调整大小，如图 6.26 所示；当调整到一定大小时，将窗口显示比“符合窗口大小”，以便于整体大小的调整，如图 6.27 所示。

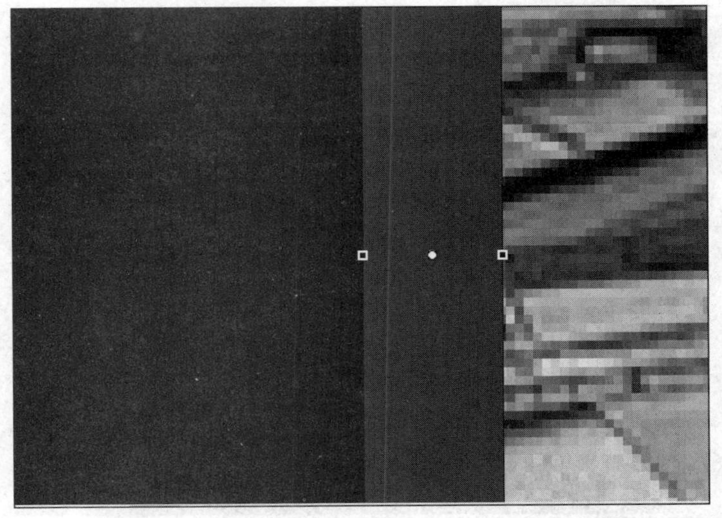

图 6.26

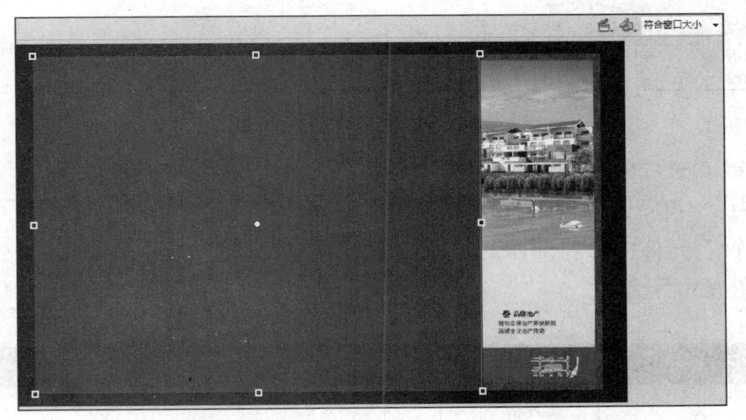

图 6.27

⑫ 在“遮罩”层的第 1 帧到 150 帧任意一帧上，单击鼠标右键，在弹出的快捷菜单中选择“创建传统补间”动画，按 Enter 键，在编辑窗口中预览动画效果，如图 6.28 所示。

图 6.28

⑬ 在"遮罩"层上单击鼠标右键，在弹出的快捷菜单中选择"遮罩"层，创建遮罩动画。效果如图 6.29 所示。

图 6.29

⑭ 按组合键 Ctrl+F8，打开"创建新元件"对话框，在其中设置名称为"画轴"，类型为"图形"，对齐为"中心"，创建"画轴"元件。

⑮ 在"画轴"元件中，将库中的"画轴.jpg"素材拖放到元件环境中，按组合键 Ctrl+B 分离图片，如图 6.30 所示。

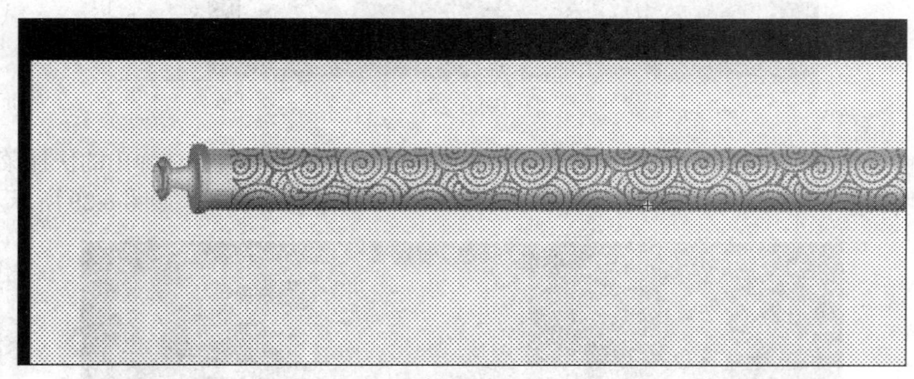

图 6.30

"分离图片"是把整张图片分解成一个一个的像素点，此时就可以对图片进行部分选取、部分操作了。

⑯ 选择"工具箱"面板中的"套索工具"，在"工具选项"中选择"魔术棒"，在"画轴"图片的白色区域上单击，选中白色区域，按 Delete 键即可删除大面积的白色部分，如图 6.31 所示。此时若有小的部分区域仍没有删除，可以使用"橡皮擦工具"直接擦除，或按住鼠标左键，拖动选择白色区域，如图 6.32 所示，按 Delete 键即可删除。

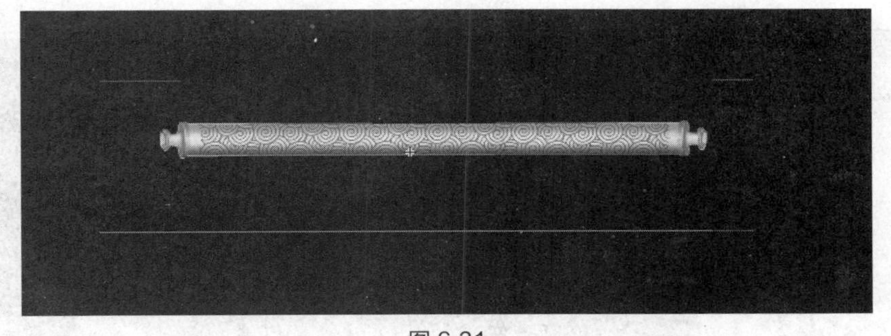

图 6.31

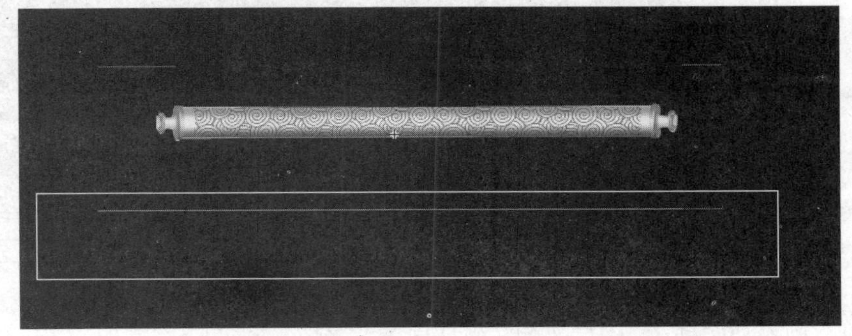

图 6.32

⑰ 在右侧“面板组”中打开“变形”面板（若不存在，可以选择“窗口”→“变形”命令或按组合键 Ctrl+T），如图 6.33 所示，在“旋转”中输入 90，即可将“画轴”垂直放置。

⑱ 按组合键 Ctrl+K 打开“对齐”面板，在其中单击“与舞台对齐”，勾选上此项，以舞台为对齐对象；然后依次单击“对齐”区域中的“水平中齐”“垂直中齐”，把“画轴”置于元件的中心位置，如图 6.34 所示。

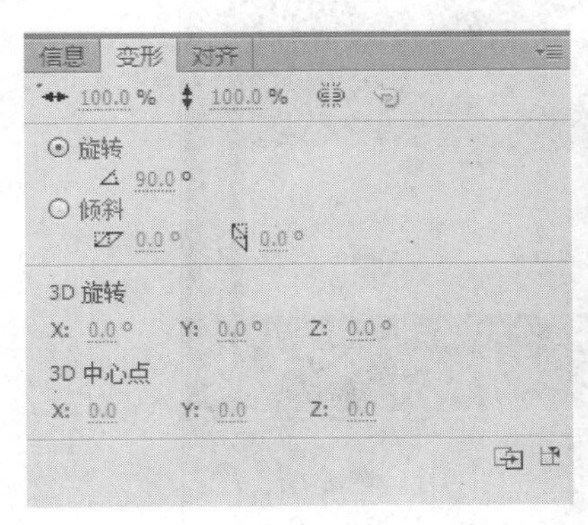

图 6.33

图 6.34

⑲ 按组合键 Ctrl+E，返回场景。单击“新建图层”按钮，添加新图层，并将其更名为“画轴 1”，然后再添加“画轴 2”图层。选择“画轴 1”图层，按组合键 Ctrl+L 打开“库”面板，将“画轴”元件拖放到“画轴 1”图层，并将“画轴”实例放置到合适位置，在“画轴 1”图层的第 1 帧上单击鼠标右键，在弹出的快捷菜单中选择“复制帧”，在“画轴 2”图层的第 1 帧上单击鼠标右键，在弹出的快捷菜单中选择“粘贴帧”，如图 6.35 所示。

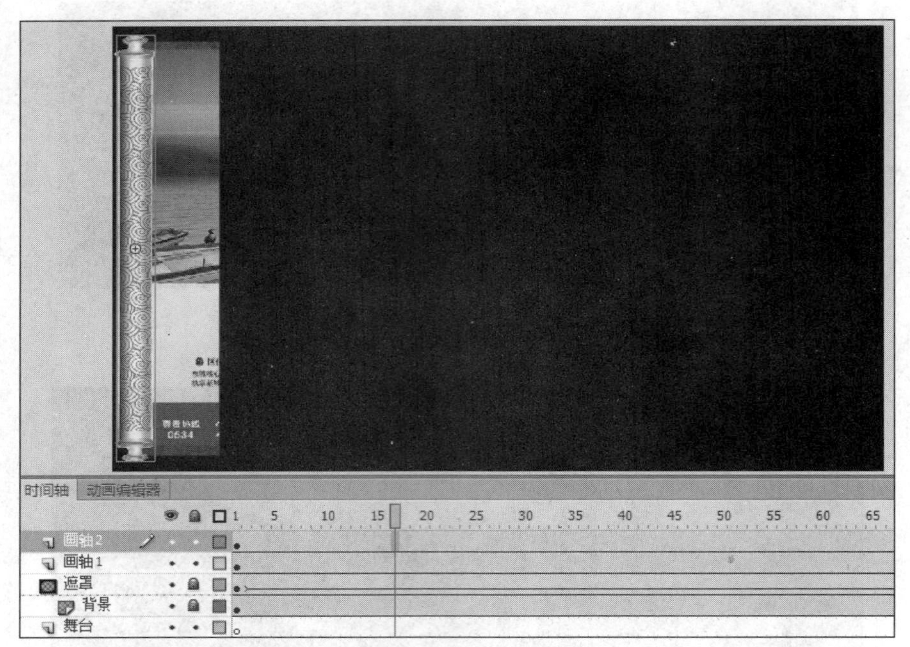

图 6.35

⑳ 依次分别在“画轴 1”图层的 150 帧处插入普通帧、“画轴 2”图层的 150 帧处插入关键帧，并将 150 帧“画轴 2”图层中的“画轴”实例拖放到图 6.36 所示的位置。

图 6.36

㉑ 在“画轴 2”层的第 1 帧～150 帧任意一帧上，单击鼠标右键，在弹出的快捷菜单中选择“创建传统补间”动画，按 Enter 键，在编辑窗口中预览动画效果，如图 6.37 所示。

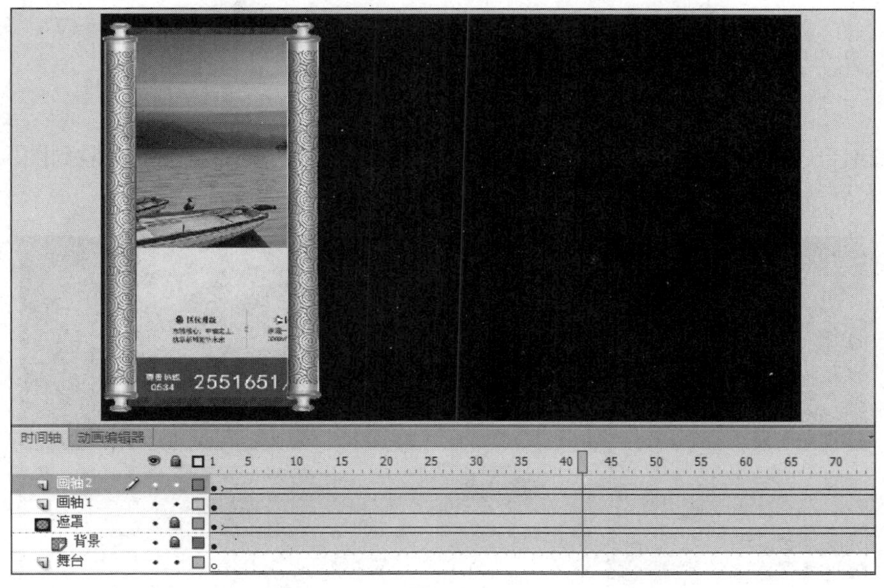

图 6.37

二、制作文本逐个显示的补间动画

① 按组合键 Ctrl+F8，打开“创建新元件”对话框，在其中设置名称为“文字”，类型为“图形”，创建“文字”元件，如图 6.38 所示。

② 在“文字”元件窗口，选择“文本”工具T，在“属性”面板上，设置字体为“文鼎古印體繁”，字体大小为“40”，颜色为暗红色“#800000”，如图 6.39 所示。

图 6.38

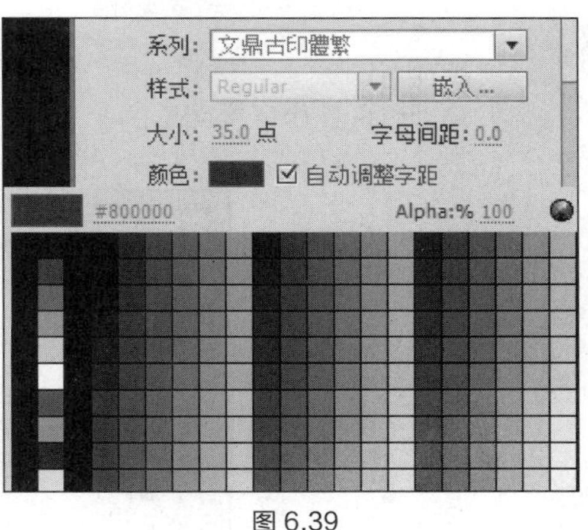

图 6.39

③ 在窗口中输入“生态盛和景　魅力盛和房”，如图 6.40 所示。

图 6.40

④ 按组合键 Ctrl+K，打开“对齐”面板，在其中单击“与舞台对齐”，然后依次单击“对齐”区域中的“水平中齐”“垂直中齐”，把文字内容置于舞台的中心位置，如图 6.41 所示。

图 6.41

⑤ 按组合键 Ctrl+B，分离文本。再选择“修改”→“时间轴”→“分散到图层”命令，将各个文本分散到不同的图层，此时时间轴如图 6.42 所示。

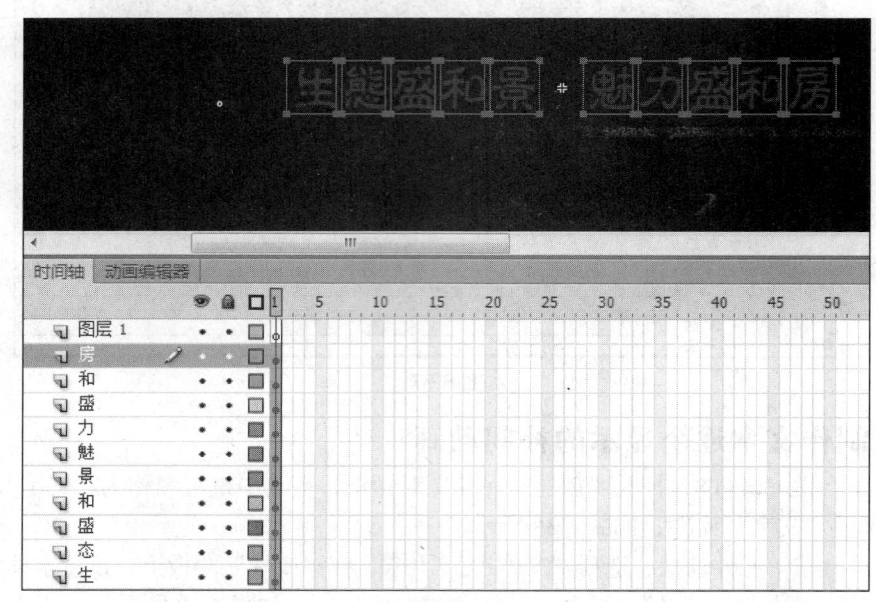

图 6.42

⑥ 选择“图层 1”，然后单击“删除图层”按钮，将“图层 1”删除。

⑦ 拖动鼠标选中所有图层的第 20 帧，并在选中的帧上插入关键帧，如图 6.43 所示。

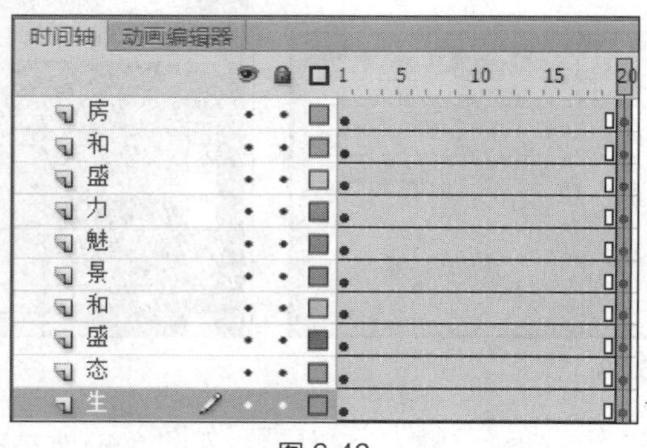

图 6.43

⑧ 拖动鼠标选中所有图层的第 120 帧，并在选中的帧上插入普通帧，以保持文本的显示状态，如图 6.44 所示。

⑨ 单击图层“生”的第 1 帧，选中该帧上文本“生”，按组合键 Ctrl+T 打开变形面板，选中“约束”按钮，如图 6.45 所示，在“宽度”文本框中输入 200%，按 Enter 键，将文本放大一倍，如图 6.46 所示。

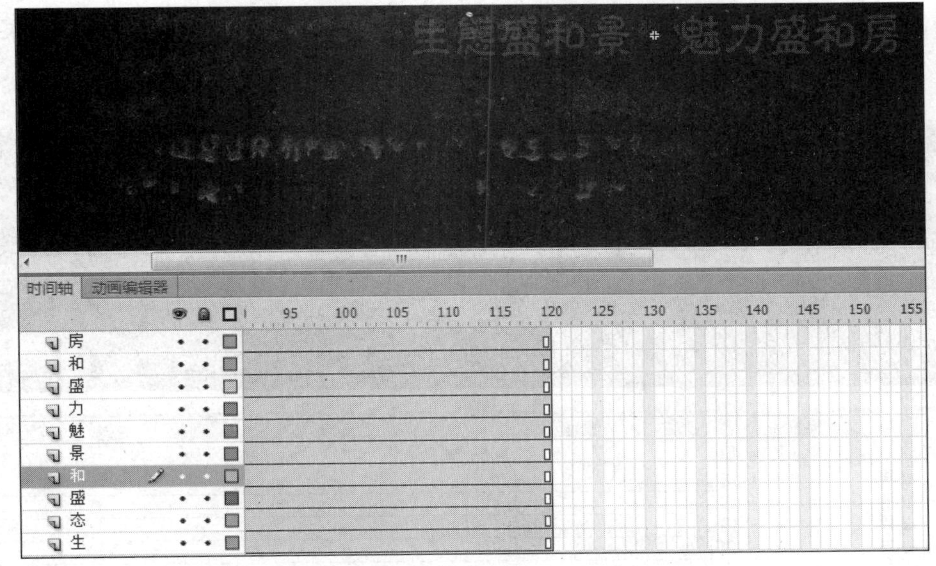

图 6.44

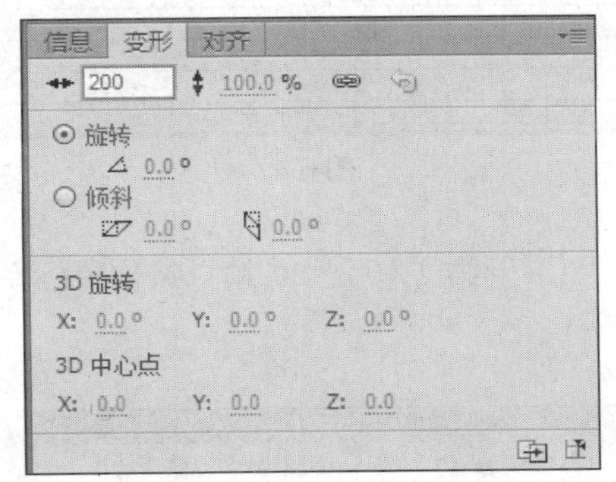

图 6.45

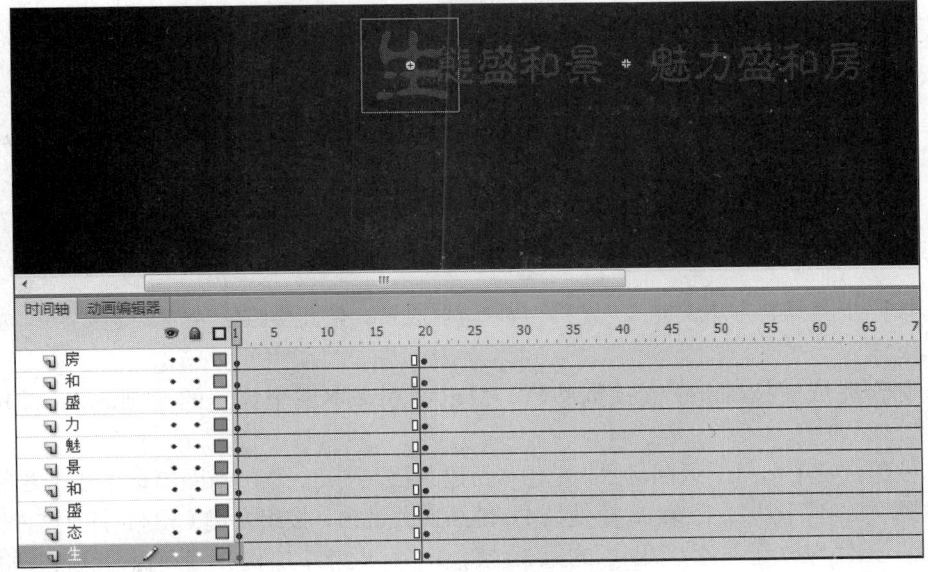

图 6.46

⑩ 在“生”图层的第 2 帧到 19 帧的任意一帧上单击鼠标右键，在弹出的快捷菜单中选择“创建传统补间”动画，按 Enter 键，在编辑窗口中预览动画效果，如图 6.47 所示。

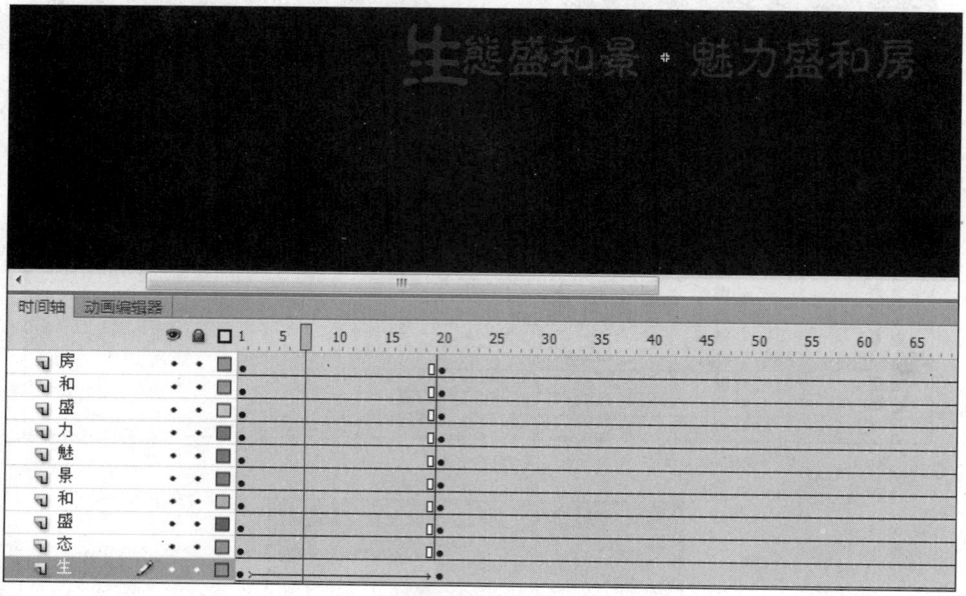

图 6.47

⑪ 拖动鼠标选中“态”图层上第 1 帧到 20 帧，按住鼠标左键直接把这些帧向右拖动 5 帧，如图 6.48 所示。

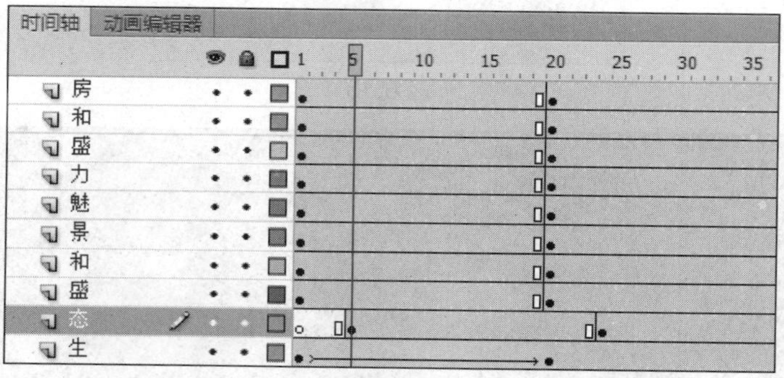

图 6.48

⑫ 按照步骤⑪的方法，完成“态”字的动画效果，依此类推，完成其他文字的动画效果的制作。

⑬ 制作完成后按 Enter 键预览动画，可以看到文本逐个显示的动画效果，如图 6.49 所示。

⑭ 按组合键 Ctrl+E，返回场景。单击“新建图层”按钮，添加新图层，并将其更名为“文字”。选择“文字”图层，在第 50 帧处按 F6 键插入关键帧，按组合键 Ctrl+L 打开“库”面板，将“文字”元件拖放到“文字”图层的第 50 帧，并将“文字”实例放置到合适位置，如图 6.50 所示。按 Enter 键测试动画，效果如图 6.51 所示。

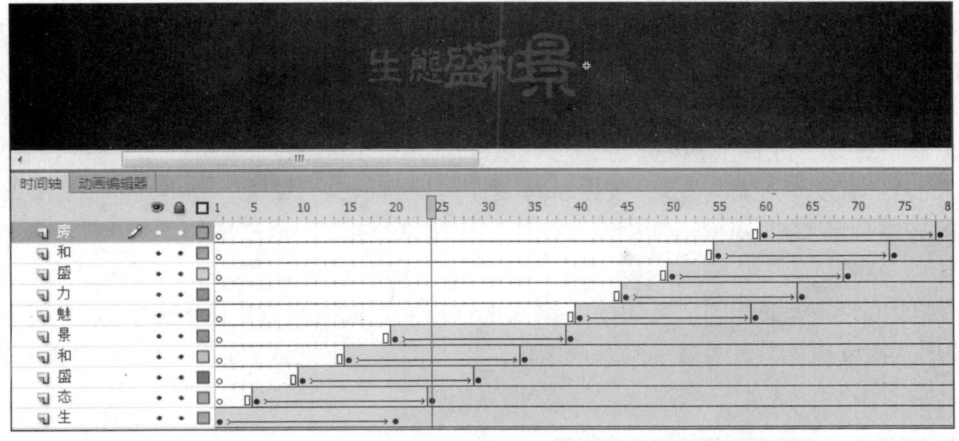

图 6.49

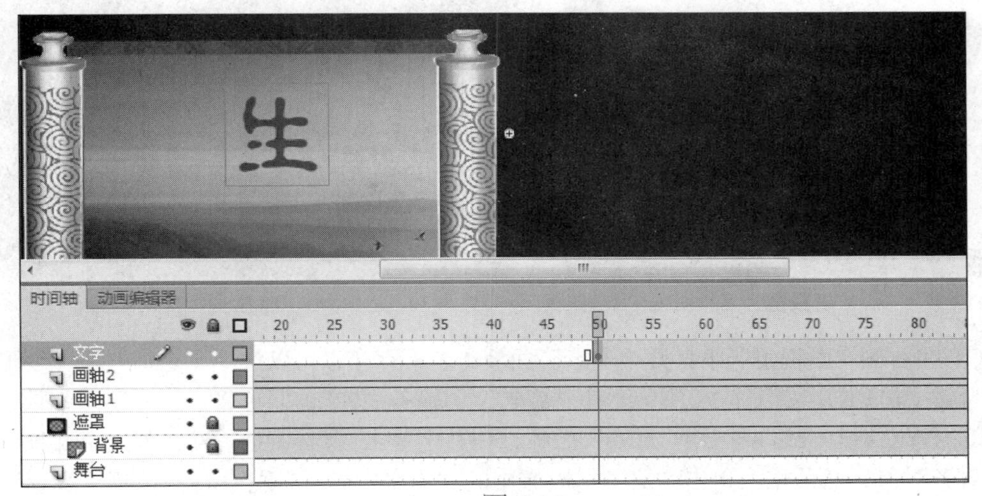

图 6.50

图 6.51

三、制作蝴蝶飞舞的动画

① 按组合键 Ctrl+F8，打开“创建新元件”对话框，在其中设置名称为“蝴蝶”，类型为“影片剪辑”，创建“蝴蝶”元件。

② 在“蝴蝶”元件中，将库中的“蝴蝶.jpg”素材拖放到元件环境中，选择“工具箱”面板中的“任意变形工具”，按住 Shift 键，等比例调整“蝴蝶”大小，如图 6.52 所示。

③ 按组合键 Ctrl+B 分离“蝴蝶”图片，选择“工具箱”面板中的“套索”工具，在“工具选项”中选择“魔术棒”，在“画轴”图片的白色区域上单击，选中白色区域，按 Delete 键即可删除大面积的白色部分，如图 6.53 所示。此时若有小的部分区域仍没有删除，可以使用“橡皮擦工具”直接擦除，或按住鼠标左键，拖动选择白色区域，按 Delete 键即可删除。

图 6.52

图 6.53

④ 在右侧“面板组”中打开“变形”面板（若不存在，可以选择“窗口”→“变形”或按组合键 Ctrl+T），如图 6.54 所示，在“旋转”中输入“90”，即可将“蝴蝶”垂直放置。

⑤ 按组合键 Ctrl+K 打开“对齐”面板，在其中单击“与舞台对齐”，勾选上此项，以舞台为对齐对象；然后依次单击“对齐”区域中的“水平中齐”“垂直中齐”，把“蝴蝶”置于元件的中心位置，如图 6.55 所示。

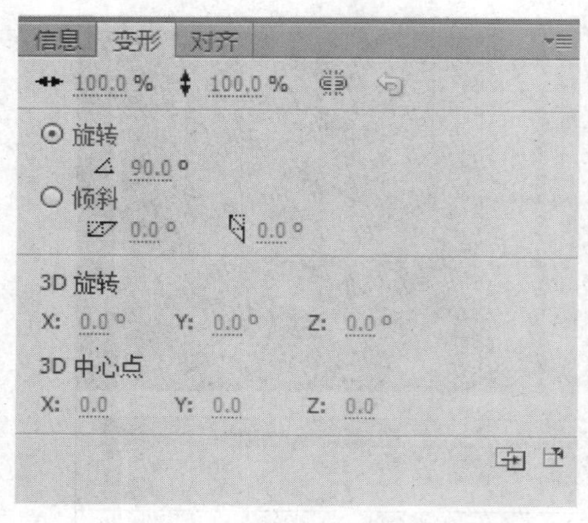

图 6.54

图 6.55

⑥ 选择“图层 1”，分别在第 5 帧和第 10 帧按 F6 键插入关键帧，在第 5 帧处，选择“工具箱”面板中的“任意变形工具”，按住鼠标左键，拖动选取“蝴蝶”翅膀的上半

部分，按住鼠标向下推动中间的控制点，压缩“蝴蝶”翅膀的上方翅膀使其变形，如图 6.56 所示。

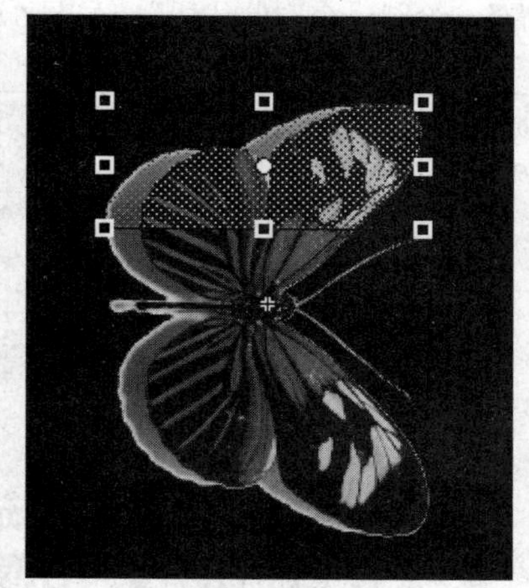

图 6.56

⑦ 按照同样的方法，将“蝴蝶”翅膀的下半部分做同样的变形，第 5 帧处“蝴蝶”的状态如图 6.57 所示。

⑧ 按组合键 Ctrl+E，返回场景。单击“新建图层”按钮，添加新图层，并将其更名为“蝴蝶”。选择“蝴蝶”图层，按“Ctrl+L”打开“库”面板，将“蝴蝶”元件拖放到“蝴蝶”图层，并将“蝴蝶”实例放置到合适位置，如图 6.58 所示。

图 6.57

图 6.58

⑨ 在“蝴蝶”图层上右击，在弹出的快捷菜单中选择“添加传统运动引导层”，选择引导层的第 150 帧，选择“工具箱”面板中的“铅笔工具”，在“工具选项”中选择“铅笔模式”中的“平滑”，绘制一个“曲线段”，如图 6.59 所示。

图 6.59

⑩ 选择“蝴蝶”图层的第 1 帧，再选择“蝴蝶”实例，将其放到“曲线段”的起点，如图 6.60 所示，然后再选择第 150 帧，按 F6 键插入关键帧，将“蝴蝶”实例移动到“曲线段”的终点，并将“蝴蝶”实例调整到一定大小，并按照上述方法创建“传统补间动画”，如图 6.61 所示。

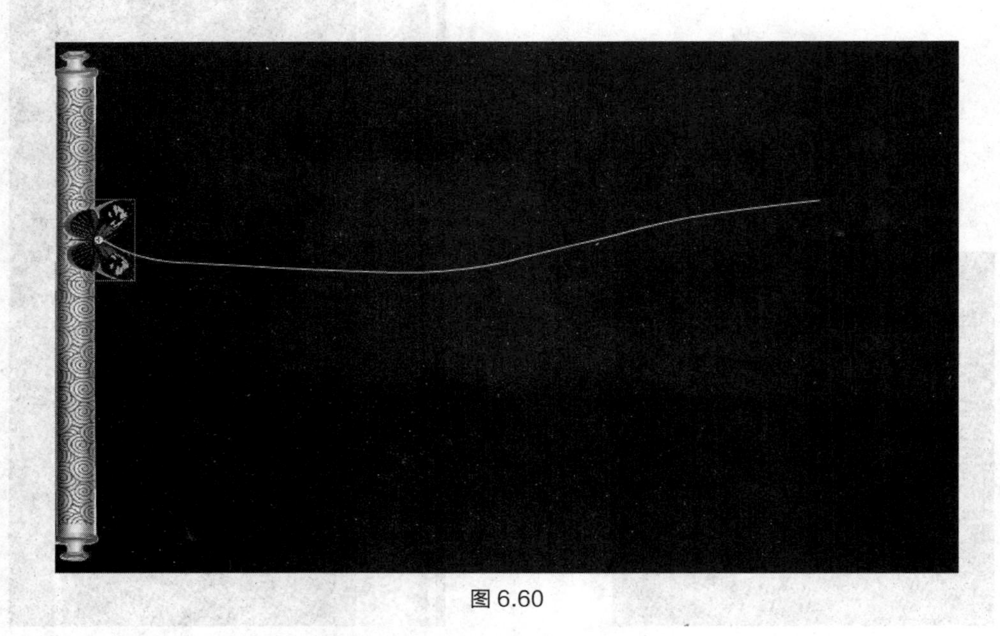

图 6.60

⑪ 按 Enter 键测试动画，效果如图 6.62 所示。

图 6.61

图 6.62

四、制作“进入首页”按钮

① 按组合键 Ctrl+F8，打开“创建新元件”对话框，在其中设置名称为“按钮 1”，类型为“图形”，创建“按钮 1”元件。

② 选择“工具箱”面板中的“矩形工具”，打开“属性” 面板，设置“笔触颜色”为白色“#ffffff”，“笔触高度”为“5”，填充色为橙色“#ff8000”，矩形边角半径为“50”，如图 6.63 所示，绘制一圆角矩形，并使用“对齐面板”，放到舞台中心位置，如图 6.64 所示。

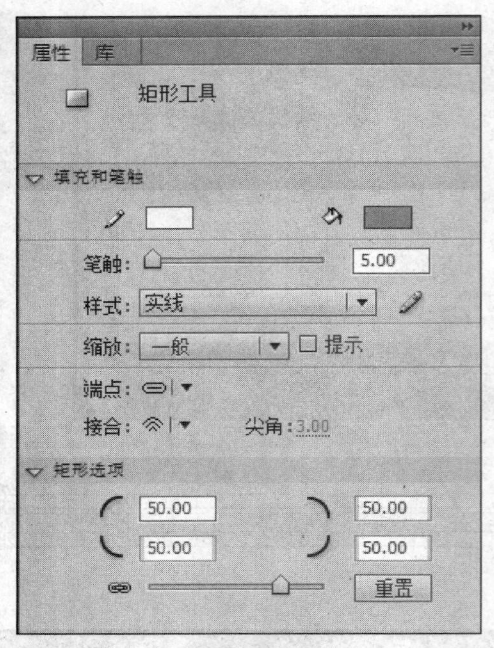

图 6.63

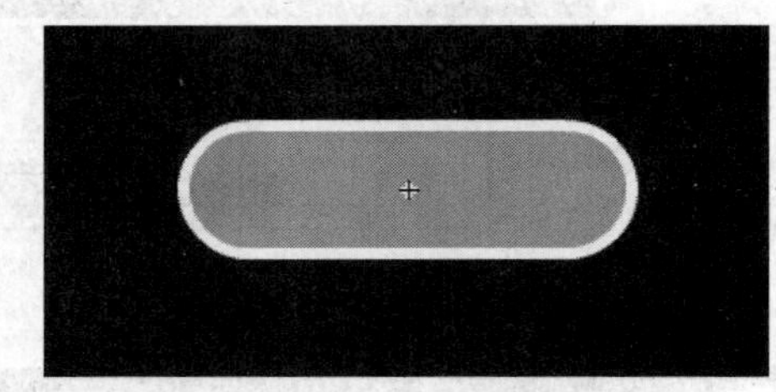

图 6.64

③ 选择“工具箱”面板中的“文本”工具T，设置字体为“文鼎习字体”，字体为“33点”，输入文本：进入首页，如图 6.65 所示。

④ 按照同样的方法制作“按钮 2”元件，其中填充色为紫红色“#800040”。效果如图 6.66所示。

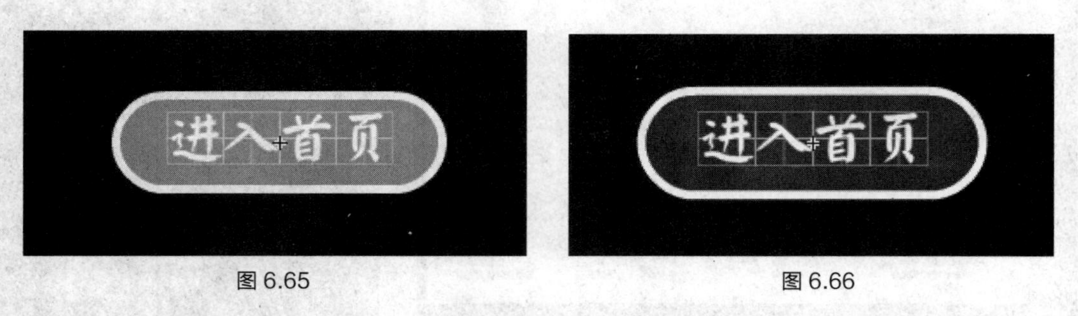

图 6.65　　　　图 6.66

⑤ 按组合键 Ctrl+F8，打开“创建新元件”对话框，在其中设置名称为“按钮”，类型为“按钮”，创建“按钮”元件。

⑥ 按组合键 Ctrl+L 打开库面板，把“按钮 1”元件拖动到舞台，放置在“弹起”帧上，打开“属性”面板，在其中将宽、高锁定，设置宽度为 120，如图 6.67 所示；按组合键 Ctrl+K打开对齐面板，在其中单击“与舞台对齐”，勾选上此项，以舞台为对齐对象；然后依次单击“对齐”区域中的“水平中齐”、“垂直中齐”，把“按钮 1”置于舞台的中心位置。如图 6.68所示。

⑦ 选择“指针经过”帧，按 F7 键插入“空白关键帧”，将“按钮 2”元件拖放到舞台，打开“属性”面板，在其中将宽、高锁定，设置宽度为 120，按照步骤 6 的方法，利用“对齐面板”放置到舞台的中心位置，如图 6.69 所示。

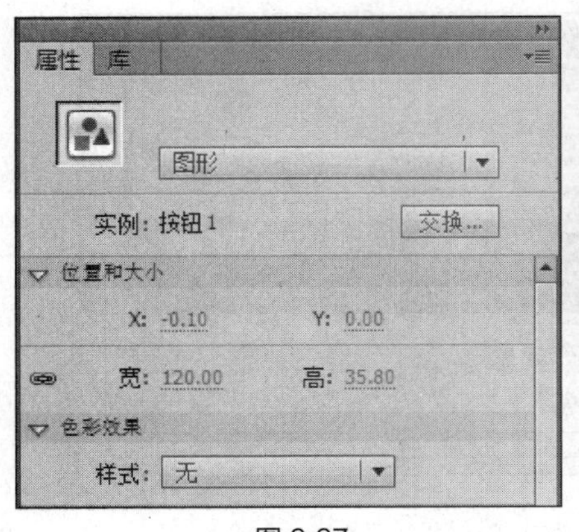

图 6.67

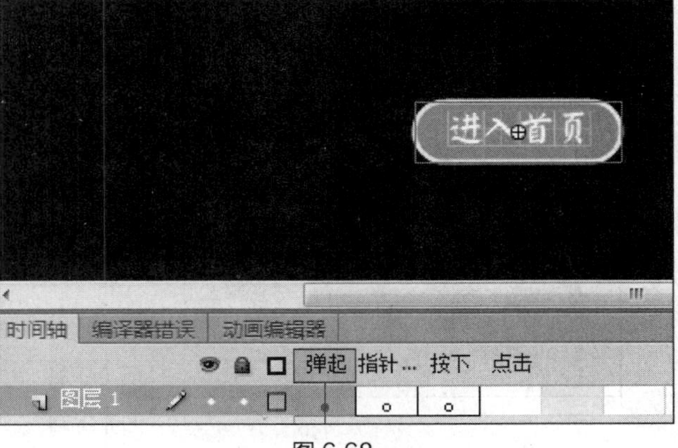

图 6.68

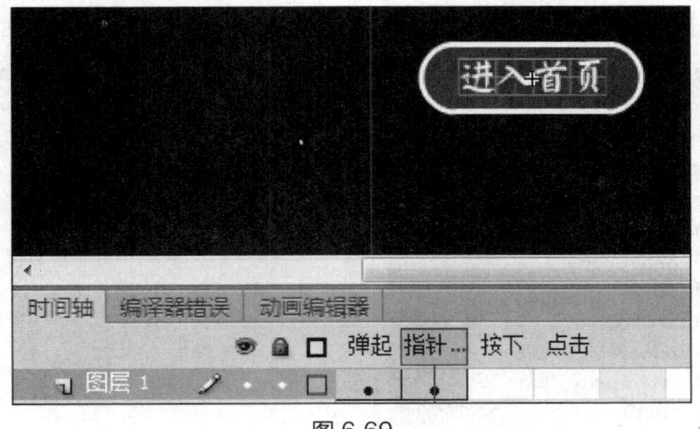

图 6.69

⑧ 选择“按下”帧，按 F6 键插入“关键帧”，打开“属性”面板，在其中将宽、高锁定，设置宽度为 100，如图 6.70 所示。

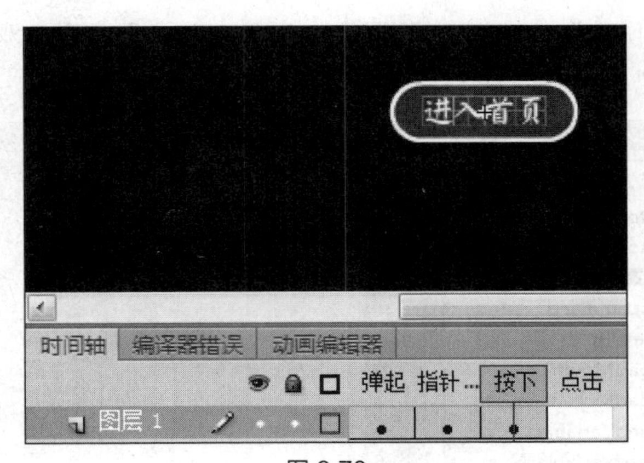

图 6.70

⑨ 按组合键 Ctrl+E 快捷键，返回场景。单击“新建图层”按钮，添加新图层，并将其更名为“按钮”，选择第 150 帧，按 F7 键插入“空白关键帧”键，按组合键 Ctrl+L 打开“库”面板，将“按钮”元件拖放到“按钮”图层第 150 帧处，并将“按钮”实例放置到合适位置，如图 6.71 所示。

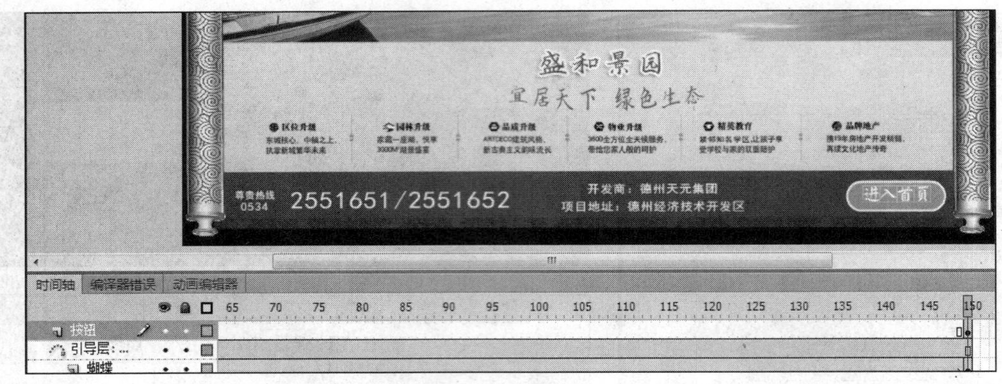

图 6.71

⑩ 选择“按钮”实例，按 F9 键，打开“动作”面板，选择“全局函数”→“影片剪辑控制”on 命令，双击添加，在弹出的列表选项中选择 release，动作面板如图 6.72 所示。

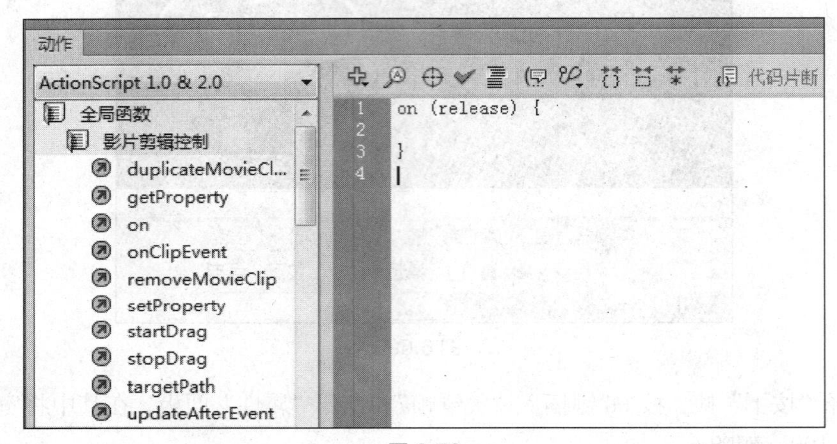

图 6.72

⑪ 再选择“全局函数”→“浏览器/网络”→“getURL”命令，双击添加，并在命令后输入“"../index.html","_blank"”参数，动作面板如图 6.73 所示。

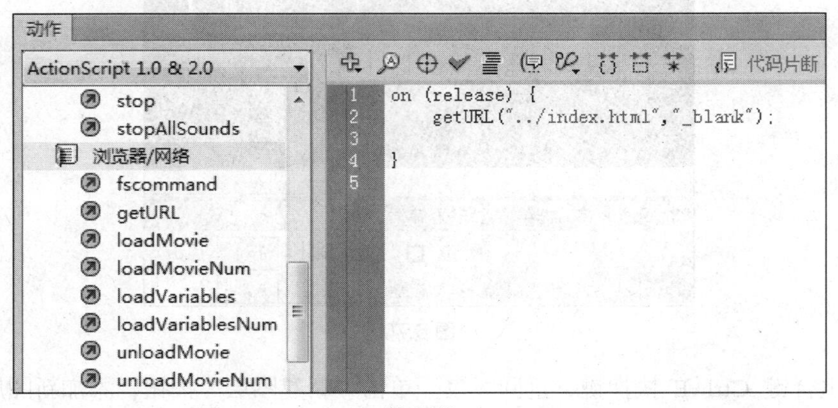

图 6.73

⑫ 单击“新建图层”按钮，添加新图层，并将其更名为“停止”，选择第 150 帧，按 F6 键插入“关键帧”，按 F9 键，打开“动作”面板，选择“全局函数”→“时间轴控制”→“stop”

命令，双击添加，动作面板如图 6.74 所示。

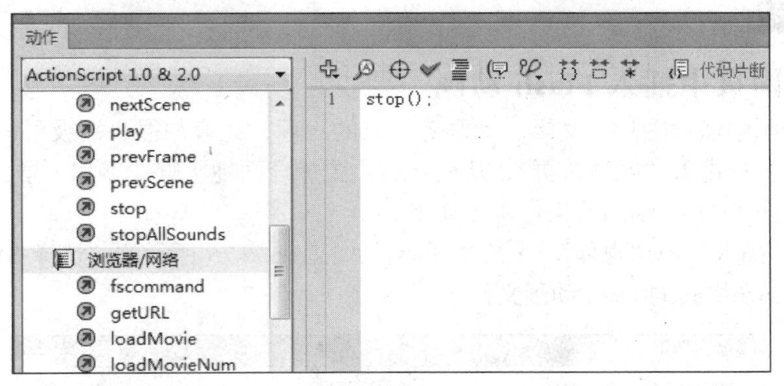

图 6.74

⑬ 保存文件，按“Ctrl+Enter”键测试动画效果，同时生成 swf 格式的动画文件，如图 6.75 所示。

图 6.75

模块三　将“盛和·景园”开场动画应用在进入页面

能力目标

- 掌握在网页中插入 Flash 动画
- 了解、掌握 IIS 服务器的使用

任务目标

通过本模块的学习，让学生掌握在 IIS 服务器环境中测试网站。

核心知识

一、在网页中插入 Flash 动画

在开场动画中通过图片、文字、动画等效果的应用，让客户很快被吸引，同时通过按钮的应用，引导客户进入“网站首页”，从而让客户更加全面地了解“盛和·景园”房产项目。

在网页中插入 Flash 动画的操作步骤如下。

① 选择“插入”→“媒体”→“SWF”命令，在图 6.76 所示的“选择 SWF”对话框中选择要插入的 swf 格式的 Flash 动画文件即可。

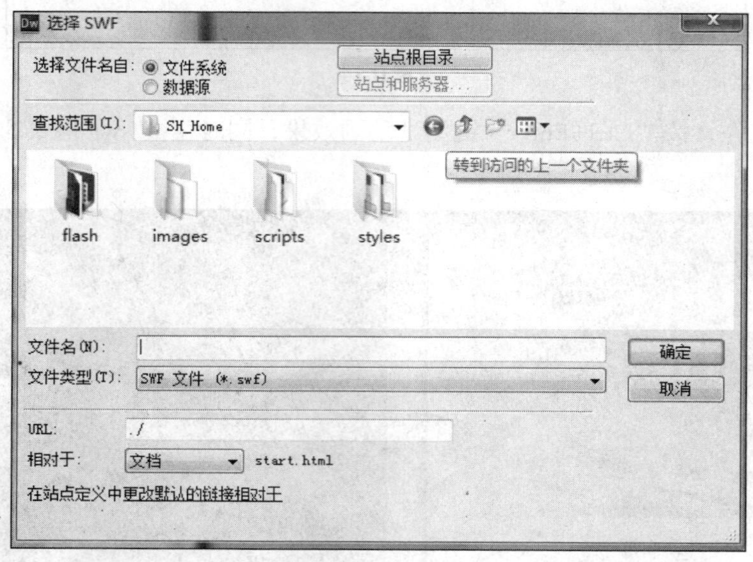

图 6.76

② 插入后的效果如图 6.77 所示。

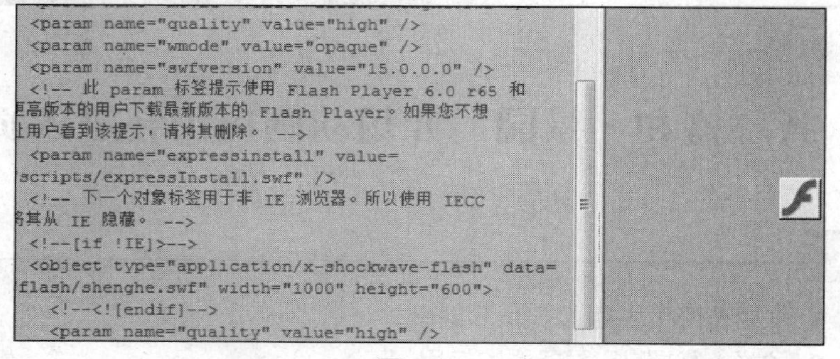

图 6.77

③ 选择右侧 Flash 动画文件，在“属性”面板可以设置它的属性。宽、高即影片大小可以依据需求进行设置。选中“循环”选项时影片将持续播放；如果没有选中该选项，则影片在播放一次后即停止播放，建议勾选，默认状态为勾选。通过“自动播放”设置 Flash 文件是否在页面加载时就播放，建议勾选，默认状态为勾选。通过“品质”可以选择 Flash 影片的画质，选择“高品质”以最优状态显示，默认为状态为“高品质”，如图 6.78 所示。

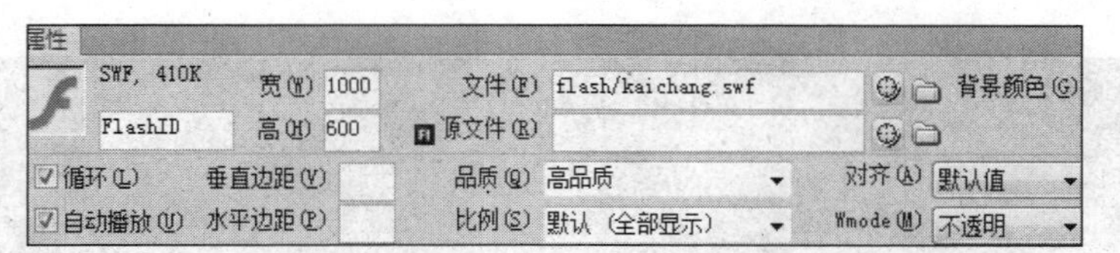

图 6.78

④ 为了测试动画在“网页编辑窗口”中的预览效果，选中 Flash 文件，单击“属性”面板中的“播放”按钮，如图 6.79 所示。

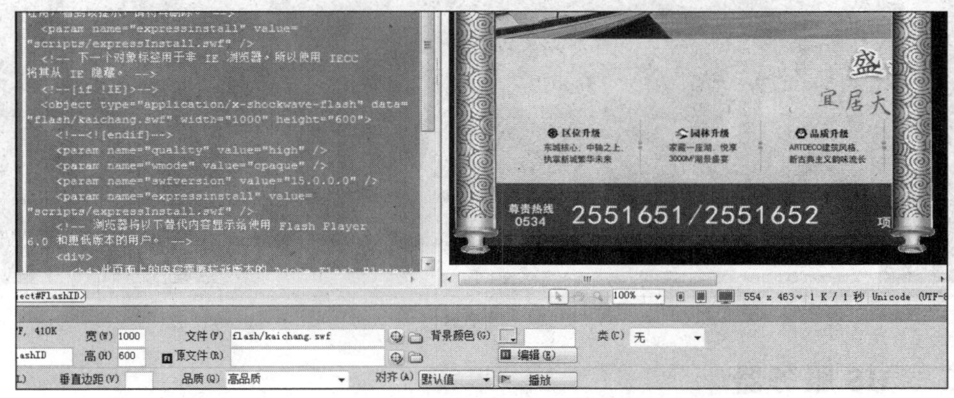

图 6.79

⑤ 按 F12 键，在浏览器中预览页面，效果如图 6.80 所示。

图 6.80

注意

① 选择“允许阻止的内容”即可让影片播放，如图 6.81 所示。若在 IIS 服务器中进行测试，则不会弹出这个提示，Flash 影片会自动播放。

② 当单击“网站首页”按钮时，不能实现“跳转到网站首页”的功能，是因为本案例中 Flash 添加了交互的脚本，这些脚本必须在服务器环境中才能运行。

图 6.81

二、IIS 服务器

Internet Information Services（IIS，互联网信息服务），是由微软公司提供的基于运行 Microsoft Windows 的互联网基本服务。

IIS（Internet Information Server，互联网信息服务）是一种 Web（网页）服务组件，其中包括 Web 服务器、FTP 服务器、NNTP 服务器和 SMTP 服务器，分别用于网页浏览、文件传输、新闻服务和邮件发送等方面，它使得在网络（包括互联网和局域网）上发布信息成了一件很容易的事。

在 Windows 7 下安装 IIS 服务器的步骤如下。

① 打开“控制面板”，找到“程序和功能”，单击打开，如图 6.82 所示。

图 6.82

② 选择左侧的“打开或关闭 Windows 功能”，如图 6.83 所示。

③ 打开图 6.84 所示的“打开或关闭 Windows 功能”对话框，选中“Internet 信息服务”，单击“确定”按钮，让其自动完成安装即可。

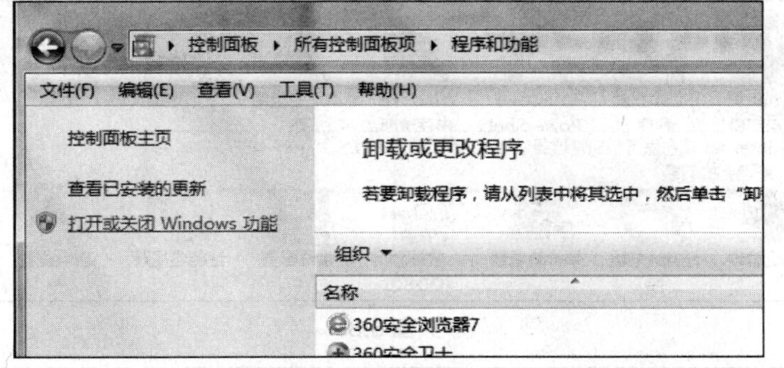

图 6.83

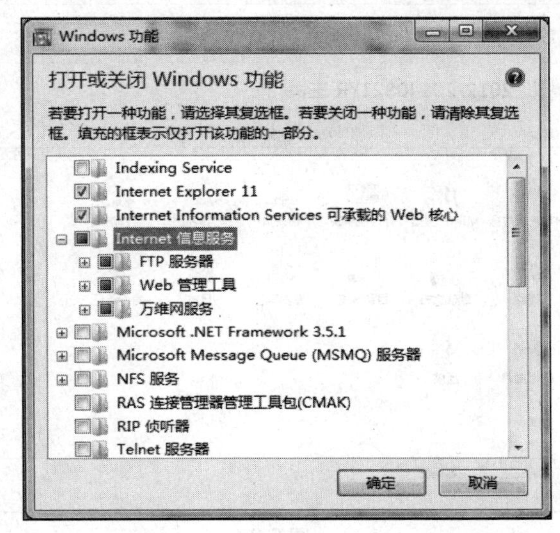

图 6.84

④ 返回控制面板主页，找到"管理工具"，单击进入，如图 6.85 所示。

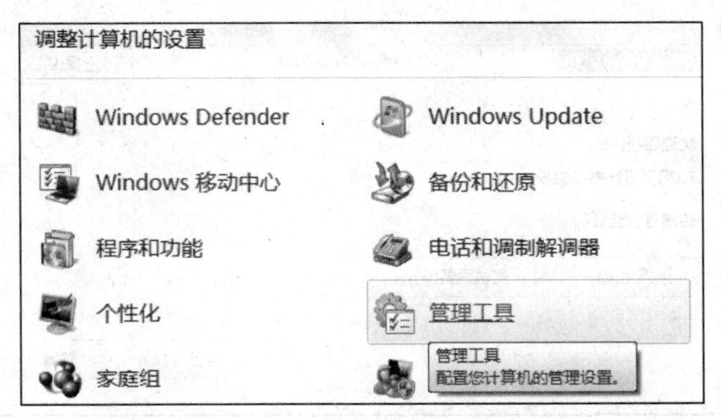

图 6.85

⑤ 在"管理工具"窗口找到"Internet 信息服务（IIS）管理器"，如图 6.86 所示。

⑥ 双击打开"IIS 管理器"，如图 6.87 所示。

⑦ 打开左侧的链接目录，找到其中的"网站"，选中"Default Web Site"，在窗口右侧中选择"操作"→"编辑"→"基本设置→命令，在弹出的"编辑网站"对话框中，将"物理路径"设置为要测试的网站即可，如图 6.88 所示。

图 6.86

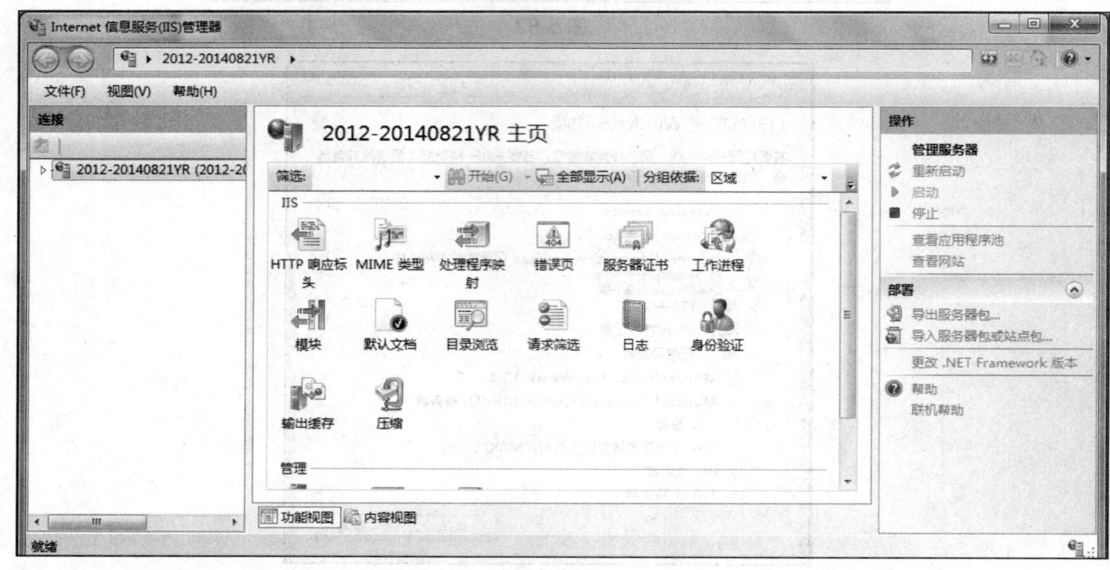

图 6.87

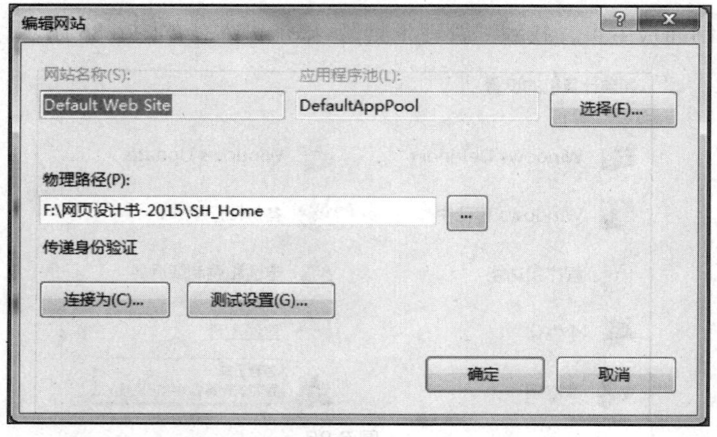

图 6.88

操作过程

新建网站开始页面并在其中添加开场动画

① 在“盛和·景园”站点上单击鼠标右键，在弹出的快捷菜单中选择“新建文件”，并

将文件命名为“start.html”，如图 6.89 所示。

② 双击打开“start.html”文件，在 body 中设置文档的背景色为黑色（#000），并添加 id 为 flash 的 div 程序如下。

```
<!DOCTYPE html PUBLIC "-//W3C//DTD XHTML 1.0 Transitional//EN" "http://www.w3.org/TR/xhtml1/DTD/xhtml1-transitional.dtd">
<html xmlns="http://www.w3.org/1999/xhtml">
<head>
<meta http-equiv="Content-Type" content="text/html; charset=utf-8" />
<title>引导页面</title>
</head>
<body bgcolor="#000">
<div id="flash">
</div>
</body>
</html>
```

③ 选择“插入”→“媒体”→“SWF”，在弹出的“选择 SWF”对话框中选择要插入的 shenghe.swf 动画影片文件，如图 6.90 所示。

图 6.89

图 6.90

④ 插入后的效果如图 6.91 所示。

⑤ 选择右侧 Flash 动画文件，在“属性”面板可以设置宽度为 1000，高度为 600，其他使用默认值，如图 6.92 所示。

⑥ 在 div.css 文件中设置 Flash 区域内容水平居中，宽度为 1000px，高度为 600px。即让 Flash 影片在浏览器中在水平居中的位置，大小为它的自身大小。代码如下。

```
<param name="quality" value="high" />
<param name="wmode" value="opaque" />
<param name="swfversion" value="15.0.0.0" />
<!-- 此 param 标签提示使用 Flash Player 6.0 r65 和
更高版本的用户下载最新版本的 Flash Player。如果您不想
让用户看到该提示，请将其删除。 -->
<param name="expressinstall" value=
scripts/expressInstall.swf" />
<!-- 下一个对象标签用于非 IE 浏览器。所以使用 IECC
将其从 IE 隐藏。 -->
<!--[if !IE]>-->
<object type="application/x-shockwave-flash" data=
flash/shenghe.swf" width="1000" height="600">
  <!--<![endif]-->
  <param name="quality" value="high" />
```

图 6.91

属性
SWF, 410K　宽(W) 1000　文件(F) flash/kaichang.swf　背景颜色(G)
FlashID　高(H) 600　源文件(R)
循环(L)　垂直边距(V)　品质(Q) 高品质　对齐(A) 默认值
自动播放(U)　水平边距(P)　比例(S) 默认（全部显示）　Wmode(M) 不透明

图 6.92

```
#flash{
    margin:0 auto;/*区域水平居中*/
    width:1000px;/*宽度定义*/
    height:600px;/*高度定义*/
}
```

⑦ 打开“控制面板”主页，找到“管理工具”，单击进入，如图 6.93 所示。

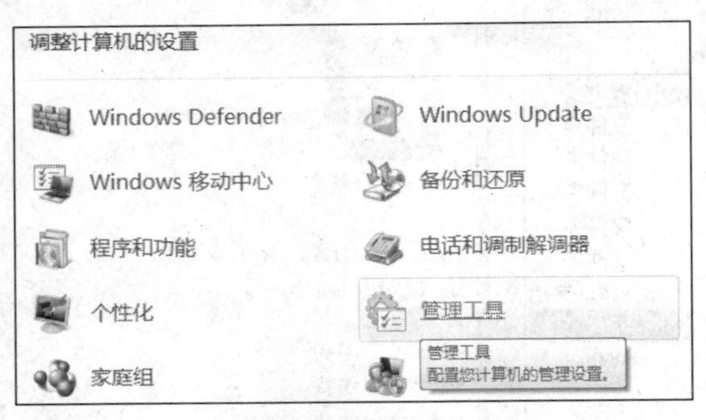

图 6.93

⑧ 在“管理工具”窗口找到“Internet 信息服务（IIS）管理器”，如图 6.94 所示。

图 6.94

⑨ 双击打开“IIS 管理器”，如图 6.95 所示。

图 6.95

⑩ 打开左侧的链接目录，找到其中的“网站”，右击“网站”，在打开的快捷菜单选择“添加网站”命令，如图 6.96 所示。

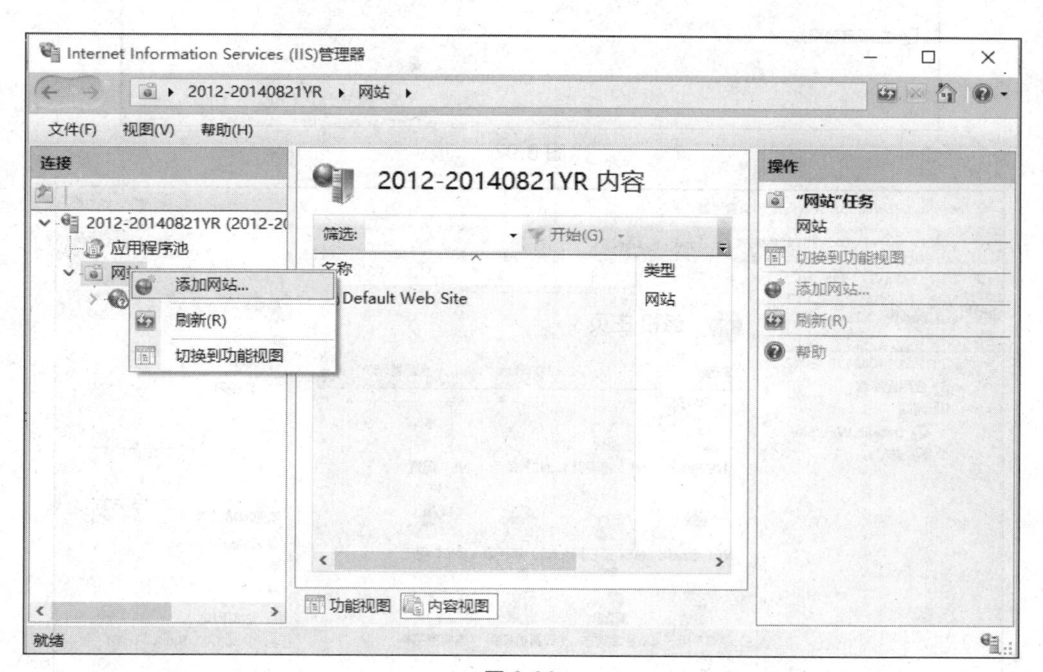

图 6.96

⑪ 在打开的“添加网站”对话框中，设置网站名称为“盛和”，物理路径为对应的盛和景园网站路径：E:\SH_Home，如图 6.97 所示。

⑫“添加网站”后 IIS 如图 6.98 所示，在左侧的链接目录选择“盛和”网站。

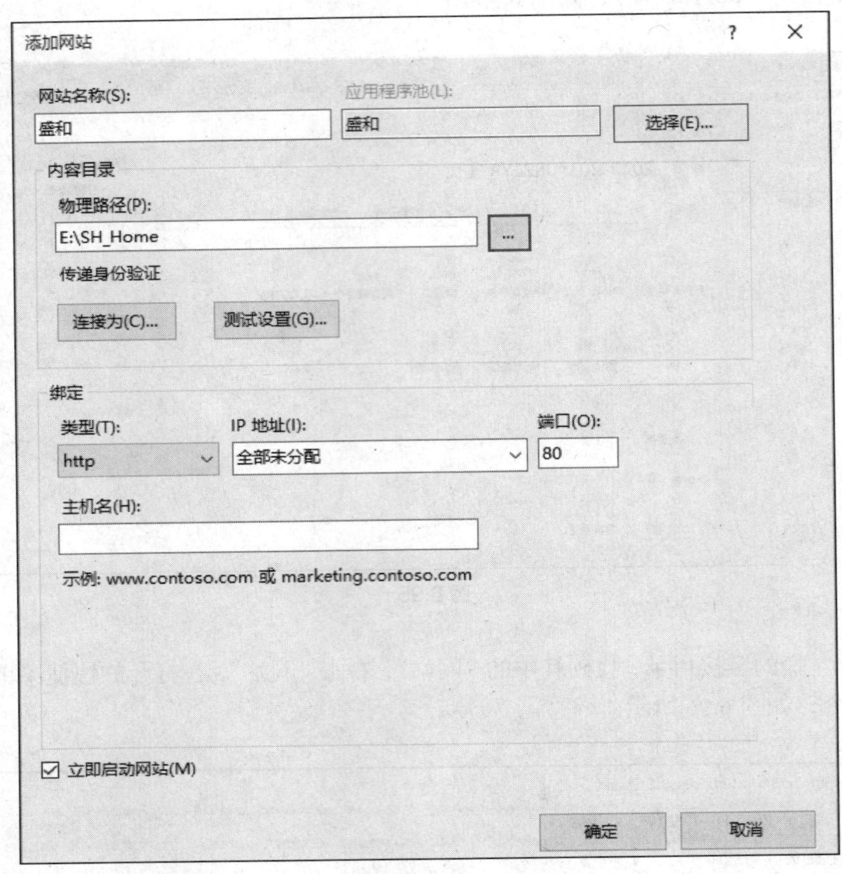

图 6.97

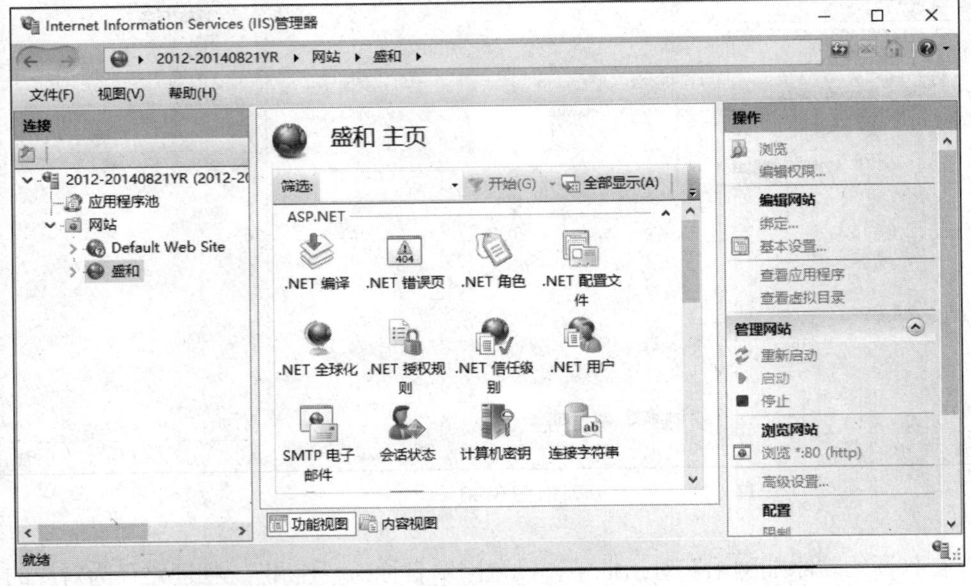

图 6.98

⑬ 在图 6.98 中，选择“盛和”主页区域下的“内容视图”，即可查看“盛和”网站中的

内容，如图 6.99 所示。

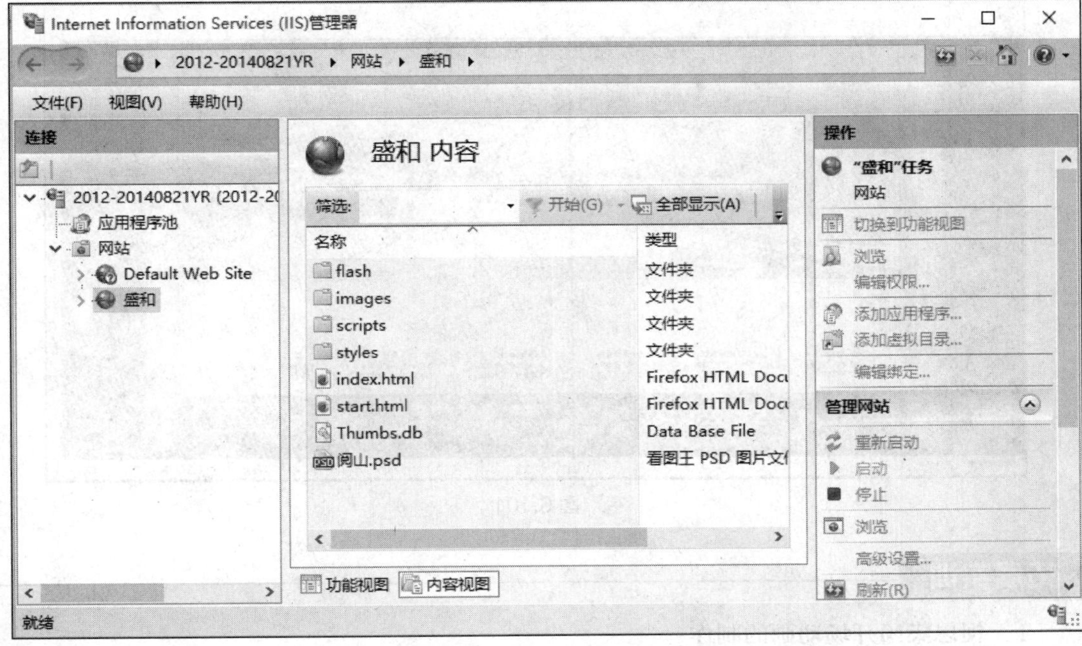

图 6.99

⑭ 在“盛和”网站内容区域中，找到“start.html”网页，在其上右击，在打开的快捷菜单中选择“浏览”命令，如图 6.100 所示。

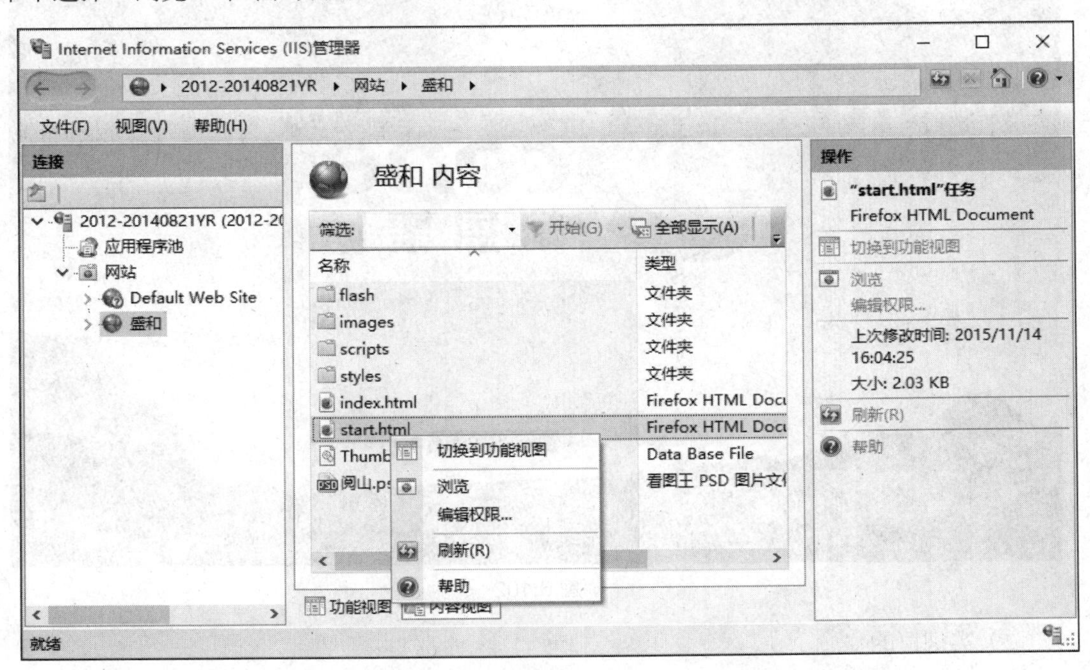

图 6.100

⑮ 最终效果如图 6.101 所示。

图 6.101

拓展实训

1．柯恩集团开场动画的制作

（1）实训任务

使用 Flash CS6 软件，完成图 6.102 所示的“柯恩集团”企业网站开场动画的制作。

图 6.102

（2）实训目的

- 掌握 Flash CS6 工具软件的基本操作。
- 熟悉各种动画的制作，例如逐帧动画、形变动画、遮罩动画、引导动画等。
- 完成“柯恩集团”企业网站开场动画的制作。

(3) 实训要求

- 能使用各种基础动画的搭配，完成开场动画的制作。
- 保证整个动画的图层结构清晰。
- 主色调使用“蓝色”和“绿色”，体现公司的绿色、环保发展理念。

2．新隆铁观音开场动画的制作

(1) 实训任务

使用 Flash CS6 软件，完成图 6.103 所示的“新隆铁观音”企业网站开场动画的制作。

图 6.103

(2) 实训目的

- 掌握 Flash CS6 工具软件的基本操作。
- 熟悉各种动画的制作，例如逐帧动画、形变动画、遮罩动画、引导动画等。
- 完成“新隆铁观音”企业网站开场动画的制作。

(3) 实训要求

- 能使用各种基础动画的搭配，完成开场动画的制作。
- 保证整个动画的图层结构清晰。
- 主色调使用“黄色”和“黑色”，体现产品的色彩和严谨的工艺。

3．厦门连科工业有限公司开场动画的制作

(1) 实训任务

使用 Flash CS6 软件，完成图 6.104 所示的“厦门连科工业有限公司”企业网站开场动画的制作。

(2) 实训目的

- 掌握 Flash CS6 工具软件的基本操作。
- 熟悉各种动画的制作，例如逐帧动画、形变动画、遮罩动画、引导动画等。
- 完成“厦门连科工业有限公司”企业网站开场动画的制作。

图 6.104

（3）实训要求

- 能使用各种基础动画的搭配，完成开场动画的制作。
- 保证整个动画的图层结构清晰。
- 主色调使用“绿色”和“白色”，体现产品的环保和洁净。

附录A“网页设计与网站规划”课程实训指导书

实训任务 企业网站建设

一、实训目的

本次实训给学生提供了深入学习的资料和信息，紧紧围绕网站设计流程：规划、设计、开发、发布、维护来进行网站的开发，模仿并设计制作出相关的网站。以此作为学生学习这门课程的阶段性总结，使学生复习、巩固所学的理论，并予以适当的深化，进一步训练学生的基本技能（如搜集资料、整理数据、制表绘图、发现与分析问题、寻求解决问题的方案等），训练学生掌握计算机操作技术，运用计算机技术进行数据处理分析。

二、实训条件

（1）计算机上要求安装有 Dreamweaver、Flash、Photoshop 等软件。

（2）计算机与互联网相连，以便学生能够浏览优秀网站，搜集相关素材等。

三、实训要求

（1）动手制作网页之前，必须认真做好网站的需求分析，策划好网站的主题，规划好网站的风格和结构，创建完善的目录结构。

（2）制作网页前收集好所需的文字资料、图像资料、Flash 动画和网页特效。

（3）所创建的网站至少包括 8 个页面，分为三层，第一层为首页，第二层为 4 个二级子页，第三层为 3 个内容页。

① 首页采用表格进行布局，必须包含导航栏；

② 4 个二级子页分别为框架网页、表单网页、利用模板制作的网页、利用布局表格制作的网页；

③ 3 个内容页分别为层布局的网页、应用 JavaScript 制作特效的网页、应用行为制作特效的网页。

④ 各个页面根据需要插入合适的图像和 Falsh 动画，首页要求插入背景音乐。

⑤ 所有页面要求内容充实、布局合理、颜色搭配协调、美观大方。

⑥ 各个页面之间导航清晰、链接准确无误。

（4）网页的版面尺寸应用符合网页设计的规范，网站中所有文件、文件夹的命名应规范，尽量做到字母数量少，见名知意、容易理解。

（5）实训过程中既要虚心接受老师的指导，又要充分发挥主观能动性，独立思考、努力钻研、勤于实践、勇于创新。

（6）在设计过程中，要严格要求自己，树立严密、严谨的科学态度，必须按时、保质、保量完成实训任务。要求独立完成规定的实训内容，不得弄虚作假，不准抄袭或复制他人的网页或其他内容。

（7）实训期间，严格遵守学校的规章制度，不得迟到、早退、旷课。缺课节数达三分之一以上者，实训成绩按不及格处理。

四、实训步骤

1. 确定目标

通过网络就某个专题搜索资料，题材不限，要求有个人特色、新颖且有吸引力，并对网站做简单介绍，如主题是什么，栏目有哪些，每个栏目的特色和主要内容是什么。

参考专题：对计算机基础教育的看法、互动式教学的方式、网上论坛、QQ 聊天论述等。也可以是其他有兴趣的专题，如文学、历史、科技、体育、旅游、生活、时尚等。

参考选题：各种企业、行业网站。

2. 选择目标用户

确定了站点实现的目标之后，需要确定站点的浏览客户。创建世界上每个人都能使用的 Web 站点是不可能的。人们的兴趣、爱好不同，使用不同的浏览器，以不同的速度连接，这些因素都会影响站点的使用。因此需要确定目标用户，然后再根据用户的特点来设计站点风格。

3. 组织站点结构

如果没有考虑文档在文件夹层次结构中的位置就开始创建文档，最终可能会导致一个充满了文件的臃肿混乱的文件夹，或导致相关的文件散布在许多名称类似的文件夹中。

设置站点的常规做法是在本地磁盘上创建一个包含站点所有文件的文件夹（称作本地站点），然后在该文件夹中创建和编辑文档。当准备好发布站点并允许公众查看时，再将这些文件复制到 Web 服务器上。

组织站点结构时，应注意以下三个问题。

（1）将站点分类，把相关的页面放在同一文件夹中。

（2）将图像和声音文件等项目放在指定的文件夹中，以便于文件的查找定位。例如，将所有图像放在 Images 文件夹中，当在页面中插入图像时，就可以方便地找到它。

（3）本地站点和远程 Web 站点应该具有完全相同的结构。如果使用 Dreamweaver 创建本地站点，然后将全部内容上传到远程站点，则 Dreamweaver 确保在远程站点中精确复制本地结构。

4. 设计外观

将页面布局和设计保持一致非常重要。如果不考虑板块设计，浏览者会觉得你的网站内容杂乱、无条理，先要考虑好自己设计的板块与链接结构；根据所需的站点布局外观，在实训报告本上画一个站点草图，以便以后建立站点时可以按照它来操作。如图 A.1 所示为一个站点首页的设计布局图。

5. 设计导航方案

设计站点时，应考虑如何使访问者能够方便地从一个区域移动到另一个区域。具体考虑以下几点："当前位置"明确、导航方便、提供网站管理员的联系方式。

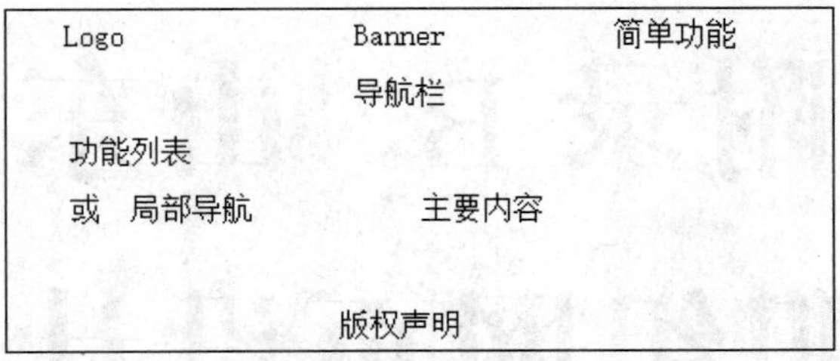

Logo Banner 简单功能

导航栏

功能列表

或 局部导航 主要内容

版权声明

图 A.1

6. 规划和收集资料

完成了设计和布局后，就可以创建和收集需要的资源了。资源可以是图像、文本或媒体等项目。在开始开发站点前，请确保收集了所有这些项目并做好了准备。否则，可能为找不到一幅图像而中断设计和开发过程。

五、考核方式

本次实训项目的完成情况将作为期末考试成绩。能够独立完成此设计任务的同学将根据他们做的效果给出相应的分值，没有完成或缺课超过 50%的将计零分。

附录B 山东德州市高职组网页设计与制作技能大赛试题

一、单项选择题（共60题，每题1分）

1. 下面的协议标志表示超文本传输协议的是（　　）。

   A. Http　　B. Ftp　　C. Gopher　　D. News

2. 如果要使用CSS将文本样式定义为粗体，需要设置的文本属性是（　　）。

   A. font-family　　B. font-style　　C. font-weight　　D. font-size

3. 如下所示的这段CSS样式代码，定义的样式效果是（　　）。

```
a:link {color: #ff0000;}
a:visited {color: #00ff00;}
a:hover {color: #0000ff;}
a:active {color: #000000;}
```

   A. 默认链接色是绿色，访问过链接是蓝色，鼠标上滚链接是黑色，活动链接是红色

   B. 默认链接色是蓝色，访问过链接是黑色，鼠标上滚链接是红色，活动链接是绿色

   C. 默认链接色是黑色，访问过链接是红色，鼠标上滚链接是绿色，活动链接是蓝色

   D. 默认链接色是红色，访问过链接是绿色，鼠标上滚链接是蓝色，活动链接是黑色

4. 在HTML中，（　　）表示超链接标签。

   A. <A>…</A>　　B. <IMG>…</IMG>

   C. <FONT>…</FONT>　　D. <P>…</P>

5. 下面表示框架集的HTML标签是（　　）。

   A. <frameset>　　B. <noframe>　　C. <frame>　　D. <iframe>

6. 当一个页面被存储为模板时，会自动生成两个可编辑区域，它们是（　　）。

   A. 头文件<head>和页面正文<body>　　B. 标题<title>和页面正文<body>

   C. 标题<title>和头文件<head>　　D. 页面正文<body>和HTML<html>

7. 为了标识一个HTML文件应该使用的HTML标记是（　　）。

   A. <p> </p>　　B. <boby> </boby>

   C. <html> </html>　　D. <table> </table>

8. 网站建设通常需要经历 4 个步骤，那么首先要进行的是（　　）。

A. 网站规划与设计　　B. 站点建设

C. 网站发布　　D. 网站的管理与维护

9.（　　）的任务就是让所有的因特网用户都能通过因特网访问这个网站。

A. 网站规划与设计　　B. 站点建设

C. 网站发布　　D. 网站的管理与维护

10. 下列 Web 服务器上的目录权限级别中，最安全的权限级别是（　　）。

A. 读取　　B. 执行　　C. 脚本　　D. 写入

11. 下列（　　）文件属于静态网页。

A. abc.asp　　B. abc.doc　　C. abc.htm　　D. abc.jsp

12. 现有某个网站地址的最后一段是 edu，那么这种情况下它属于（　　）。

A. 教育机构　　B. 网络中心　　C. 商业机构　　D. 政府机构

13. 下面（　　）语言混合了 C、Java、Perl 以及 PHP 式的新语法。

A. ASP　　B. JSP　　C. PHP　　D. ASP.NET

14. 网站的目录的层次不要太深，一般来说不要超过（　　）层。

A. 1　　B. 2　　C. 3　　D. 4

15. 以下不能够用来发布网站的软件是（　　）。

A. Dreamweaver　　B. Flash　　C. CuteFTP　　D. FrontPage

16. 配置 IIS 时，设置站点的主目录的位置，下面说法正确的是（　　）。

A. 只能在本机的 c:\inetpub\wwwroot 文件夹

B. 只能在本机操作系统所在磁盘的文件夹

C. 只能在本机非操作系统所在磁盘的文件夹

D. 以上全都是错的

17. 目前使用范围最为频繁，应用最为广泛的服务器是（　　）。

A. 机架式服务器　　B. 刀片服务器　　C. 塔式服务器　　D. 游戏服务器

18. 关于虚拟主机比较正确的做法是（　　）。

A. 将真实主机的硬盘空间划分成若干份，然后租给不同的用户

B. 将真实主机的硬盘空间等分成若干份，然后租给不同的用户

C. 虚拟主机的多个用户仅用一个独立的 IP 地址

D. 虚拟主机的多个用户拥有多个相同的 IP 地址

19. 自建服务器的特点主要有（　　）。

A. 投资小　　B. 见效快

C. 运行成本高　　D. 无需高水平的维护队伍

20. 中型企业常采用的方法是（　　）。

A. 独立数据库　　B. 服务器托管　　C. 虚拟主机　　D. 独立服务器

21. 中文搜索引擎的核心是（　　）。

A. 分词技术　　B. 关键词　　C. 搜索频率　　D. 搜索深度

22.（　　）就是用户在使用搜索引擎时输入的、能够最大限度概括用户所要查找的信息内容的字或者词，是信息的概括化和集中化。

A. 搜索深度　　B. 搜索频率　　C. 关键字　　D. 分词技术

23. 网站必须有（　　），并在首页下方加上地图链接的入口，可以制作 sitemap 提交到 Google 里面。

A. 网站地图　　B. 关键字　　C. 导航菜单　　D. 多级链接

24. （　　）是人们进入互联网时对其相应网站的第一印象。

A. 网址　　B. 域名　　C. Logo　　D. 动画图片

25. 在 HTML 文本显示状态代码中，<U></U>表示的是（　　）。

A. 文本加粗　　B. 文本斜体　　C. 文本加注底线　D. 删除线

26. 下列（　　）文件属于静态网页。

A. abc.asp　　B. abc.doc　　C. abc.htm　　D. abc.jsp

27. 网页元素不包括（　　）。

A. 文字　　B. 图片　　C. 界面　　D. 视频

28. 关于站点与网页说法不正确的是（　　）。

A. 制作网页时，常把本地计算机的文件夹模拟成远程服务器的文件夹，因此本地文件夹也称为本地站点

B. 制作完成的网页最后要放置在 Web Server 上

C. 完成作品后再将本地文件夹里完成的作品上传到服务器中成为真正的网站，服务器即远端站点

D. 制作者可以在服务器上制作网页

29. 以下用于在网络应用层和传输层之间提供加密方案的协议是（　　）。

A. PGP　　B. SSL　　C. IPSec　　D. DES

30. 对于<iframe>标签，下面的叫法正确的是（　　）。

A. 普通框架　　B. 嵌套框架　　C. 表格　　D. 浮动框架

二、多项选择题（共 20 题，每题 2 分）

1. 域名可以使用（　　）。

A. 英文字母　　B. 连字符“-”　　C. 阿拉伯数字　　D. 空格

2. 下面属于动态交互网页技术的是（　　）。

A. ASP　　B. CSS　　C. CGI　　D. PHP

3. 架设网上站点可以选择（　　）。

A. 构造自有服务器　　B. 虚拟主机

C. 主机托管　　D. 主机自管

4. 网站主要的维护工作包括（　　）。

A. 更新过时的内容　　B. 更新数据库

C. 改善导航与网页横幅　　D. 模板管理

5. 下列关于 Html 标记说法不正确的有（　　）。

A. a 标记用来标记超级链接

B. img 标记用来插入图片

C. from 标记用来插入表单

D. table 标记用来插入框架网页

6. 以下有助于搜索引擎在因特网上搜索到网页的设置有（　　）。

A. 关键字　　B. META　　C. 说明　　D. 图片的尺寸

7. 可以对文本设置的对齐方式有（　　）。
   A. 两端对齐　　B. 居中　　C. 左对齐　　D. 右对齐
8. 下面关于 CSS 的说法正确的有（　　）。
   A. CSS 可以控制网页背景图片
   B. margin 属性的属性值可以是百分比
   C. 整个 BODY 可以作为一个 BOX
   D. 对于中文可以使用 word-spacing 属性对字间距进行调整
   E. margin 属性不能同时设置四个边的边距
9. 关于鼠标经过图像，下列说法正确的有（　　）。
   A. 鼠标经过图像的效果是通过 HTML 语言实现的
   B. 设置鼠标经过图像时，需要设置一张图片为原始图像，另一张为鼠标经过图像
   C. 可以设置鼠标经过图像的提示文字与链接
   D. 要制作鼠标经过图像，必须准备两张图片
10. 下面几项通过 JavaScript 的应用，可以来实现的是（　　）。
   A. 交互式导航　　B. 简单的数据搜寻
   C. 表单验证　　D. 网页特效
11. 下列关于 Html 标记说法不正确的有（　　）。
   A. a 标记用来标记超级链接
   B. img 标记用来插入图片
   C. from 标记用来插入表单
   D. table 标记用来插入框架网页
12. 下面关于 CSS 的说法正确的有（　　）。
   A. CSS 可以控制网页背景图片
   B. margin 属性的属性值可以是百分比
   C. 整个 BODY 可以作为一个 BOX
   D. 对于中文可以使用 word-spacing 属性对字间距进行调整
   E. margin 属性不能同时设置四个边的边距
13. 在表格单元格中可以插入的对象有（　　）
   A. 文本　　B. 图像　　C. Flash 动画　　D. Java 程序插件
14. 下列 CSS 属性，哪一项不属于盒子模型属性（　　）
   A. width 属性　　B. border 属性　　C. margin 属性　　D. padding 属性
15. 已知一个盒子的宽度为 130px，左边框为 5px 实线，右边框为 0px，左外边距为 10px，右外边距为 2px，左内边距为 1px，右内边距为 25px，下列盒子尺寸正确的是（　　）
   A. 130px　　B. 156px　　C. 173px　　D. 168px
16. 关于域名注册的说法，正确的是（　　）。
   A. 按照“先申请先注册”的原则受理域名注册，不受理域名预留
   B. 注册域名可以变更或者注销，不许转让或者买卖
   C. 注册域名实行年检制度，由各级域名管理单位负责实施
   D. 在中国境内接入中国互联网络，而其注册的顶级域名不是 CN 的，必须在 CNNIC 登记备案

17. 限制 FTP 站点安全的手段包括（　　）。

A. 用户账号认证　　B. 匿名访问控制

C. IP 地址限制　　D. 域名用户限制

18. 下面说法错误的是（　　）

A. 规划目录结构时，应该在每个主目录下都建立独立的 images 目录

B. 在制作站点时应突出主题色

C. 人们通常所说的颜色，其实指的就是色相

D. 为了使站点目录明确，应该采用中文目录

19. 网站主要的维护工作包括（　　）

A. 更新过时的内容　　B. 更新数据库

C. 改善导航与网页横幅　　D. 模板管理

三、操作题（共 50 分）

题目背景：

今年是德州市撤地建市 20 周年，为此将举办一场纪念活动，需要在网上展现德州这 20 的发展、变化。